国防电子技术丛书

舰船尾迹的电磁成像机理及特征提取技术

张　民　王乐天　江旺强　李金星　胡　浩　著

电子工业出版社
Publishing House of Electronics Industry
北京·BEIJING

内 容 简 介

舰船尾迹是真实海场景中不可缺失的部分，是识别舰船目标的类型、位置、航速和航向信息等特征的重要途径。

本书共 8 章，详细阐述了 Kelvin 尾迹、含湍流远场综合尾迹、泡沫流尾迹、近场尾迹、内波尾迹和水下运动目标尾迹的几何建模、电磁散射建模和合成孔径雷达（SAR）成像仿真技术；结合计算流体力学（CFD）仿真技术和电磁散射的调制谱优化面元模型，将仿真模型应用于舰船尾迹的 SAR 图像特征检测、基于尾迹的舰船目标参数反演和浮标目标隐蔽优化设计工程中。本书构建了一套基于舰船尾迹流场的电磁散射特性分析和雷达图像仿真的系统理论和应用方法，使读者能够通过本书的学习掌握运动舰船尾迹的电磁散射机理和成像仿真方法，灵活解决实际工程问题。

本书适合从事雷达设计与评估、微波遥感、雷达目标与环境特性、电磁成像算法与图像理解的相关科研工作人员阅读，也可作为高等学校相关专业研究生的教学参考用书。

图书在版编目（CIP）数据

舰船尾迹的电磁成像机理及特征提取技术 / 张民等著. —北京：电子工业出版社，2023.7
（国防电子技术丛书）

ISBN 978-7-121-45827-9

Ⅰ. ①舰… Ⅱ. ①张… Ⅲ. ①军用船—雷达成像 Ⅳ. ①TN957.52

中国国家版本馆 CIP 数据核字（2023）第 108914 号

责任编辑：钱维扬

印　　刷：天津嘉恒印务有限公司
装　　订：天津嘉恒印务有限公司
出版发行：电子工业出版社
　　　　　北京市海淀区万寿路 173 信箱　　邮编：100036
开　　本：720×1 000　1/16　印张：16.25　字数：312 千字
版　　次：2023 年 7 月第 1 版
印　　次：2023 年 7 月第 1 次印刷
定　　价：128.00 元

凡所购买电子工业出版社图书有缺损问题，请向购买书店调换。若书店售缺，请与本社发行部联系，联系及邮购电话：(010) 88254888，88258888。

质量投诉请发邮件至 zlts@phei.com.cn，盗版侵权举报请发邮件至 dbqq@phei.com.cn。

本书咨询联系方式：qianwy@phei.com.cn。

前　言

　　海面上除了风驱海面自然产生的海浪之外，舰船的运动也会带来特定形态的波浪，统称为舰船尾迹。尾迹是真实海上运动舰船场景中不可缺失的部分，海面舰船尾迹在合成孔径雷达（Synthetic Aperture Radar，SAR）图像中往往表现出特别显著的散射特征，而且不同舰船在不同运动状态时所具有尾迹的电磁散射和成像特征也有所不同，使得尾迹成为识别舰船目标的类型、位置、航速和航向信息等特征的重要途径。开展舰船尾迹的雷达成像机理和特征提取技术研究，可以为海洋目标遥感、舰船目标特征提取和环境监测，特别是为海面目标高分辨率观测技术提供重要的理论基础和新方法。

　　1978 年在 SeaSat 的 SAR 图像上，人们第一次发现海洋表面延伸 20km 长的舰船尾迹。自此，科学家们逐渐开始关注 SAR 图像中的舰船尾迹并进行研究。1986 年在 IGARSS'86 会议上，美国科学家 Lyden 发表了关于 SAR 图像舰船尾迹类别和产生机理的研究论文。1989 年在苏格兰林纳湖（Loch Linnhe）所做的 SAR 图像相关实验充分显示了内波尾迹的显著特征。2000 年在加拿大由海洋遥感联盟召集，专门召开了世界上第一次关于海岸水域舰船检测的专题讨论会 "Ship Detection in Coastal Waters Workshop 2000"，研究了不同尾迹对 SAR 图像的调制机理。近十几年来，SAR 系统已经能获得令人较为满意的海洋图像，通过实验观测，科学家对舰船尾迹和海洋内波成像进行了系统研究，建立了多种基于 SAR 图像的舰船目标监视系统。同时，随着计算机技术的快速发展，逐渐出现了尾迹 SAR 图像仿真及其应用的研究。Zilman 等人依据双尺度模型和速度聚束积分对 Kelvin 尾迹的 SAR 图像进行了仿真分析，利用快速离散 Radon 变换对 Kelvin 尾迹边界进行检测，同时估计了检测方法的失检率和虚警率。Graziano 等人根据 SAR 图像中典型尾迹的纹理特征，利用 Radon 变换实现了舰船目标的检测和航迹估计，并且进一步结合 X 波段 TerraSAR-X 和 COSMO/SkyMed 的 SAR 图像数据开展了尾迹探测识别算法在不同极化和入射方位角下舰船目标航迹和船速预估方面的应用研究。然而，现有研究多是通过对实际 SAR 图像的分析来研究尾迹及舰船检测方法的，由于实验条件复杂，难以很好地解释所观测的结果，缺乏对 SAR 图像中尾迹纹理特征的完备分析。而且，不同 SAR 平台的测试参数（信号的入射方位角、极化、带宽运动速度等）和不同船速的舰船尾迹的几何形态和电磁散射特征是不同的，对应的 Kelvin 尾迹、湍流尾迹、内波尾迹，特别是水下运动目标的内波尾迹的电磁成像机理和 SAR 图像仿真方法仍然缺失。因此，必须通过舰船尾迹的电磁散射特性研究，更好地理解 SAR 成像机理，开展 SAR 图像仿真，进而促进舰船目标特征识别技术的研究。

鉴于此，形成一套系统而完整的舰船尾迹电磁成像仿真方法和应用技术无疑是必要且紧迫的。本书立足于舰船尾迹电磁成像机理问题，结合海洋计算流体力学和舰船运动特征，建立了 Kelvin 尾迹、湍流尾迹和内波尾迹的非线性流场几何模型，重点通过著者团队建立的调制谱面元散射模型（Modulated Facet Scattering Model，MFSM），结合实测数据，力求实现对 Kelvin 尾迹、湍流尾迹、内波尾迹的电磁散射机理的准确描述，在获取包含不同舰船尾迹的大场景海面的电磁散射模型和尾迹 SAR 图像仿真算法的基础上，完成舰船尾迹的 SAR 图像仿真和基于尾迹的目标特征识别技术研究。

全书共 8 章。其中，第 1 章对海面舰船尾迹电磁散射的基本概念和理论进行介绍；第 2 章给出传统线性叠加 Kelvin 尾迹的 SAR 图像仿真方法；第 3 章针对远场湍流尾迹与背景波耦合难题，提出一种调制谱面元散射模型，并结合计算流体力学仿真，对包含 Kelvin 尾迹、湍流尾迹以及背景海浪的 SAR 图像进行仿真与特征分析；第 4 章探讨辐射输运理论及其在泡沫流尾迹电磁计算中的应用；第 5 章主要对包含波浪破碎的舰船近场尾迹的电磁散射特性进行建模与特性分析；第 6 章主要介绍分层海洋条件下内波尾迹的电磁散射计算和成像方法；第 7 章主要探讨和分析不同分层条件下水下运动目标尾迹的电磁散射和雷达图像特征变化；第 8 章围绕舰船尾迹的各类工程应用展开讨论，主要包括基于神经网络的尾迹 SAR 图像检测、基于尾迹的舰船参数反演，以及利用尾迹特征进行浮标目标隐身优化设计的方法。

本书是西安电子科技大学复杂地海环境目标雷达散射成像与特征控制团队老师和研究生长期科研工作的积累和辛勤劳动的结晶，也是著者及所在团队近年来在海面舰船尾迹的雷达特性领域研究工作的总结。这里要特别感谢团队中的罗伟博士、赵言伟博士、聂丁博士、陈珲博士、孙荣庆博士、罗根博士、魏鹏博博士、王佳坤博士、陈俊龙博士和李金星博士和团队中各届博士研究生和硕士研究生。同时，本书得到了国家自然科学基金（62171351、61771355、61372004、41306188、60871070）、航空科学基金（20200001081006）、中央高校基本科研业务费专项资金和目标与环境电磁散射辐射重点实验室基金的资助，在此对相关人员表示诚挚的谢意。此外，中国航天科工集团第二研究院 207 所（北京环境特性研究所）、北京控制与电子技术研究所、中国航天科工集团第三研究院三部对本书的相关研究也给予了大力支持，在此深表感谢。

由于著者水平有限，书中难免有不足之处，恳请读者批评指正。

著者

2023 年 6 月

目 录

第 1 章

舰船尾迹电磁散射的理论基础

　　舰船尾迹的形成、发展和电磁散射、雷达成像均离不开背景海面海浪的作用。在实际中，海面起伏变化称之为海浪，自然海浪成因多样，包括风、潮汐、海底地形变化等，多数海浪的产生与风场直接相关，本地风区产生的海浪称作风浪。风浪一旦产生，就会与大气不断发生能量交换，并随着其运动方向持续传播到很远的地方，此类从远处传来的海浪被称作涌浪。通常情况下，海浪就是指风浪和涌浪。但是，舰船的运动也会带来特定形态的波浪，即舰船尾迹。舰船尾迹的形成与舰船的结构、运动以及海洋流体对舰船的作用特性有关，实际上是一种十分复杂的多源波浪，很难用单一的物理模型进行描述。因此，包含尾迹的海浪往往可视作舰船尾迹调制的风驱海面并使用基于海浪谱的线性叠加海浪理论来描述。

　　另一方面，海面电磁散射是舰船尾迹 SAR 成像的基础。海面电磁散射属于粗糙面电磁散射的特例。与裸土、草地、沙地等熟知的地表粗糙面相比，海面具有时变性。海面的时空变化特性使其散射与成像模型的建立更为复杂，往往需要结合其统计特性对特定海情下的海面进行描述。海面电磁散射的计算模型，可以分为精确数值模型和解析近似模型两大类。精确数值模型具有更高的精度，但是其效率阻碍了在大场景海面电磁散射计算的应用，解析近似模型通过海浪的统计特性对海面散射进行等效，在保证满足工程需要精度的同时具有更高的效率，被广泛应用于海面电磁散射的仿真工作中，是舰船尾迹电磁散射计算的理论基础。

　　本章首先介绍海面背景风浪仿真方法和基于海谱的线性海浪生成模型。在此基础上，介绍运动舰船尾迹的基本类型，描述不同尾迹的几何特征。最后，总结目前主流的尾迹电磁散射计算的基础理论和模型。

1.1 海浪和舰船尾迹的基本概念

海浪主要包括风浪、涌浪和近岸波浪等，其变化形态会受到海底地形、地壳运动等因素影响，图 1-1 为某海域海浪的实拍图像。对于风驱海浪的模拟，基于线性波浪理论与风流、波流的非线性作用，可以在一定程度上利用近似模型对海面几何进行仿真描述。

图 1-1　某海域海浪的实拍图像

1.1.1 海浪仿真

模拟海浪的常见方法主要基于以下 4 种模型：几何模型、物理模型、粒子运动模型和海浪谱模型[1]。其中，基于几何模型的建模方法是根据经验参数直接模拟海浪的高度场，包括凹凸纹理映射方法和基于 Gerstner-Rankine 模型方法，此类模型具有实时模拟大场景海面的优点，但是生成的海浪波纹理特征真实感较差。而根据物理模型来模拟海浪需要从流体控制方程（Navier-Stokes 方程）出发，结合初始条件和边界条件进行求解，该方法生成的海浪可以真实描述海浪的动力学特征，但是由于流体运动的复杂特性，方程求解的计算量巨大，仿真效率低，很难满足大场景海面仿真的需求。粒子运动模型则是假设水面由许多小粒子组成，根据粒子的运动规律对海面进行建模，粒子模型能够模拟海浪破碎波、泡沫和飞沫等，但是模拟的效果与粒子数量紧密相关，粒子数量过少则生成的海浪缺乏真实感，数量太多又会增加计算量，因此如何有效对实时大场景海面进行模拟仍然有待商榷。海浪谱模型是基于线性海浪理论，认为海浪是由一系列具有不同频率和传播方向的谐波经过线性叠加组成，常用的模拟方法主要是线性叠加法和线性滤波法。海浪谱模型引入随机变量来反映海浪的随机特性，同时利用色散关系，并考虑时间因子就能实现动态海面的实时模拟。其中线性滤波法在进行叠加操作时利用快速傅里叶变换（Fast Fourier Transform，FFT），可以高效地实现各种海况参数下的海面大场景模拟，在海洋动力学研究和海面的电磁散射研究中具有广泛应用。

海面可视为各个方向上不同频率不同相位的单频波浪线性叠加而成，各海浪成分在时间和空间上缓慢演变。依据该假设，对于无限深的稳态海洋环境，海面上任一点 $r=(x,y)$ 在时刻 t 的几何高度 z_s 由线性滤波法可表示如下：

$$z_s(\boldsymbol{r},t) = \sum_k H(\boldsymbol{k},t)\exp(\mathrm{j}\boldsymbol{k}\cdot\boldsymbol{r})p$$

$$=\mathrm{IFFT}(H(\boldsymbol{k},t))$$

（1-1）

式中，$H(\boldsymbol{k},t)$ 是依赖海谱的傅里叶振幅函数：

$$H(\boldsymbol{k},t) = \varUpsilon(\boldsymbol{k})\sqrt{F(\boldsymbol{k})\delta k_x \delta k_y / 2}\exp(-\mathrm{j}\omega t) +$$
$$\varUpsilon^*(-\boldsymbol{k})\sqrt{F(-\boldsymbol{k})\Delta k_x \Delta k_y / 2}\exp(\mathrm{j}\omega t)$$

（1-2）

其中，$F(\boldsymbol{k})$ 是二维海谱函数，$\boldsymbol{k}=(k_m,k_n)$ 表示二维波矢量，$k_m = m\delta k_x$，$k_n = n\delta k_y$，m 和 n 表示离散点，空间频率采样间隔 $\delta k_x = 2\pi / L_x$，$\delta k_y = 2\pi / L_y$，$L_x \times L_y$ 表示模拟的海面场景大小，$\varUpsilon(\boldsymbol{k})$ 是符合标准正态分布的随机序列，符号"*"表示复数共轭，ω 为波浪传播角频率。因为空间波高为实数序列，$H(\boldsymbol{k})$ 具有以下共轭对称特性：

$$\begin{cases} H^*(k_x,k_y) = H(-k_x,-k_y) \\ H^*(-k_x,k_y) = H(k_x,-k_y) \end{cases}$$

（1-3）

利用线性滤波法仿真的海面波高如图 1-2 所示，分别给出了不同风速、风向以及随时间变化的海面。从图中可以看到，当风向从 0° 变化到 45° 时，海面的纹理发生了明显的变化。与此同时，随着风速的增加，海浪波的波长明显变大，波高起伏也增大。由于在处理中使用了 FFT，同样模拟离散点为 256×256 的场景只需要不到 1s 的时间。对于动态海面的模拟，时间间隔为 0.5s，可以看到，海面的波形随着时间的推进呈现出规律的演化特征。

图 1-3 给出了海面波高的方差随风速的变化情况。从图中可以看到，当风速在 17m/s 以下时，对仿真的海面波高进行统计的结果与理论值能够很好地符合，而当风速再大时，统计的波高结果将趋于平缓，而理论值则无限增大，这是因为当风速过大时，会出现海浪破碎等非线性特征，在仿真过程中

没有考虑到这一点。

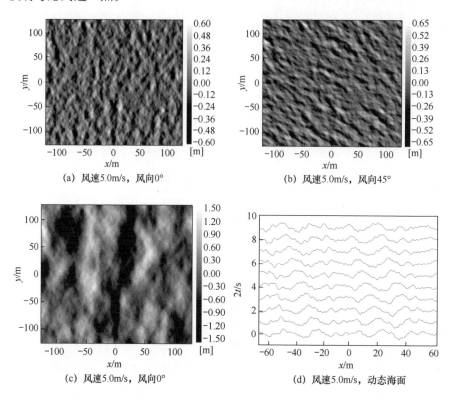

(a) 风速5.0m/s，风向0° (b) 风速5.0m/s，风向45°

(c) 风速5.0m/s，风向0° (d) 风速5.0m/s，动态海面

图 1-2　利用线性滤波法仿真的海面波高

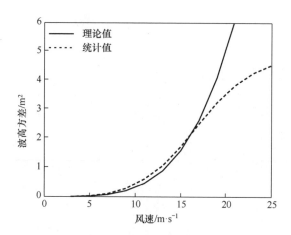

图 1-3　海面波高的方差随风速的变化情况

1.1.2　典型海谱函数

海谱是海面的功率密度谱，反映了海浪波的能量统计分布，可以根据海浪能量的平衡方程或者对实验获得的海浪数据进行统计得到。海谱与海面高度的自相关函数有着傅里叶变换的关系。20 世纪 50 年代以来，许多海洋工作者通过实验观测研究随机海浪，对得到的测量数据进行统计分析，最后总结出了一些经典的海谱函数模型[2-5]。最早的海谱函数是 Neumann 谱，限于当时的实验条件，Neumann 谱从概念上来讲与后来的海谱函数有所区别，但是对于当时海浪的研究和发展起到了重要的理论指导作用。根据北大西洋在 1955 年至 1960 年之间的海洋观察资料，Pierson 和 Moskowitz 于 1964 年提出了 P-M 海谱模型（简称 P-M 谱），P-M 谱具有比较可靠的实验数据基础，可以对完全发展的海浪进行有效模拟。由于 Neumann 谱和 P-M 谱均属于重力波谱，在此基础上，Fung 等人在 1982 年利用 Pierson 提出的张力波谱对 P-M 谱进行修正，得到了半经验的 A.K.Fung 完全海谱，比原来的 P-M 谱包含了更多的海浪波谱成分。鉴于前面的几种模型只能对完全发展的稳态海面进行描述，根据 1968 年至 1969 年间英国、美国、德国等在丹麦、德国西海岸以外共同开展的联合北海波浪计划(Joint North Sea Wave Project, JONSWAP)，Hasselmann 等人提出了适合非稳态海面描述的 JONSWAP 海谱模型，该谱在概念上考虑了风区的因素，因此被看作是国际标准海谱。在前面研究工作的基础上，Apel 等人在实验室造波池进行实验，通过处理测量数据提出了 Apel 谱，此模型能够描述顺风和逆风情况下海谱的区别，但是在张力波的描述上还不够充分。基于水池实验测量数据，Elfouhaily 在 1997 年提出的 Elfouhaily 谱具有明确的物理意义，而且能够很好地描述重力波谱和张力波谱，模型的建立未依赖于遥感数据，但是却与实测结果符合得很好。

线性海浪假设忽略了海浪波在水平方向和垂直方向上的不对称性，而越来越多的海场景观测和实验室测量结果表明，由于风、浪和流场之间的非线性效应，实际的海浪具备许多非线性特征。在描述海浪波之间的非线性特性时，以上海浪谱均存在一定的缺陷，必须使用高阶谱。幸运的是，对于海面尾迹背景波浪的电磁散射计算，仅需要最基本的线性波浪模型便已足够。线性波浪意味着将海水视为无旋、无黏性、不可压缩的流体，且忽略波浪破碎与气体混合作用。海面在大尺度上可以视作平稳随机过程，仅需描述海浪的二阶统计学特性即可满足海洋背景波浪的电磁散射计算要求。

一般情况下，二维海谱可用以下表达式描述：

$$F(\boldsymbol{k}) = \frac{1}{k}\Psi(k)\Phi(k,\varphi) \tag{1-4}$$

式中，$\Psi(\boldsymbol{k})$ 表示全向海谱，也被称为一维谱，$\Phi(k,\varphi)$ 为方向函数，方位关系如图 1-4 所示。

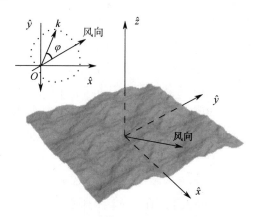

图 1-4   二维海面和海谱示意图

Elfouhaily 谱可以完整地描述从重力波到毛细波整个频率范围内海浪能量的分布，该谱有时也被称为 E 谱或 ESKV 谱（ESKV 为几个作者姓氏首字母组成的缩写），其全向海谱表达式如下[5]：

$$\Psi_{\mathrm{E}}(k) = \frac{B_l + B_h}{k^3} \tag{1-5}$$

$k^2\Psi_{\mathrm{E}}(k)$ 值表示海浪的斜率谱，与海面波浪的均方斜率有关，而 $k^3\Psi_{\mathrm{E}}(k)$ 值表示海浪的曲率或饱和度谱，与波浪的均方耗散率有关，B_l 和 B_h 分别表示低频（重力波）曲率谱和高频（张力波）曲率谱。其中低频曲率谱可表示为

$$B_l = 0.5\alpha_{\mathrm{p}}(c_{\mathrm{p}} / c)F_{\mathrm{p}} \tag{1-6}$$

$$F_{\mathrm{p}} = L_{\mathrm{PM}}J_{\mathrm{p}}\exp\left[-0.3162\Omega_{\mathrm{c}}(\sqrt{k / k_{\mathrm{p}}} - 1)\right] \tag{1-7}$$

$$L_{\mathrm{PM}} = \exp\left[-1.25(k_{\mathrm{p}} / k)^2\right] \tag{1-8}$$

式中，$c = \mathrm{d}\omega_0 / \mathrm{d}k = \sqrt{(g / k)(1 + (k / k_m)^2)}$ 是任意空间波数 k 对应的海浪相速度，$k_m = 370\,\mathrm{rad/s}$，$c_m = 0.23\,\mathrm{m/s} = 0.006\Omega_{\mathrm{c}}^{0.55}$，$c_{\mathrm{p}} = \sqrt{g / k_{\mathrm{p}}}$，$\Omega_{\mathrm{c}}$ 表示峰值重力波相速度，为波浪的峰值角频率 ω_{p} 对应的空间频率，为给定风速下的逆波龄，取值在 0.84 到 5 之间，0.84 对应完全发展的海浪谱（PM 谱），Ω_{c} 越小，

波浪传播时间越长，波浪越"老"，对应风区越大，海浪谱中低频分量越多。L_{PM} 对应 PM 谱，而 J_p 为峰值增强函数，可以分为峰值增强参数 γ 和其指数 $\varGamma$ 两部分：

$$J_p = \gamma^{\varGamma} k_p \tag{1-9}$$

其中，

$$\gamma = \begin{cases} 1.7, & \varOmega_c \leqslant 1 \\ 1.7 + 6\lg \varOmega_c, & \text{其他} \end{cases} \tag{1-10}$$

$$\varGamma = \exp\left\{ -\frac{1}{2\sigma^2}(\sqrt{k/k_p} - 1) \right\} \tag{1-11}$$

类似地，ESKV 谱中的高频曲率谱 B_h 可表示为

$$B_h = 0.5\alpha_m(c_m/c)F_m \tag{1-12}$$

式中，α_m 为海浪中短波分量的广义平衡参数，与海面摩擦风速 u^* 有关：

$$\alpha_m = \begin{cases} 0.01\left[1 + \ln(u^*/c_m)\right], & u^* \leqslant c_m \\ 0.01\left[1 + 3\ln(u^*/c_m)\right], & u^* > c_m \end{cases} \tag{1-13}$$

$$u^* = \sqrt{C_d}U_{w10} \tag{1-14}$$

其中，c_m 表示在海谱空间频率 k_m 处的海浪相速度，$C_d = 0.00144$；短波反作用函数 F_m 可表示为

$$F_m = L_{PM}J_p \exp\left[-0.25(k/k_m - 1)^2 \right] \tag{1-15}$$

图 1-5 展示了不同风速条件下完全发展的 ESKV 高度谱、斜率谱和曲率谱。图中黑点代表风速 10m/s 情况下的 PM 谱。为了与对应风速下的 PM 谱对比，取逆波龄 $\varOmega_c = 0.84$。可以看到，ESKV 谱与 PM 谱在低频区保持一致，其主要区别出现在高频区，在三种谱线中，ESKV 谱的高频分量下降趋势先略微缓和，之后随着频率增加迅速减小，而 PM 谱的各曲线在对数坐标系下均保持原来趋势，ESKV 谱更好地描述了海浪中重力—毛细波至毛细波频段的能量分布情况。比较不同风速的结果可知，相同逆波龄的海面，风速越大，海浪传播距离越远，海谱的低频分量越多，对应峰值频率变低，峰值变高。而对于高频分量而言，ESKV 谱的高频部分的斜率谱和曲率谱随着风速的增加有着较明显的提升，而高度谱的变化相对细微。这说明在海浪毛细波频段，随着频率增加，其斜率的改变要比波高改变更显著。

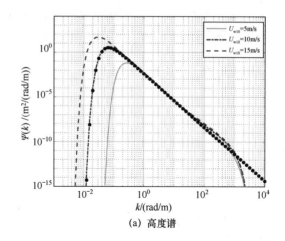

(a) 高度谱

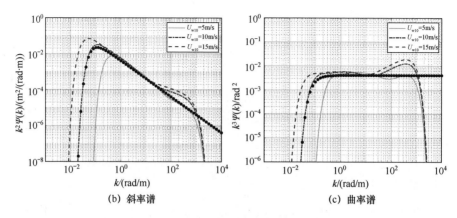

(b) 斜率谱　　　　　　　　　　　　(c) 曲率谱

图 1-5　不同风速下完全发展的 ESKV 谱

图 1-6 给出了海面风速 10m/s 时不同逆波龄下的 ESKV 高度谱、斜率谱和曲率谱。相同风速的海面，逆波龄越小，海浪发展越充分，海浪谱中低频成分越多。而在相同风速下，海浪各发展阶段的各谱线高频成分完全相同。各谱线重力波段在逆波龄大于 2 的时候会发生畸变，一般将逆波龄大于 2 的海浪称作"年轻"海面，小于 2 的海浪称作"成熟"海面。鉴于 ESKV 谱对于海浪发展情况和毛细波描述的优势，如无特殊说明，后文所用海谱均默认为 ESKV 谱。

相比于海浪频率谱，传播方向谱的形式较少，主要可分为单边和双边两种形式。其中，余弦功率模型最早由 Pierson 提出，Longuet-Higgins 在此基础上提出了单边余弦功率形式的传播方向谱模型：

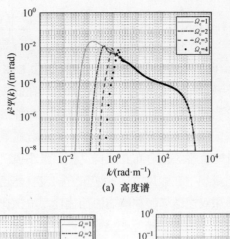

(a) 高度谱

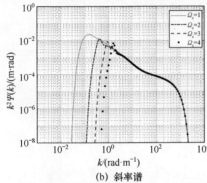

(b) 斜率谱

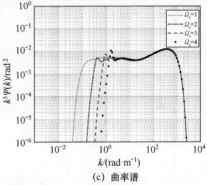

(c) 曲率谱

图 1-6　不同逆波龄下的 ESKV 谱（海面风速 $U_{\mathrm{w}10}$ =10m/s）

$$\Phi(k,\theta) = C_{\mathrm{s}}\left[\cos^2\left(\frac{\varphi - \varphi_{\mathrm{w}}}{2}\right)\right]^s \tag{1-16}$$

式中，φ_{w} 表示海浪传播主方向，通常定义为海面风向，C_{s} 表示传播方向谱的归一化系数：

$$C_{\mathrm{s}} = \frac{1}{2\sqrt{\pi}}\frac{\Gamma(s+1)}{\Gamma(s+1/2)} \tag{1-17}$$

s 表示传播方向谱的宽窄系数，一般与风速、频率与波龄有关。$\Gamma(\cdot)$ 表示 Gamma 函数。

Elfouhaily 等人在 ESKV 模型中使用了一种双边形式的传播方向谱：

$$\Phi(k,\theta) = \frac{1}{2\pi}\{1 + \Delta(k)\cos[2(\varphi - \varphi_{\mathrm{w}})]\} \tag{1-18}$$

式中，$\Delta(k)$ 表示方向谱的迎风—侧风（Upwind-Crosswind）比，与海面风速和海浪各成分相速度有关：

$$\Delta(k) = \tanh\left[0.1733 + 4\left(\frac{c}{c_p}\right)^{2.5} + 0.13\left(\frac{u^*}{c_m}\right)\left(\frac{c_m}{c}\right)\right] \qquad （1-19）$$

图 1-7 分别给出了单边余弦传播方向谱和双边 ESKV 传播方向谱的函数，这两种函数都满足归一化条件，且两种函数均在低频情况下上表现出比高频情况更强的方向性。如它们各自名称所述，这两种谱的主要区别在于是否考虑到海浪的主波能量传播方向：双边方向谱函数在顺风逆风两侧能量分布是对称的，能量峰值平等地分布在风向两侧，最小值出现在侧风方向；而单边方向谱主要能量集中在顺风方向，逆风方向没有能量传播。对于线性滤波法而言，单边谱和双边谱模型在瞬态海面建模与电磁计算中是通用的，但是对于时变海面仿真，单边谱模型能更好反映海浪的实际传播方向。

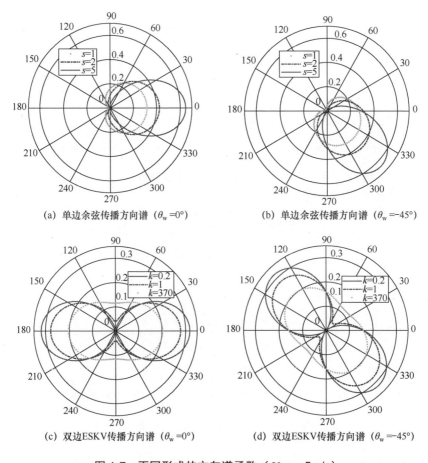

(a) 单边余弦传播方向谱（$\theta_w = 0°$）　　(b) 单边余弦传播方向谱（$\theta_w = -45°$）

(c) 双边ESKV传播方向谱（$\theta_w = 0°$）　　(d) 双边ESKV传播方向谱（$\theta_w = -45°$）

图 1-7　不同形式的方向谱函数（$U_{w10} = 5\text{m/s}$）

需要说明的是，尽管上述海浪模型已经足够完成海面尾迹背景波浪的电磁散射计算与成像仿真，但统计模型对海面的描述仍存在其局限性，真实海洋的流场特性要比上述模型都要复杂得多，实际海浪的演化、各波浪间的非线性作用以及海浪主波方向变化等因素很难体现在统计模型中。

1.1.3　舰船尾迹的基本类型

舰船尾迹的研究最早可追溯到 19 世纪，著名的 Kelvin 爵士[6]通过小振幅波浪理论对船舶尾迹进行了理论推导。他发现运动船舶产生的波浪中，只有相速度与船舶运动速度相同的波浪会形成横断波和分歧波两类驻波，并通过水的色散关系得到了驻波的波长和频率。在深水中，忽略风浪和背景波的影响，船舶尾迹与船舶保持相对稳定，固定在约 39° 的 V 形区域内，这类尾迹被称作 Kelvin 尾迹，如图 1-8 中的（A）（B）和（C）部分所示。作为典型的重力波，流体学研究者们使用各类数学方法对经典 Kelvin 尾迹的特性进行了描述，如驻相法、色散理论、射线法等，以上理论均认为 Kelvin 尾迹顶角的一半为 arcsin(1/3)，约为 19.5°，与船速无关。该理论被广泛用于各类尾迹 SAR 图像仿真及检测工作。

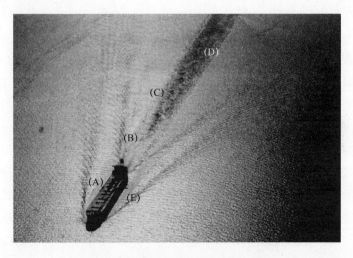

图 1-8　船舶尾迹结构光学图像示意[7]

(A)船首 Kelvin 尾迹发散波　(B)船尾 Kelvin 尾迹发散波　(C)Kelvin 尾迹横断波　(D)湍流尾迹　(E)近场
湍流区域

然而，越来越多的尾迹遥感图像显示，许多舰船产生的尾迹并不符合这一规律，尤其是近岸的小艇以较快的速度运动时，其尾迹顶角远小于 39°，经典的 Kelvin 尾迹理论并不能解释这类窄 Kelvin 尾迹[7-10]。为此，研究者们开展了许多实验并应用了很多理论解释各类尾迹顶角的变化：Havelock 对水深效应进行了进一步的分析，发现在较浅的水域中，顶角大小取决于基于水深的 Froude（弗劳德）数，即与水深和速度有关。Lee 等人基于线性波浪理论预测了从深水到浅水的整个水深范围内 Kelvin 尾迹的波峰分布，并使用计算流体力学（Computational Fluid Dynamics，CFD）软件 Flow-3D 对其结果进行了验证。Shugan 等人认为海面背景波浪与尾迹的非线性效应会影响 Kelvin 尾迹的特性，并初步分析了表面背景波波效应和波流效应对尾迹顶角的影响。Rabaud 和 Moisy 统计了大量的机载光学遥感图像，发现除环境因素外，当运动舰船基于舰船长度的 Froude 数大于 0.5 时，尾迹顶角会小于 39°，他们认为这是因为运动舰船无法产生波长大于船体尺寸的波浪。Darmon 等人指出，Rabaud 和 Moisy 的模型观察到的角度对应尾迹最高波峰的位置，并通过求解单压力源的线性波浪问题，证明了由最高波峰定义的尾迹顶角与 Rabaud 和 Moisy 的实验观察一致。Noblesse 等人提出了另一种解释，他们通过对小船尾迹建模分析，发现窄尾迹可能来自船首波和船尾波的耦合，并将尾迹顶角改变的临界 Froude 数提高到了 0.59。基于同样的理论基础，Noblesse 等人还对双体船的尾迹进行了更深入的讨论，认为当双体船基于双船间距的临界 Froude 数大于 0.37 时，也会因为两个船体波浪间的耦合出现类似的窄尾迹现象。Rabaud 和 Moisy 结合了以上理论进一步探究了船体的长宽比对最大波幅的远场角的影响，为了获得深水条件下的结果，Rabaud 和 Moisy 对小尺度运动目标产生的窄尾迹进行了实验研究，并使用高斯压力扰动模型对这种现象进行了描述，认为小尺度的重力—毛细波也会导致特别窄的尾迹图案。Pethiyagoda 和 McCue 等人发现尾迹最高波峰在线性理论中随着目标运动速度的变快逐渐变小，而波浪的非线性作用反而会增大其尾迹的顶角；通过短时傅里叶变换，对模型和水池实验中的尾迹波高进行了时频分析，用于尾迹检测工作。以上关于窄 Kelvin 尾迹角度的研究均基于尾迹的最高波峰，然而，实际遥感图像中的尾迹图案并不完全是尾迹波高的体现，例如，在光学图像中波浪的斜率变化和泡沫显得更强势，而 SAR 成像对海面的粗糙度变化更为敏感，如图 1-9 所示。

　　尽管流体学研究者们对尾迹的角度有了较多的研究，但是关于尾迹的 SAR 成像研究相对较少。Oumansour 等人[12]通过双尺度法对 Kelvin 尾迹的 SAR 图像进行了仿真。Hennings 等人[13]分别使用复合散射模型和 SEASAT 雷达实测图像，对各种角度下 Kelvin 臂的可见性进行了讨论。Shemer 等人[14]提出了一种用于干涉 SAR 的尾迹成像模型，Arnold-Bos 等人[15]提出了一种

双站 SAR 成像模型，并用于对 Kelvin 尾迹进行的模拟研究中。Zilman 等人[16]
对各种海况下 Kelvin 尾迹的 SAR 图像进行了仿真，并使用离散的 Radon 变
换对仿真得到的 Kelvin 尾迹进行了线性检测研究。上面关于 Kelvin 尾迹的
仿真和检测研究主要存在两个缺陷，第一是经典的 Kelvin 尾迹模型会导致很
多更宽或更窄的尾迹被误认或者漏检，第二是尾迹与背景海浪进行线性叠加
忽略了尾迹与海面的非线性效应导致的粗糙度变化，高海情下的线性叠加尾
迹很容易被海洋背景所淹没。

图 1-9　船舶尾迹 Terra-SAR 图像（X 波段，HH 极化）

除 Kelvin 尾迹外，SAR 图像中的尾迹成分还包括窄 V 尾迹、湍流尾迹
和内波尾迹，其中窄 V 尾迹如图 1-10 所示。Lyden 等人[11]对这几种典型的尾
迹及其成像机理进行了总结与分析。Sun 等人[17]通过傅里叶变换对仿真得到
的 Kelvin 尾迹波高分布和实测的 SAR 尾迹图像进行了分析，并提出了一种
通过频域分离 Kelvin 尾迹和湍流尾迹的方案。

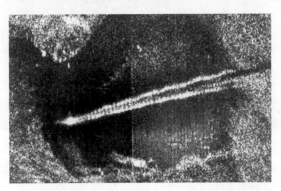

图 1-10　机载 SAR 图像（L 波段，HH 极化）中的窄 V 尾迹[7]

窄 V 尾迹的张角远小于 Kelvin 尾迹，在 SAR 图像中表现为比其他尾迹
成分要亮得多的亮线，成像机理是满足特定色散关系的波浪经 Bragg 谐振效

应被 SAR 所侦测，在该理论中，窄 V 尾迹的可见性与张角和雷达工作频段直接相关。窄 V 尾迹很难在 C 波段以上的雷达图像中出现，因为其理论顶角太小（半角小于 1.5°），预计会被湍流尾迹所消耗。个别文献认为 X 波段 SAR 图像中湍流尾迹的亮边源自湍流尾迹，笔者认为这一点仍存争议，因为窄 V 尾迹理论顶角很小，而湍流尾迹的亮边一般只在单侧出现，不符合波浪的可视性特性。近年来有关窄 V 尾迹的文献较少，也有相关研究发现，部分雷达图像中较窄的 V 形尾迹可能来自于 Kelvin 尾迹中的非线性孤立波或者直接来自于小艇产生的窄 Kelvin 尾迹。

内波尾迹也表现为较窄的 V 形亮线，内波尾迹一般只在海水分层效应较强烈的海峡或近岸区域观测到，如图 1-11 所示。内波尾迹产生自海洋的盐温分层，其角度与海水分层情况以及舰船运动速度相关。内波尾迹的主要散射机理为内波对海表面的 Bragg 波的调制作用，其外形有时会与窄 V 尾迹相混淆。实际上，二者还是有很多区别的，内波尾迹与窄 V 尾迹的主要形态区别在于特征亮度更弱，尾迹特征更难被检测，且在观测条件较好情况下表现为多重明暗嵌套的 V 形波纹，在 X 波段内波尾迹仍然可以被雷达图像所侦测。

图 1-11　机载 SAR 图像（L 波段，VV 极化）中的内波尾迹[7]

湍流尾迹也叫中央尾迹，在 SAR 图像中表现为一条暗条带，有时尾迹的单侧或两侧会伴随亮边，因为受风浪影响小、蔓延尺度广，湍流尾迹是 SAR 图像中最常见的尾迹类型，在一些观测记录中船舶的湍流尾迹可以达到上百千米，如图 1-12 所示。湍流尾迹作为 SAR 图像中最常见的尾迹，是各类尾迹检测研究的热点。虽然其可见性更强，但相关的成像模型和散射机理研究比起 Kelvin 尾迹显得少之又少，这与其流场模型的复杂性有关。湍流尾迹按其散射机理可以分为船舶近场产生的湍流强散射区域和远场的平滑区域，近场湍流尾迹与湍流形态、泡沫体散射效应有关，强烈的湍流和破碎波造成较强的雷达后向散射。远场湍流尾迹则对应海面短波恢复后的平坦区域，尾迹的光滑表面使得该区域的雷达散射较弱并在 SAR 图像表现为暗条带。远场湍流能在海面保持较长的时间,其散射机理与船舶航迹上的 Bragg 波成分的抑制有关。文献显示,在海表面足够粗糙时,远场湍流尾迹反而更容易被真实孔径雷达或合成孔径雷达检测[11]。目前学界对于湍流尾迹 SAR 图像的成因有多种解释,包括泡沫层、海面浮膜、船舶运动产生湍流的速度场作用以及风浪作用等。一些研究认为[18],湍流尾迹的暗条带有可能是因为舰船运动在海面产生湍流导致的海面活化膜层再分布效应。近年来,随着计算流体力学技术的蓬勃发展,使得对湍流这一现象进行建模仿真成为了可能。湍流尾迹的一大特点是其不对称性,对此,George 和 Tatnall 等人[19]通过数值求解 DNS 方程得到了半球产生的尾流速度场,并以此为基础对非对称的湍流尾迹 SAR 图像进行了仿真。Soloviev 等人[20]对实际远航船尾流进行了声呐测量,并和同时拍摄的 TerraSAR-X 实测图像进行对比,发现尾迹的不对称性可能来自风场的作用。之后,Fujimura 等人[21]通过结合 CFD 技术和现有电磁方法,对风场作用条件下的远场湍流尾迹 SAR 图像进行了仿真,他们的仿真存在的主要问题在于为了获得非对称的涡结构使用了 DES(Detached Eddy Simulation)模型,限于计算资源,仿真场景相对较小;同时他们的仿真仅仅使用简单的速度边界条件来模拟风场的作用,并没有考虑到实际背景波的效应。虽然遥感图像中的近场湍流尾迹与湍流和泡沫层有关系,但是当尾迹距离扰动源数千米时,尾迹区域流速更缓慢,表面结构更加平滑而有序,这与流体力学中的湍流概念并不相同,湍流的小尺度涡特征也很难在海面维持过长时间,SAR 图像中暗条带的成因与海面背景风浪较慢的恢复速率有关。限于电磁学和流体力学之间的学科壁垒,一些研究并没有很好地区分这一点。湍流尾迹作为一种常见而复杂的现象,在今天仍有着巨大的研究价值与潜力。

图 1-12　ERS-1 SAR 图像(C 波段,VV 极化)中的舰船湍流尾迹©ESA 1996

与海面舰船尾迹相似,当目标在水下运动时,也会在水面形成各种各样的尾迹图案。海洋防御系统主要使用两种方法来检测水下潜艇目标：声呐和雷达。声呐通过声波直接对水下目标进行探测，而微波雷达主要借助水下运动目标形成的尾迹间接探测水下目标的存在。与水面舰船相比，由于高频电磁波无法穿透水面对水下目标进行直接探测，因此，对目标在海面形成的尾迹进行探测能起到很大的帮助，水下目标尾迹及其 SAR 图像检测是水下目标非声学探测的重要手段之一。

当水面下的物体在靠近海面航行时，其外壳（围壳）的动态压力分布与自由海表面之间的相互作用会产生一个与经典 Kelvin 波浪模式非常相似的波浪系统。随着目标潜深的增加和速度减慢，这种 Kelvin 波会逐渐减弱直至消失，对应的 SAR 图像中会出现另一种波浪系统，称之为内波，内波的形成与海洋内波的密度分层有关。内波的周期与波长远大于 Kelvin 尾迹，由于海洋中的密度分层较弱，使得海水内部存在微弱浮力差异，因此，即便是很小的水下扰动也可能在水面引起振幅和持续时间很长的尾迹图像。由于水下目标除去上浮水面通信，更多的时间都在一个相对较深的位置以较慢的速度运动，因此，相比于内 Kelvin 波浪，内波尾迹的 SAR 图像对水下目标探测有着更为重要的意义。

1893 年，挪威探险家 Nansen 在极地考察时发现，船在明显平静的"死水"（dead water）中前进遇到了一股强大的阻力，这种现象被命名为"死水效应"，"死水效应"使人类开始察觉到内波的存在和它对远航的影响。Ekman 对内波的形成进行了系统的数学研究，他针对内波现象介绍了一些关键的海洋学术语，包括 Ekman 运输、Ekman 螺旋、Ekman 层等，之后内波的相关研究多集中于海洋内波领域。直到 1953 年，Long[23]率先开展了与分层流体中运动源产生的内波有关的理论和实验研究。基于水波色散理论，Mokarov 和 Chashechkin[24]得到了简单体在连续分层流体中水平匀速运动产生的内波的控制方程，但是他们的方程忽略了自由表面的影响。Keller 和 Munk[25]使用射线方法获得了两层分层流体中的内波波峰分布。Tuck[26]首次提出了考虑线性自由表面的内波控制方程。Yeung 和 Nguyen[27]利用势流理论对移动源在有限深度的两层分层流体中产生的内波进行了分析，势流理论主要基于线性波浪理论，因此无法考虑随机尾流塌陷造成的内波。以上模型均基于单点或双点的点源压力模型，然而这与实际封闭体模型产生的波浪图像仍有区别。近年来，科学家们开始对更加复杂的运动模型产生的波浪进行分析建模，对于水下目标尾迹的研究逐渐从理论向着实际工程应用发展[28,29]。Tunaley 计算了卵形体模型产生的伯努利峰。Shariati 和 Mousavizadegan 提出了一种通过尾迹表面波图案来识别水下航行器的方法。Wu 等人通过考虑 Kelvin–Havelock–Peter 远场近似，分析了基于潜深的 Froude 数对水下目标尾迹的波型的影响。Xue 等人结合 Yeung 和 Nguyen 的势流结果和对水面舰船尾迹分析方法，对水下波浪成分进行了分析。然而实际的海洋环境往往非常复杂，水下目标的形体变化对尾迹形态也有着较大的影响，尤其是运动目标尾部塌陷水域造成的随机尾流。随着数值技术和计算能力的发展，CFD 模拟已逐渐成为一种可行的方案，用以获取包含湍流效应在内的内波信息。CFD 可以通过直接求解基本流体控制方程来获得动态尾流特性。与基于线性波浪理论的传统方法相比，在具有足够计算资源的条件下，CFD 技术在解决各种流体动力学问题时更加灵活，可以考虑多个波系之间的非线性效应，尤其是对于复杂形体在复杂分层海洋中运动产生的波浪。

尽管有关内波的流体动力学已经有了很多进展，但是通过在 SAR 图像中检测水下目标尾迹仍然是一个新颖而敏感的话题。1989 年，科学家们在海水分层效应较强的 Loch Linnhe 进行了舰船内波尾迹流场和 SAR 成像实验[30,31]。May 和 Wren 等人[32]提出可以用遥感方法对水下目标形成的尾迹进行探测。Chen 等人[33]提出一种通过使用 SAR 图像进行尾迹检测来探测水下目标的方法，他们的工作主要集中在原始 SAR 图像中尾迹的检测上，并没有解释水下目标尾迹的形成机制。Liu 和 Jin[34]利用淹没物体在均匀流体中引起的尾流对 SAR 图像进行了模拟，他们的模型仅对 Kelvin 尾迹和伯努利峰进行了模拟，而忽略了可能最适合用于水下目标 SAR 图像检测的内波情况。Pethiyagoda 等人[10]分别使用线性和弱非线性波浪理论，对浸没的运动点源以及点源产生的波浪进行了建模分析，结果发现，线性波浪模型下的尾迹波浪最高峰随着目标运动速度的变快逐渐变小，同时，波浪的非线性作用反而会增大其尾迹的顶角。Wang 等人[35,36]对 SAR 图像中不同速度和环境条件下，不同的水下目标尾迹图案进行了讨论。至今为止，水下目标尾迹的研究仍然多处于理想情况下的初级阶段。

1.2　海面与舰船尾迹电磁散射的计算基础

当微波频段的电磁波照射到海面上时，由于海水的导电性较强，使得电磁波的趋肤深度很小，所以通常将海面的电磁散射问题看成是粗糙面上半空间的面散射问题。传统海面电磁散射的计算模型主要包括：基尔霍夫近似法（Kirchhoff Approximation Method, KAM）、微扰法（Small Perturbation Method,

SPM）以及基于以上两者发展起来的复合表面模型（Composite Surface Model，CSM），亦称为双尺度模型（Two Scale Model，TSM）等解析近似方法和精确数值模拟方法。但随着研究的深入，以上传统方法逐渐显现出各自的不足，主要表现在针对大场景（包含尾迹）海面散射场空间分布计算和相位准确描述方面。为此，本节从这些复合表面模型中甄选出海面的 Bragg 散射理论和考虑角度截断的半确定面元散射模型（Semi-deterministic Facet Scattering Model，SDFSM）加以介绍，并在此基础上，开展海面的电磁散射场分析。

1.2.1 Bragg 散射理论

实验观测表明，当电磁波入射到海面时，入射波与海浪中特定频率分量作用形成的散射波会存在相干叠加效应——Bragg 谐振效应，Bragg 谐振效应造成的散射贡献称作 Bragg 散射。

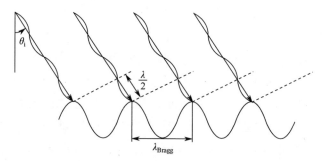

图 1-13 一维海面 Bragg 散射示意图

图 1-13 给出了一维海面 Bragg 散射示意图，与入射电磁波发生谐振的海浪分量称作 Bragg 波，发生谐振的 Bragg 波矢量等于两倍入射波矢量的水平投影，则 Bragg 波波长 λ_{Bragg}、雷达波长 λ 以及本地入射角 θ_i 可表示如下：

$$\lambda_{\text{Bragg}} = \frac{\lambda}{2\sin\theta_i} \qquad (1\text{-}20)$$

考虑到二维海面情况下，海浪波脊与雷达入射平面夹角为 ϕ 时，式（1-20）可转化为

$$\lambda'_{\text{Bragg}} = \frac{\lambda\sin\phi}{2\sin\theta_i} = \lambda_{\text{Bragg}}\sin\phi \qquad (1\text{-}21)$$

对多数单站雷达而言，当电磁波以中等入射角照射到海表面时，除去特别高的海况条件下，雷达接收到的后向回波中直接的镜向反射成分微乎其

微。此时，Bragg 散射是雷达散射的主要机制。此外，通过倾斜调制、流体动力调制和速度聚束效应，更长的重力波可以通过影响 Bragg 散射来影响散射空间分布。时空变化的海面风速、大气边界层的分层变化和海洋上层运动（如海洋锋、涡流、海底内波和舰船尾迹等）引起的流场变化均会影响海面的 Bragg 散射分布。对于实际的二维海浪而言，Bragg 波的尺度往往处在重力—毛细波或者毛细波之间，直接对海面上随机变化的小尺度毛细波特征进行离散采样或电磁计算往往困难且不现实，通常使用统计特性对海面 Bragg 散射进行描述。统计特性包括其高度密度分布函数、自相关函数和方差谱等，本章使用基于海浪谱模型的 SPM 对海面 Bragg 散射进行计算。在中等入射角条件下，SPM 适用于以下海面条件：

$$k_i \sigma_s < 0.3, \quad s_s < 0.3 \tag{1-22}$$

式中，s_s 表示海面的均方根斜率，σ_s 表示小尺度粗糙面的均方根高度。

如图 1-14 所示，假设海面总体处于水平面 xoy 上，雷达入射平面为 xoz，入射波和散射波分别为 k_i 和 k_s，其对应 xoy 平面上的投影为 k_0 和 k_1，电磁波的散射角和散射方位角分别为 θ_s 和 φ_s。Fuks[37,38]给出了 SPM 的一阶散射幅度：

$$S_{pq}(\boldsymbol{k}_1, \boldsymbol{k}_0) = \frac{k_0^4(1-\varepsilon)}{8\pi^2} F_{pq} \iint z(\boldsymbol{r}) \mathrm{e}^{-\mathrm{i}\boldsymbol{q}\cdot\boldsymbol{r}} \mathrm{d}\boldsymbol{r} \tag{1-23}$$

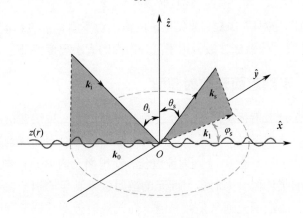

图 1-14　SPM 海平面散射示意图

式中，ε 表示海水的相对介电常数，F_{pq} 表示 SPM 的极化核函数，下标 pq 分别表示散射波和入射波的极化特性，例如，F_{HV} 表示散射波水平极化入射波垂直极化的核函数，$\boldsymbol{q} = \boldsymbol{k}_s - \boldsymbol{k}_i$，各极化条件下的 SPM 核函数定义如下：

$$F_{HV} = \frac{1}{\varepsilon}[1 + R_V(\theta_i)][1 + R_V(\theta_s)]\sin\theta_i \sin\theta_s -$$

$$[1 - R_V(\theta_i)][1 - R_V(\theta_s)]\cos\theta_i \cos\theta_s \cos\varphi_s \quad （1\text{-}24）$$

$$F_{VH} = [1 - R_V(\theta_i)][1 + R_H(\theta_s)]\cos\theta_i \sin\varphi_s \quad （1\text{-}25）$$

$$F_{HV} = [1 + R_H(\theta_i)][1 - R_V(\theta_s)]\cos\theta_s \sin\phi_s \quad （1\text{-}26）$$

$$F_{HH} = [1 + R_H(\theta_i)][1 + R_H(\theta_s)]\cos\varphi_s \quad （1\text{-}27）$$

R_H 和 R_V 表示对应入射极化电磁波条件下的 Fresnel 反射系数：

$$R_H = \frac{\cos\theta_i - \sqrt{\varepsilon - \sin^2\theta_i}}{\cos\theta_i + \sqrt{\varepsilon - \sin^2\theta_i}} \quad （1\text{-}28）$$

$$R_V = \frac{\varepsilon\cos\theta_i - \sqrt{\varepsilon - \sin^2\theta_i}}{\varepsilon\cos\theta_i + \sqrt{\varepsilon - \sin^2\theta_i}} \quad （1\text{-}29）$$

设海面散射源与接收雷达距离为 R，则海面的远区散射场 E_s 可表示为

$$E_s(R) = 2\pi \frac{e^{ikR}}{iR} S(\boldsymbol{k}_1, \boldsymbol{k}_0) \quad （1\text{-}30）$$

根据雷达散射截面定义，可以通过其统计平均值解析计算出一阶 SPM 下的归一化雷达散射截面（Normalized Radar Cross-Section, NRCS）：

$$\sigma_{pq}(\hat{\boldsymbol{k}}_i, \hat{\boldsymbol{k}}_s) = \pi k_0^4 |\varepsilon - 1|^2 |F_{pq}|^2 \frac{F(\boldsymbol{q}_1) + F(-\boldsymbol{q}_1)}{2}, \quad |\boldsymbol{q}_1| < k_{cut} \quad （1\text{-}31）$$

式中，$F(\boldsymbol{q}_1)$ 即为对应 Bragg 波矢量 $\boldsymbol{q}_1$ 的海浪功率谱，$\boldsymbol{q}_1$ 表示 $\boldsymbol{q}$ 在水平面上的投影矢量。k_{cut} 为截断波数，用于区分海面的大小尺度特征。

1.2.2　半确定面元散射模型

半确定面元散射模型属于复合表面散射理论中一种快速精确的海面散射建模方法。该模型按照海浪粗糙面的水平面投影对海面场景进行面元化离散，面元尺寸应大于 10 个入射波波长，使得面元内 Bragg 波分布情况更接近海浪谱的统计值，同时各个面元的散射贡献满足非相干性。对于实际的海浪模型，离散面元通常是倾斜的，面元散射模型主要通过局部坐标转换和 KAM 来对面元倾斜产生的调制效应和镜向反射贡献进行修正。半确定面元散射模型通过统计方式对每个倾斜离散面元求散射场，公式各项有着明确的物理意义，可以有效计算大场景随机风浪的面元散射分布与总散射场。

图 1-15 给出了海场景的全局坐标系与面元局部坐标系示意图，对于任一

离散单元，设其均值面中点为局部坐标系的原点 O_1，面元法向量 $\hat{\boldsymbol{n}}$ 方向为 z 轴，y 轴方向由入射波与法向量确定，建立一个局部坐标 $(\hat{\boldsymbol{x}}_1, \hat{\boldsymbol{y}}_1, \hat{\boldsymbol{z}}_1)$：

$$\hat{\boldsymbol{n}} = (-z_x, -z_y, 1) / \sqrt{1 + z_x^2 + z_y^2} \tag{1-32}$$

$$\hat{\boldsymbol{x}}_1 = \hat{\boldsymbol{y}}_1 \times \hat{\boldsymbol{z}}_1 \tag{1-33}$$

$$\hat{\boldsymbol{y}}_1 = \hat{\boldsymbol{n}} \times \hat{\boldsymbol{k}}_i / \left| \hat{\boldsymbol{n}} \times \hat{\boldsymbol{k}}_i \right| \tag{1-34}$$

$$\hat{\boldsymbol{z}}_1 = (-z_x, -z_y, 1) / \sqrt{1 + z_x^2 + z_y^2} \tag{1-35}$$

其中，z_x 和 z_y 分别表示全局坐标系下离散面元 $\hat{\boldsymbol{x}}$ 方向和 $\hat{\boldsymbol{y}}$ 方向的斜率。

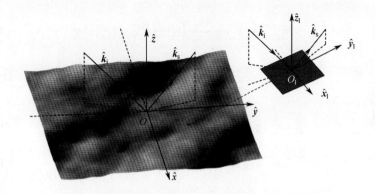

图 1-15 海场景的全局坐标系与面元局部坐标系示意图

由全局与局部坐标系之间的转换关系，可以得到各电磁矢量在两种坐标系下的转换关系：

$$\hat{\boldsymbol{H}}_i = (\hat{\boldsymbol{H}}_i \cdot \hat{\boldsymbol{V}}_i^1)\hat{\boldsymbol{V}}_i^1 + (\hat{\boldsymbol{H}}_i \cdot \hat{\boldsymbol{H}}_i^1)\hat{\boldsymbol{H}}_i^1 \tag{1-36}$$

$$\hat{\boldsymbol{V}}_i = (\hat{\boldsymbol{V}}_i \cdot \hat{\boldsymbol{V}}_i^1)\hat{\boldsymbol{V}}_i^1 + (\hat{\boldsymbol{V}}_i \cdot \hat{\boldsymbol{H}}_i^1)\hat{\boldsymbol{H}}_i^1 \tag{1-37}$$

$$\hat{\boldsymbol{H}}_s = (\hat{\boldsymbol{H}}_s \cdot \hat{\boldsymbol{V}}_s^1)\hat{\boldsymbol{V}}_s^1 + (\hat{\boldsymbol{H}}_s \cdot \hat{\boldsymbol{H}}_s^1)\hat{\boldsymbol{H}}_s^1 \tag{1-38}$$

$$\hat{\boldsymbol{V}}_s = (\hat{\boldsymbol{V}}_s \cdot \hat{\boldsymbol{V}}_s^1)\hat{\boldsymbol{V}}_s^1 + (\hat{\boldsymbol{V}}_s \cdot \hat{\boldsymbol{H}}_s^1)\hat{\boldsymbol{H}}_s^1 \tag{1-39}$$

结合 1.2.1 节中的 SPM 核函数，则对应全局坐标系中的 SPM 核函数可以表示为以下矩阵形式：

$$\begin{bmatrix} \tilde{F}_{VV} & \tilde{F}_{VH} \\ \tilde{F}_{HV} & \tilde{F}_{HH} \end{bmatrix} = \begin{bmatrix} \hat{\boldsymbol{V}}_s \cdot \hat{\boldsymbol{V}}_s^1 & \hat{\boldsymbol{H}}_s \cdot \hat{\boldsymbol{V}}_s^1 \\ \hat{\boldsymbol{V}}_s \cdot \hat{\boldsymbol{H}}_s^1 & \hat{\boldsymbol{H}}_s \cdot \hat{\boldsymbol{H}}_s^1 \end{bmatrix} \begin{bmatrix} F_{VV} & F_{VH} \\ F_{HV} & F_{HH} \end{bmatrix} \begin{bmatrix} \hat{\boldsymbol{V}}_i \cdot \hat{\boldsymbol{V}}_i^1 & \hat{\boldsymbol{H}}_i \cdot \hat{\boldsymbol{V}}_i^1 \\ \hat{\boldsymbol{V}}_i \cdot \hat{\boldsymbol{H}}_i^1 & \hat{\boldsymbol{H}}_i \cdot \hat{\boldsymbol{H}}_i^1 \end{bmatrix} \tag{1-40}$$

则在中等入射角范围内，可得倾斜面元散射模型的散射系数表示如下：

$$\sigma_{pq}^{FSM}(\hat{\boldsymbol{k}}_i, \hat{\boldsymbol{k}}_s) = \pi k_0^4 |\varepsilon - 1|^2 |\tilde{F}_{pq}|^2 \frac{F(\boldsymbol{q}_1) + F(-\boldsymbol{q}_1)}{2}, \quad |\boldsymbol{q}_1| < k_{cut} \tag{1-41}$$

若面元对应的本地入射角较小，海面大尺度长波引起的镜向反射贡献急剧增加，面元散射模型使用 KAM 来对这部分电磁散射贡献进行修正。KAM 基于切平面假设，即假定随机粗糙表面在每个表面点处都可以视为局部平坦的平面，散射贡献仅由其镜像方向产生。该假设适用条件如下：

$$k_i \sigma_{sl} n_1 > \frac{\sqrt{10}}{|\cos\theta_i + \cos\theta_s|}, \quad \langle R_c \rangle > \lambda \tag{1-42}$$

式中，σ_{sl} 表示大尺度粗糙面的均方根高度。n_1 表示入射介质的相对折射率，对于空气可近似地取 $n_1 = 1$。KAM 散射系数可使用统计方法表示为

$$\sigma_{pq}^{KAM}(\hat{k}_i, \hat{k}_s) = \frac{\pi k_0^2 |\boldsymbol{q}|^2}{q_z^4} \left| F_{pq}^{KAM} \right|^2 P(z_x', z_y') \tag{1-43}$$

式中，q_z 表示 $\boldsymbol{q}$ 在面元垂直方向上的分量，F_{pq}^{KAM} 表示其下标对应极化条件下的镜向反射核函数：

$$F_{VV}^{KAM} = M_0 \left[R_V(\theta_i^l)(\hat{V}_s \cdot \hat{k}_i)(\hat{V}_i \cdot \hat{k}_s) + R_H(\theta_i^l)(\hat{H}_s \cdot \hat{k}_i)(\hat{H}_i \cdot \hat{k}_s) \right] \tag{1-44}$$

$$F_{VH}^{KAM} = M_0 \left[R_V(\theta_i^l)(\hat{V}_s \cdot \hat{k}_i)(\hat{H}_i \cdot \hat{k}_s) - R_H(\theta_i^l)(\hat{H}_s \cdot \hat{k}_i)(\hat{V}_i \cdot \hat{k}_s) \right] \tag{1-45}$$

$$F_{HV}^{KAM} = M_0 \left[R_V(\theta_i^l)(\hat{H}_s \cdot \hat{k}_i)(\hat{V}_i \cdot \hat{k}_s) - R_H(\theta_i^l)(\hat{V}_s \cdot \hat{k}_i)(\hat{H}_i \cdot \hat{k}_s) \right] \tag{1-46}$$

$$F_{HH}^{KAM} = M_0 \left[R_V(\theta_i^l)(\hat{H}_s \cdot \hat{k}_i)(\hat{H}_i \cdot \hat{k}_s) + R_H(\theta_i^l)(\hat{V}_s \cdot \hat{k}_i)(\hat{V}_i \cdot \hat{k}_s) \right] \tag{1-47}$$

其中，

$$M_0 = |\boldsymbol{q}| |q_z| / \left\{ [(\hat{H}_s \cdot \hat{k}_i)^2 + (\hat{V}_s \cdot \hat{k}_i)^2] k_0 q_z \right\} \tag{1-48}$$

$P(z_x', z_y')$ 表示海面重力波的斜率概率密度函数，此处，

$$z_x' = z_x \cos(\varphi - \varphi_w) + z_y \sin(\varphi - \varphi_w) \tag{1-49}$$

$$z_y' = z_y \cos(\varphi - \varphi_w) - z_x \sin(\varphi - \varphi_w) \tag{1-50}$$

分别表示为主风向和侧风向的斜率，z_x、z_y 表示入射波镜像点处近似切平面的斜率：

$$z_x = -q_x / q_z \tag{1-51}$$

$$z_y = -q_y / q_z \tag{1-52}$$

Cox 和 Munk 通过光学实验，认为海面斜率呈准高斯分布，可用四阶 Gram-Charlier 级数近似表示[39]：

$$P(z'_x, z'_y) = \frac{F_{\text{C-M}}(z'_x, z'_y)}{2\pi S_u S_c} \exp\left(-\frac{z'^2_x}{2S^2_u} - \frac{z'^2_y}{2S^2_c}\right) \tag{1-53}$$

$$F_{\text{C-M}}(z'_x, z'_y) = 1 - \frac{C_{21}}{2}\left(\frac{z'^2_y}{S^2_c} - 1\right)\frac{z'_x}{S_u} - \frac{C_{03}}{6}\left(\frac{z'^2_x}{S^3_u} - \frac{3z'_x}{S_u}\right) +$$

$$\frac{C_{40}}{24}\left(\frac{z'^4_y}{S^4_c} - 6\frac{z'^2_y}{S^2_c} + 3\right) + \frac{C_{22}}{4}\left(\frac{z'^2_y}{S^2_c} - 1\right)\left(\frac{z'^2_x}{S^2_u} - 1\right) + \frac{C_{04}}{24}\left(\frac{z'^4_x}{S^4_u} - 6\frac{z'^2_x}{S^2_u} + 3\right) \tag{1-54}$$

其中，$C_{21} = 0.01 - 0.0086U_{\text{w}12.5} \pm 0.03$ 和 $C_{03} = 0.04 - 0.033U_{\text{w}12.5} \pm 0.12$ 表示海面斜率偏度，$C_{40} = 0.4 \pm 0.23$，$C_{22} = 0.12 \pm 0.06$ 和 $C_{04} = 0.23 \pm 0.41$ 表示海面斜率峰值系数，$S^2_c = 0.003 + 0.84 \times 10^{-3} U_{\text{w}12.5}$ 和 $S^2_u = 0.005 + 0.78 \times 10^{-3} U_{\text{w}12.5}$ 分别表示侧风和迎风方向的海面均方斜率。

对式（1-41）和式（1-43）的散射系数进行叠加并按总面积归一化，可求得海面的总散射系数：

$$\sigma_0(\hat{\boldsymbol{k}}_i, \hat{\boldsymbol{k}}_s) = \frac{1}{A_s}\sum_{m=1}^{M}\sum_{n=1}^{N}\{[\sigma^{\text{KAM}}_{0,mn}(\hat{\boldsymbol{k}}_i, \hat{\boldsymbol{k}}_s) + \sigma^{\text{FSM}}_{0,mn}(\hat{\boldsymbol{k}}_i, \hat{\boldsymbol{k}}_s)]\Delta x \Delta y\} \tag{1-55}$$

式中，$A_s = L_x L_y$ 表示海面场景的面积。

1.2.3　海面散射场分析

首先对半确定面元散射模型（SDFSM）的后向散射计算精度进行验证。图 1-16 给出了各极化条件下 SDFSM 的海面后向散射系数随入射角的变化情况。入射电磁波频率为 14.9GHz，方位角为 0°，迎风观测。图 1-16(a)和(b) 中风速分别为 5m/s 和 10m/s。图中不同风速和极化的预估曲线与实测结果吻合较好，最大差值出现在垂直入射的镜像区，差值约为 2.5dB。实验观测中 3dB 以内的误差是可以接受的。交叉极化结果由于幅值较小，且可获得的实测数据较少，这里不做讨论。

图 1-17 给出了不同入射方向、不同极化条件下，SDFSM 的海面后向散射系数随风速的变化情况。入射电磁波频率为 13.9GHz。图中离散点表示 SEASAT-A 卫星散射计实测数据[41]。图 1-17(a)和(b)分别对应 VV 极化下，入射角 30° 和 50° 的情况，图 1-17(c)和(d)分别对应 HH 极化下的对应结果。图中可以发现，在中等角度下，海面后向散射系数会随着风速的增大而增大。迎风预估结果略大于侧风情况。SDFSM 预估结果与实测数据大致吻合，主要差距出现在 HH 极化下，尤其是高海情条件下，HH 极化预估值明显小于实测值。在高海情掠射角条件下，线性海浪模型与复合散射理论无法解释海

尖峰（Sea spike）现象，但在风速 10m/s 以下各预估曲线均处于实测范围内，而海洋尾迹特征只在中低海情（海面风速小于 8m/s）中可观测到。因此，SDFSM 可以很好地应用于海洋目标尾迹的电磁散射预估。

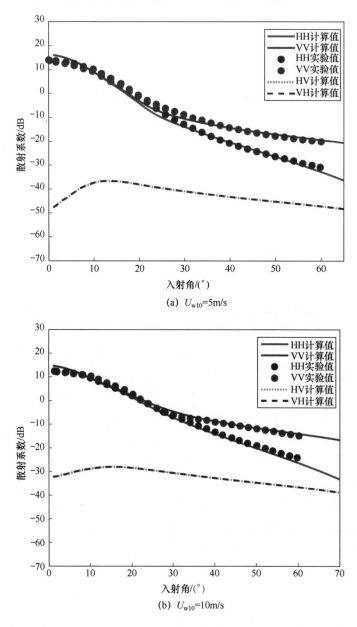

(a) U_{w10}=5m/s

(b) U_{w10}=10m/s

图 1-16　各极化条件下 SDFSM 的海面后向散射系数随入射角的变化情况

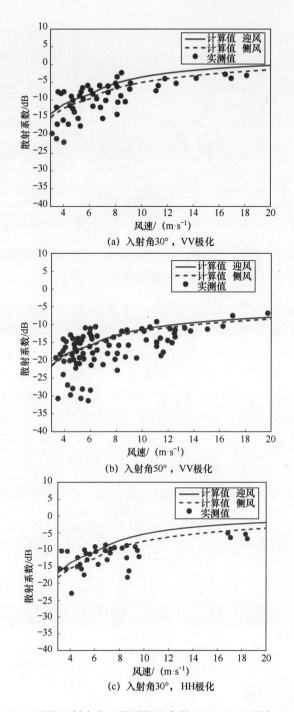

(a) 入射角30°，VV极化

(b) 入射角50°，VV极化

(c) 入射角30°，HH极化

图 1-17　不同入射方向、不同极化条件下 SDFSM 的海面后向
散射系数随风速的变化情况

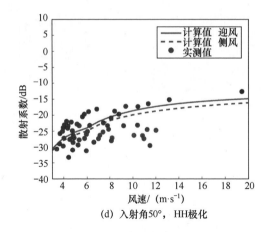

(d) 入射角50°，HH极化

图 1-17   不同入射方向、不同极化条件下 SDFSM 的海面后向
散射系数随风速的变化情况（续）

　　图 1-18(a)和(b)中分别使用 SDFSM 计算了海面单站和双站散射系数，并给出对应的 KAM 和 SPM 分量，用以说明海面复合散射理论各散射分量的贡献。以 VV 极化为例，电磁波工作频率为 10GHz，单站散射情况下的入射角为 0°～80°，双站情况下入射角为 50°。可以看到后向散射镜向分量主要在入射角 20° 以内，当入射角大于 30° 时以 Bragg 散射为主。而双站散射镜向分量主要出现在入射角前向方向，后向方向主要以 Bragg 散射为主。

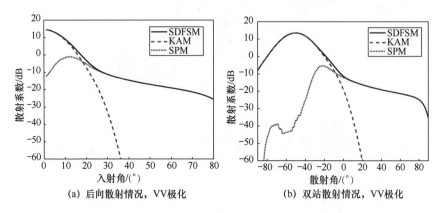

(a) 后向散射情况，VV极化　　　　　　(b) 双站散射情况，VV极化

图 1-18   海面单、双站散射镜向分量与 Bragg 散射分量分析

1.3   本章小结

　　海面电磁散射模型是舰船尾迹电磁散射和雷达图像仿真的理论基础，本章结合舰船尾迹仿真需求，对相关基本概念、理论和电磁散射计算方法基础

做了简要介绍与分析。

总之，海面背景波浪可以视为随机相位波浪的线性叠加，主要仿真方法有线性叠加模型和线性滤波模型，前者适用范围更广而后者更为高效。线性波浪各频率成分满足海浪谱规律，可用 ESKV 谱进行描述。不考虑外源影响，海面可视作本地随机风浪，其波高与形态同时受到海面风速、风向以及海浪发展情况的影响。此外，1.1.3 节中细致介绍了 SAR 图像中几种常见的尾迹，围绕它们的发现过程、产生机制和几何特征进行了讨论和分析。

半确定面元散射模型分别通过 KAM 和 SPM 对海面镜向散射分量和Bragg 散射分量进行统计性描述，兼顾精度与效率，适用于大尺度海面单站和双站电磁散射特性计算。在小入射角和中等入射角情况下，后向散射幅值同极化大于交叉极化，VV 极化大于 HH 极化；风速的增大会增加海面粗糙度，导致海面 Bragg 散射分量增加而镜向散射分量减小。作为一个半统计模型，SDFSM 在带来高效计算的同时也存在不足，其主要缺陷在于未考虑波浪破碎、海面泡沫以及多次散射效应对海浪总场的影响。

参考文献

[1] JOHANSON C. Real-time water rendering [D]. Master of Science, Lund University, 2004.

[2] NEUMANN G. On ocean wave spectra and a new method of forecasting wind-generated sea [J]. Beach Erosion Board, Tech. Mem., 1953, 43(1): 42.

[3] PIERSON W J, MOSCOWITZ L. A proposed spectral form for fully developed wind seas based on the similarity theory of S.A.kitaigorodsrii [J]. J. Geophys. Res., 1964, 69(24): 5181-5190.

[4] HASSELMANN K, BARNETT T P, BOUWS E, et al. Measurements of wind-wave growth and swell decay during the Joint North Sea Wave Project (JONSWAP) [R]. Dtsch. Hydrogr. Z. Suppl., 1973, 12(A8): 1-95.

[5] ELFOUHAILY T, CHAPRON B, KATSAROS K, et al. A unified directional spectrum for long and short wind-driven waves [J]. J. Geophys. Res., 1997, 102: 15781-15796.

[6] THOMSON W. On ship waves [J]. Proceedings of the Institution of Mechanical Engineers, 1887, 38(1): 409-434.

[7] JACKSON C R, APEL J R. Synthetic aperture radar: marine user's manual [M]. NOAA NESDIS, Silver Spring, MD, USA. 2004, 12:227-303.

[8] LEE B W, LEE C. Equation for ship wave crests in the entire range of water depths[J]. Coastal Engineering, 2019, 153: 103542.

[9] HE J, ZHANG C, ZHU Y, et al. Interference effects on the Kelvin wake of a catamaran represented via a hull-surface distribution of sources [J]. European Journal of Mechanics-B/Fluids, 2016, 56: 1-12.

[10] PETHIYAGODA R, MORONEY T J, MACFARLANE G J, et al. Time-frequency analysis of ship wave patterns in shallow water: modelling and experiments [J]. Ocean Engineering, 2018, 158: 123-131.

[11] LYDEN J D, HAMMOND R R, LYZENGA D R, et al. Synthetic aperture radar imaging of surface ship wakes [J]. J. Geophys. Res.: Oceans, 1988, 93(C10): 12293-12303.

[12] OUMANSOUR K, WANG Y, SAILLARD J. Multi-frequency SAR observation of a ship wake [J]. IEE Proc. Radar, Sonar Navig., 1996, 143(4): 275-280.

[13] HENNINGS I, ROMEISER R, ALPERS W, et al. Radar imaging of Kelvin arms of ship wakes [J]. Int. J. Remote Sens., 1999, 20: 2519-2543.

[14] SHEMER L, KAGAN L, ZILMAN G. Simulation of ship wake image by an along-track interferometric SAR [J]. Int. J. Remote Sens., 1996, 17: 3577-3597.

[15] ARNOLD-BOS A, KHENCHAF A, MARTIN A. Bistatic radar imaging of the marine environment-Part II: Simulation and result analysis [J]. IEEE Trans. Geosci. Remote Sens., 2007, 45: 3384- 3396.

[16] ZILMAN G, ZAPOLSKI A, MAROM M. On detectability of a ship's Kelvin wake in simulated SAR image of rough sea surface [J]. IEEE Trans. Geosci. Remote Sens., 2014, 53: 609-619.

[17] SUN Y X, LIU P, JIN Y Q. Ship wake components: isolation, reconstruction, and characteristics analysis in spectral, spatial, and TerraSAR-X image domains[J]. IEEE Transactions on Geoscience and Remote Sensing, 2018, 56(7): 4209-4224.

[18] MILGRAM J H, SKOP R A, PELTZER R D, et al. Modeling short sea wave energy distributions in the far wakes of ships[J]. Journal of Geophysical Research: Oceans, 1993, 98(C4): 7115-7124.

[19] GEORGE S G, TATNALL A R L. Measurement of turbulence in the oceanic mixed layer using Synthetic Aperture Radar (SAR)[J]. Ocean Science Discussions, 2012, 9(5).

[20] SOLOVIEV A, GILMAN M, YOUNG K, et al. Sonar measurements in ship wakes simultaneous with TerraSAR-X overpasses[J]. IEEE Transactions on Geoscience and

Remote Sensing, 2009, 48(2): 841-851.

[21] FUJIMURA A, SOLOVIEV A, RHEE S H, et al. Coupled model simulation of wind stress effect on far wakes of ships in SAR images[J]. IEEE Transactions on Geoscience and Remote Sensing, 2016, 54(5): 2543-2551.

[22] NANSEN F. Farthest North: The epic adventure of a visionary explorer [M]. New York: Skyhorse Publishing Inc., 2008.

[23] LONG R R. Some aspects of the flow of stratified fluids: I. A theoretical investigation[J]. Tellus, 1953, 5(1): 42-58.

[24] MAKAROV S A, CHASHECHKIN Y D. Apparent internal waves in a fluid with exponential density distribution[J]. Journal of Applied Mechanics and Technical Physics, 1981, 22(6): 772-779.

[25] KELLER J B, MUNK W H. Internal wave wakes of a body moving in a stratified fluid[J]. The Physics of Fluids, 1970, 13(6): 1425-1431.

[26] TUCK E O. Submarine internal waves [R]. Melbourne (Vic): Materials Research Laboratory Ascot Vale, Rep. AD-A264080SW, 1992.

[27] YEUNG R W, NGUYEN T C. Waves generated by a moving source in a two-layer ocean of finite depth[J]. Journal of engineering mathematics, 1999, 35（1-2): 85-107.

[28] WU H, HE J, LIANG H, et al. Influence of Froude number and submergence depth on wave patterns [J]. European Journal of Mechanics-B/Fluids, 2019, 75: 258-270.

[29] XUE F, JIN W, QIU S, et al. Wake Features of Moving Submerged Bodies and Motion State Inversion of Submarines[J]. IEEE Access, 2020, 8: 12713-12724.

[30] WATSON G, CHAPMAN R, Apel J. Measurements of the Internal Wave Wake of a Ship in a Highly Stratifid Sea Loch [J]. J. Geophys. Res., 1992, 97(C6): 9689-9703.

[31] STRAPLETON N R, PERRY J R. Synthetic aperture radar imaging of ship-generated internal-waves during the UK-US Loch Linnhe series of experiments [C]. Geoscience and Remote Sensing Symposium, 1992. IGARSS'92. International. IEEE, 1992, 2: 1338-1340.

[32] MAY D, WREN G G. Detection of submerged vessels using remote sensing techniques[J]. Australian Defence Force Journal, 1997 (127): 8.

[33] CHEN Y, FENG J, MINHUI Z. Detection methods of submerged mobile using SAR images[C] Proceedings. 2005 IEEE International Geoscience and Remote Sensing Symposium, 2005. IGARSS'05. IEEE, 2005, 3: 1717-1720.

[34] LIU P, JIN Y Q. Simulation of synthetic aperture radar imaging of dynamic wakes of

submerged body [J]. IET Radar, Sonar & Navigation, 2016, 11(3): 481-489.

[35] WANG L, ZHANG M, WANG J. Synthetic aperture radar image simulation of the internal waves excited by a submerged object in a stratified ocean [J]. Waves in Random and Complex Media, 2020, 30(1): 177-191.

[36] WANG L, ZHANG M, WANG L. Coupled model simulation of the internal wave wakes induced by a submerged body in SAR imaging [J]. Waves in Random and Complex Media, 2022, 32(2): 557-574.

[37] FUKS I M, VORONOVICH A G. Wave diffraction by rough interfaces in an arbitrary plane-layered medium [J]. Wave in Random Media, 2000, 10(2): 253-272.

[38] FUKS I M. Wave diffraction by a rough boundary of an arbitrary plane-layered medium [J]. IEEE Trans. Antennas Propag., 2001, 49(4): 630-639.

[39] COX C, MUNK W. Measurement of the roughness of the sea surface from photographs of the sun's glitter[J]. Josa, 1954, 44(11): 838-850.

[40] VORONOVICH A G, ZAVOROTNI V U, Theoretical model for scattering of radar signals in Ku-and C-bands from a rough sea surface with breaking waves [J]. Wave in Random Media, 2001, 11: 247-269.

[41] JONES W L, SCHROEDER L C, BOGGS D H, et al. The SEASAT-A satellite scatterometer: The geophysical evaluation of remotely sensed wind vectors over the ocean [J]. Journal of Geophysical Research: Oceans. 1982, 87(C5): 3297-3317.

第 2 章

Kelvin 尾迹

    作为海面最常见的舰船尾迹类型之一，Kelvin 尾迹的研究可追溯至 1887 年，著名的 Kelvin 爵士 William Thomson 基于小振幅波理论对船行波进行了系统研究[1]。Kelvin 尾迹实质上为相速度与船舶运动速度相同的波浪在水面形成的可观测的稳定驻波。由图 2-1 可见，波浪根据其方向可分为横断波和扩散波两组，稳定分布在半张角约 19.5° 的范围内。

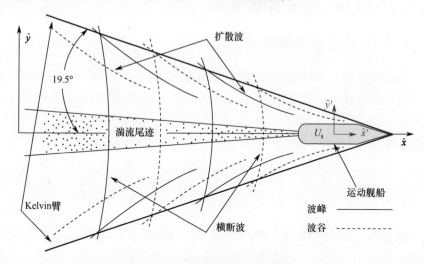

图 2-1　舰船尾迹几何示意图

    根据视角的不同，Kelvin 尾迹各分量依据其传播方向显示出不同的可见性，图 2-2 给出了不同舰船在不同运动和视角状态下 Kelvin 尾迹的 Terra-SAR 实测图像。可以看到，由于运动，尾迹和舰船位置出现偏离，如图 2-2(a)所示；而对于快速运动的小船，Kelvin 尾迹内有时会出现一组尖波并被 SAR 所侦测，如图 2-2(b)所示。

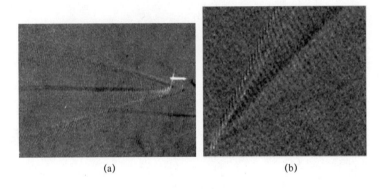

(a) (b)

图 2-2　Kelvin 尾迹 Terra-SAR 实测图像（X 波段，HH 极化）

本章主要对 Kelvin 尾迹的几何建模、电磁散射计算和 SAR 成像仿真方法进行介绍。Kelvin 尾迹属于重力波，主要分量的波长一般远大于 Bragg 谐振波。因此，可通过叠加线性海面的方法对复杂海浪背景下的 Kelvin 尾迹进行建模，并对相应散射场分布和 SAR 图像进行计算和仿真。

2.1　Kelvin 尾迹流场模型

2.1.1　船行波基本特征

作为舰船尾迹各波浪组成中最经典的波系，Kelvin 尾迹一般可用线性波浪的势流理论解释。假设舰船为在无黏性、不可压缩流体中运动的刚体，海水运动无旋。舰船尾迹在自由水面的波高 z_{Kelvin} 和速度 U_{s} 可用其速度势 Φ_{Kelvin} 表示：

$$z_{\text{Kelvin}} = -\frac{1}{g}\frac{\partial \Phi_{\text{Kelvin}}}{\partial t} \tag{2-1}$$

$$U_{\text{s}} = -\nabla \Phi_{\text{Kelvin}} \tag{2-2}$$

类似于线性叠加模型，尾迹波浪也可以表示为各频率方向的单色波叠加：

$$z_{\text{Kelvin}} = \int_0^{2\pi}\int_0^{\infty} F\cos(kx\cos\theta + ky\sin\theta - \omega t + \psi)\,\mathrm{d}k\mathrm{d}\theta \tag{2-3}$$

式中，相位 ψ 不再是随机数，且 F 可表示为舰船参数相关的函数。鉴于尾迹关于 x 轴对称，且 F 在 $\pm\pi/2$ 附近剧烈振荡，设舰船特征函数 $A_k(\omega,\theta) = 2F(\omega,\theta)$，其中 ω 为波浪角频率，则式（2-3）可简化为 $-\pi/2$ 到 $\pi/2$ 之间的积分，并将三角函数以指数形式表示，则舰船 Kelvin 尾迹波高可表示为以下形式：

$$z_{\text{Kelvin}}(x,y,t) = \text{Re} \int_{-\pi/2}^{\pi/2} \int_0^\infty A_k(\omega,\theta) \exp\left[(\text{i}k(x\cos\theta + y\sin\theta) - \omega t\right]\text{d}\omega\text{d}\theta \quad (2\text{-}4)$$

式中，Re 表示取实部，对于以舰船为参照物的固定坐标系，设舰船沿 x 轴运动（如图 2-1 所示），可作 $x = x_s + U_s t$ 替换，

$$z_{\text{Kelvin}}(x,y,t) = \text{Re} \int_{-\pi/2}^{\pi/2} \int_0^\infty A_k(\omega,\theta) \cdot$$
$$\exp\left[\text{i}k(x_s\cos\theta + y\sin\theta) + \text{i}(kU_s\cos\theta - \omega)t\right]\text{d}\omega\text{d}\theta \quad (2\text{-}5)$$

则自由表面波保持稳定需要满足以下关系：

$$kU_s\cos\theta - \omega = 0 \qquad (2\text{-}6)$$

式中，$U_s\cos\theta$ 为 Kelvin 尾迹波浪的相速度。深水条件下，根据重力波色散关系：

$$\omega^2 = gk \qquad (2\text{-}7)$$

代入式（2-6），则所有波矢量应满足：

$$k = g / (U_s^2\cos^2\theta) = k_r\sec^2\theta \qquad (2\text{-}8)$$

易得 Kelvin 尾迹各分量波长满足以下关系：

$$\lambda = (2\pi U_s^2\cos^2\theta)/g \qquad (2\text{-}9)$$

式（2-9）被广泛应用于尾迹遥感图像对海面舰船速度的估算。

剔除波高关系式中不满足色散关系的单色波分量，并转换至全局坐标系，则有：

$$z_{\text{Kelvin}}(x,y) = \text{Re} \int_{-\pi/2}^{\pi/2} A_k(\theta) \exp\left[-\text{i}k(x\cos\theta + y\sin\theta)\right]\text{d}\theta \quad (2\text{-}10)$$

2.1.2　Kelvin 尾迹波高场

针对 Kelvin 尾迹的特征函数 $A(\theta)$，Havelock[2]提出可用船首和船尾对应的两处点源对船体的波动效应进行近似，该方法实现简单，可以较好描述船速和尾迹的关系，但忽略了船体的整体形状。此处采用基于势流的细船理论（Thin-ship Theory）[3]，将船体影响用中心面上强度变化的点源近似，对于抛物型船体远场尾迹，Tuck 等人给出了如下形式的特征函数[4]：

$$A(\theta) = \frac{4k_r}{U_s}(\sec\theta)^3 H(k,\theta) \qquad (2\text{-}11)$$

式中，

$$H(k,\theta) = \int_{S_H} \sigma(x,z)\exp\left[k(\text{i}x\cos\theta + z\sec^2\theta)\right]\text{d}S \qquad (2\text{-}12)$$

$$\sigma(x,z) = \frac{U_s}{2\pi} \frac{\partial}{\partial x} f(x,z) \tag{2-13}$$

式中，$f(x,z)$ 为船体吃水部分的偏移，可写作如下抛物线形式：

$$f(x,z) = \begin{cases} \pm \dfrac{B}{2}\left[1-\left(\dfrac{2x}{L}\right)^2\right], & |x| \leqslant \dfrac{L}{2} \text{ 且} -T \leqslant z \leqslant 0 \\ 0, & z < -T \end{cases} \tag{2-14}$$

这里 L 为船体长度，B 为船体宽度，T 为吃水深度。

将式（2-12）～式（2-14）代回式（2-11），最终可得：

$$A(\theta) = \frac{16B}{\pi k_r^2 L^2} \mathrm{i}(1-\mathrm{e}^{-k_r T \sec^2 \theta}) \cdot \\ \left[k_r L \cos(k_r L \sec \theta / 2)/2 - \cos\theta \sin(k_r L \sec\theta / 2) \right] \tag{2-15}$$

当式（2-15）中 $k_r L \gg 1$ 时，可忽略方括号内第二项并将式（2-15）进一步简化为 Havelock 点源模型。

根据式（2-2）可推出流体速度势：

$$\Phi_{\mathrm{Kelvin}}(x,y,z) = U_s \int_{-\pi/2}^{\pi/2} \mathrm{i}^{-1} A(\theta) \cos\theta \exp\left[\mathrm{i}k_r \sec^2\theta(x\cos\theta + y\sin\theta)\right] \mathrm{d}\theta \tag{2-16}$$

式（2-16）积分中的被积函数具有严重的振荡特征，直接进行数值积分存在一定的难度。为了方便计算，通过变量替换 $\tau = k_r \sqrt{\sec^2\theta - \sec\theta}$，可得速度势的简化表达式：

$$\Phi_{\mathrm{Kelvin}}(x,y,z) = -\frac{16BL}{\pi} U_s Fr^6 \operatorname{Re} \int_0^\infty C(x,z,\tau) \mathrm{e}^{\mathrm{i}y\tau} \mathrm{d}\tau \tag{2-17}$$

式中，

$$C(x,z,\tau) = (1-\mathrm{e}^{-k_r \alpha(\tau)T}) \frac{\sin[\beta(\tau)] - \beta(\tau)\cos[\beta(\tau)]}{\alpha^{3/2}(\tau)\sqrt{1/4 + \tau^2 k_r^2}} \cos(xk_r\sqrt{\alpha(\tau)}) \mathrm{e}^{zk_r\alpha(\tau)} \tag{2-18}$$

$$\alpha(\tau) = (1 + \sqrt{1 + 4\tau^2/k_r^2})/2 \tag{2-19}$$

$$\beta(\tau) = \sqrt{\alpha(\tau)}/2Fr^2 \tag{2-20}$$

其中，$Fr = U_s/\sqrt{gL}$ 是基于船体长度的 Froude（弗劳德）数。因此舰船尾迹的速度场可以通过式（2-17）分别对 x、y 和 z 求偏导得到：

$$u_x = \frac{\partial \Phi_{\mathrm{Kelvin}}}{\partial x}, \ u_z = \frac{\partial \Phi_{\mathrm{Kelvin}}}{\partial y}, \ u_y = \frac{\partial \Phi_{\mathrm{Kelvin}}}{\partial z} \tag{2-21}$$

2.1.3　Kelvin 尾迹仿真结果

根据上面给出的 Kelvin 尾迹模型，对运动舰船的 Kelvin 尾迹波高场进行仿真，其结果如图 2-3 所示。表 2-1 列出了仿真中所用舰船的几何结构参数，在仿真中航向定义为舰船运动方向与 x 轴方向的夹角。仿真场景大小为 256m×256m，以 1m 间隔进行离散。

图 2-3(a) 和图 2-3(b) 对应的船速分别为 5.0m/s 和 8.0m/s，航向为 0°。从图中可以看出，Kelvin 尾迹由横断波和扩散波组成，而且尾迹波形具有明显的周期性，并与舰船运动速度关系很大。随着风速的增大，Kelvin 尾迹的波长明显变大，波高也相应地增加。考虑到在实际雷达观测时，航向与雷达视向都会存在一定的夹角，图 2-3(c) 和图 2-3(d) 给出了船速为 8.0m/s、航向为 45°时的尾迹波高，其中图 2-3(d) 叠加了风速为 4.0m/s 的海面波高。可以发现，在没有海浪波时，舰船 Kelvin 尾迹相对于航向完全对称；而当尾迹叠加在海面上时，会受到海浪波起伏的作用，一方面影响到尾迹波的对称性，同时尾迹看起来也没有那么明显。

表 2-1　舰船几何结构参数

船长/m	船宽/m	吃水深度/m
52.0	5.9	3.5

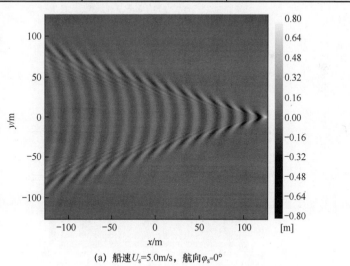

(a) 船速 U_s=5.0m/s，航向 φ_s=0°

图 2-3　舰船 Kelvin 尾迹波高场仿真结果

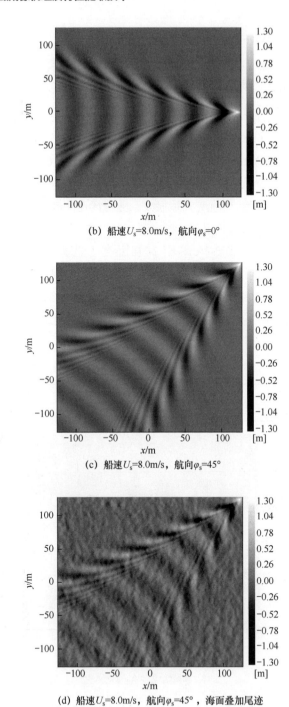

(b) 船速U_s=8.0m/s，航向φ_s=0°

(c) 船速U_s=8.0m/s，航向φ_s=45°

(d) 船速U_s=8.0m/s，航向φ_s=45°，海面叠加尾迹

图 2-3　舰船 Kelvin 尾迹波高场仿真结果（续）

理论上，当舰船以速度 U_s 运动时，产生的尾迹波的波长为[4]

$$\lambda = (2\pi U_s^2 \cos^2 \theta)/g \qquad (2\text{-}22)$$

式中，θ 表示波传播方向与舰船运动方向的夹角。从图 2-3(a)和图 2-3(b)中分别截取 $y = 0$ 对应的一维 Kelvin 尾迹波形，此时尾迹波主要为横断波分量，$\theta = 0°$，对比结果如图 2-4 所示。图中风速 5.0m/s 时的波长为 16m，理论计算值为 16.03m；风速 8.0m/s 时的波长为 41m，理论计算值为 41.03m。可见，仿真的结果很好地吻合了理论计算值，这也验证了仿真结果的正确性。

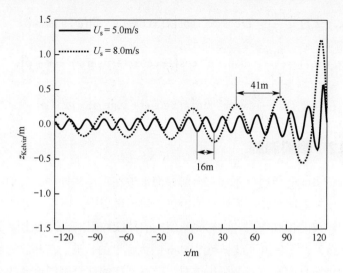

图 2-4　一维 Kelvin 尾迹波形

2.2　海面调制理论

2.2.1　海浪波的流体力学描述

假定海水是无黏性、无旋转运动且不可压缩的流体，那么可定义速度势函数对其进行描述。在同时满足能量守恒和动量守恒的条件下，对任何单频波，其速度势 Φ 满足如下拉普拉斯方程[5]：

$$\nabla^2 \Phi = \frac{\partial^2 \Phi}{\partial x^2} + \frac{\partial^2 \Phi}{\partial y^2} + \frac{\partial^2 \Phi}{\partial z^2} = 0 \qquad (2\text{-}23)$$

对于如下形式的单频波：

$$z(x, y, t) = \cos\left[k(x\cos\varphi + y\sin\varphi) - \omega t + \phi\right] \qquad (2\text{-}24)$$

它的流体速度势可以表示成：

$$\Phi(x,y,z,t) = \frac{g_0}{\omega} e^{kz} \sin\left[k(x\cos\varphi + y\sin\varphi) - \omega t + \phi\right] \qquad (2\text{-}25)$$

式中，k 为波数，ω 为单频波的角频率，ϕ 表示初始相位。

那么水中流体质点的轨道速度可以由速度势的梯度表示为

$$V^{orb}(x,y,z,t) = \nabla\Phi(x,y,z,t) = (v_x, v_y, v_z) \qquad (2\text{-}26)$$

式中，v_x、v_y 和 v_z 分别为轨道速度在直角坐标系三个方向上的分量，可以根据式（2-27）~式（2-29）计算：

$$v_x(x,y,z,t) = \frac{\partial\Phi}{\partial x} = \omega\cos\varphi e^{kz}\cos\left[k(x\cos\varphi + y\sin\varphi) - \omega t + \phi\right] \qquad (2\text{-}27)$$

$$v_y(x,y,z,t) = \frac{\partial\Phi}{\partial y} = \omega\sin\varphi e^{kz}\cos\left[k(x\cos\varphi + y\sin\varphi) - \omega t + \phi\right] \qquad (2\text{-}28)$$

$$v_z(x,y,z,t) = \frac{\partial\Phi}{\partial z} = \omega e^{kz}\sin\left[k(x\cos\varphi + y\sin\varphi) - \omega t + \phi\right] \qquad (2\text{-}29)$$

2.2.2　倾斜调制

纯粹的 Bragg 散射并不能完全解释海浪波在雷达图像中的各种特征，以及复杂的成像处理算法，因此在理论仿真建模过程中，还需要另外考虑海面上长波和短波的相互作用。当海面受到风的持续作用时，海面上除了小尺度的 Bragg 波外，还会出现波长超过 50m 的大尺度的长波。在开放海域，大尺度波浪的传播是海水质点在平衡位置上做有规律的往复圆周运动的结果，海水质点并没有发生明显的水平位移，其运动方向由质点所在的位置决定[6]。长波的斜率、起伏高度和轨道运动与短波相互作用，影响海面 Bragg 波的分布，使其在雷达图像上表现出亮暗交替的纹理特征。长波和短波的相互作用，以及如何影响海面的雷达散射特性，可以用双尺度近似理论进行解释。长波对 Bragg 波的调制作用主要有 3 种：倾斜调制、流体力学调制和速度聚束调制。

由于长波通过短波场传播，它可以通过改变短波场的分布来影响海面的雷达回波。长波连续变化的斜率可以改变短波的局部倾斜方向，也就是倾斜调制作用[7]，如图 2-5 所示。倾斜后的 Bragg 波类似于反射面元，可以对雷达入射波进行反射，使得雷达散射回波随着面元的倾斜而变化。

对于不同的局部入射角，雷达探测到的 Bragg 波与它们在长波上的位置紧密相关，属于纯几何效应，倾斜调制能够描述由于局部入射角的变化引起的后向散射截面的变化。倾斜调制传递函数 $M^{tilt}(k)$ 可表示为

$$M^{\text{tilt}}(\boldsymbol{k}) = \text{i}\,\frac{k_{\parallel}\partial\overline{\sigma}/\partial s_{\text{p}} + k_{\perp}\partial\overline{\sigma}/\partial s_{\text{n}}}{\sigma_0}\bigg|_{s_{\text{p}}=0,s_{\text{n}}=0} \qquad (2\text{-}30)$$

式中，$\overline{\sigma}$ 为调制后的面元散射系数，其定义将在后面给出；$k_{\parallel}$ 和 $k_{\perp}$ 分别表示重力波的波矢量平行和垂直于雷达视向的分量；s_{p} 是海浪波的长波在入射波平面内的斜率，s_{n} 是垂直入射面方向上的斜率，即

$$s_{\text{p}} = \partial z/\partial x \qquad (2\text{-}31)$$

$$s_{\text{n}} = \partial z/\partial y \qquad (2\text{-}32)$$

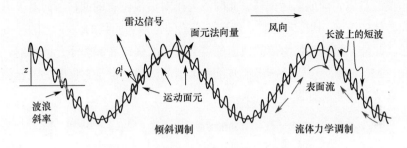

图 2-5　海浪波倾斜调制和流体力学调制示意图

可以发现，倾斜调制传递函数是一个只有虚部的复数量，这说明倾斜调制和波浪幅度存在 90° 的相位差。而且对于逆风观测的雷达，最大的倾斜调制出现在海浪波前侧的面上。

2.2.3　流体力学调制

在图 2-5 中，当短波的幅度随着长波存在非均匀的变化时，就会产生流体力学调制，调制作用主要表现为长波轨道速度引起的短波辐聚或辐散效应。此外，相比于波谷部分，在波峰位置的短波更容易受到空气流动的影响。

由于长波和短波的相互作用，流体力学调制反映了短波相对于长波的非均匀分布，假设短波谱具有 Phillips 谱的形式，则流体力学调制传递函数可以简化表示为

$$M^{\text{hydr}}(\boldsymbol{k}) = -4.5|\boldsymbol{k}|\,\omega(\boldsymbol{k})\frac{\omega(\boldsymbol{k}) - \text{i}\mu}{\omega^2(\boldsymbol{k}) + \mu^2}\sin^2\phi_{\text{t}} \qquad (2\text{-}33)$$

式中，ω 是波浪角频率；ϕ_{t} 表示雷达平台运动方向和长波传播方向之间的夹角，说明流体力学调制对垂直于长波传播的短波场分量没有作用；μ 是松弛时间常数。当 $\mu = 0$ 时，在长波的波峰位置会产生短波能量谱的最大值；当

$\mu \neq 0$ 时，在短波能量谱和波峰之间将存在一定的相位偏移，从而导致散射截面在顺风向和逆风向上的不同。

2.2.4 速度聚束调制

当长波的传播方向与雷达平台运动方向平行时，会影响 SAR 成像过程的多普勒信息，从而引起速度聚束效应[8]。当海浪波存在雷达视向上的速度分量时，由于轨道运动会产生额外的多普勒分量，在雷达图像上表现为方位向的位置偏移。如图 2-6(a)所示，对于沿距离向传播的波浪，波峰处的点只会和波浪整体向前或向后偏移，此时没有相对波浪位置的偏移。而对于沿方位向传播的波浪，其径向速度分量会在方位向上产生明显的偏移，如图 2-6(b)所示。此外，周期性的海浪波轨道速度会明显增强或者减弱面元的散射，虽然在 SAR 图像上可以分辨出沿方位向传播的波浪，但是它们的位置已经偏离了真实的位置，如图 2-7 所示。

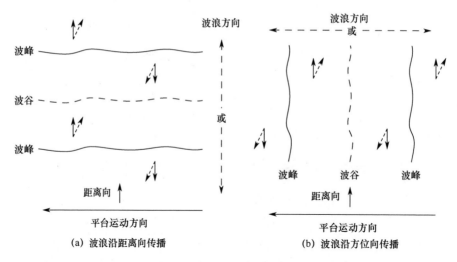

图 2-6 海浪波传播的多普勒效应

上面的描述主要针对均匀或者相干的波浪场，而实际的海面海浪则更为复杂。当长波越来越陡峭时，其径向速度分量会增大，这样就会引起更多的方位向的随机偏移。方位向的偏移量 D 与雷达平台到海面的距离 R 和平台的运动速度 V 有关：

$$D = (R/V)u \tag{2-34}$$

式中，R/V 是雷达平台的斜距速度比，u 是散射单元的径向速度分量的大小。当偏移量较小时（小于波长），沿方位向传播的波浪基本可以认为是线性映射到 SAR 图像中的；而当偏移量比较大时（大于波长），SAR 图像上的海浪波映射将会出现一定程度的扭曲。

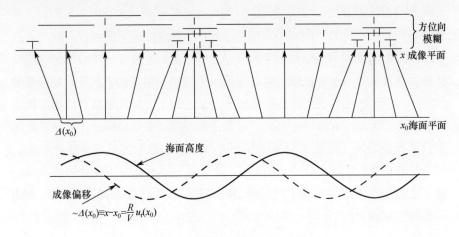

图 2-7　速度聚束调制示意图

随着沿方位向传播的海浪波径向速度的增大，在雷达图像上将会出现模糊现象，考虑到相干时间限制，这会降低方位向的分辨率，导致探测到的海浪波特征受到一定的限制。最小的海浪波波长 λ_{min} 由 R/V 和海面的有效波高 H_s 确定：

$$\lambda_{min} = C_0 \frac{R}{V} \sqrt{H_s} \tag{2-35}$$

式中，C_0 是常数。海面的有效波高可以根据海面模型的统计方差计算得到。海浪波的速度聚束调制作用体现了长波运动引起的海面轨道速度的偏移，产生雷达回波信号的多 Δ 普勒频移，使得 SAR 图像中散射单元在方位向上发生位置偏离，速度聚束调制作用可以用如下调制传递函数描述：

$$M^{vb}(\boldsymbol{k}) = \frac{R}{V}\omega(\boldsymbol{k})(\cos\theta_i - i\sin\theta_i\sin\phi_t)\cos\phi_t \tag{2-36}$$

2.2.5　三种调制作用对比

根据长波和短波的相互作用，首先考虑各项调制作用与海浪波矢量的关系。图 2-8 显示了海浪波调制传递函数（包括倾斜调制、流体力学调制和速度聚束调制）的幅值随海浪波波数及其传播方向变化的关系，图中的角度 ϕ_t 表示海浪波传播方向与雷达平台运动方向（方位向）的夹角。从图中可以明显地看出，不管是倾斜调制、流体力学调制还是速度聚束调制，其传递函数随波矢量的变化都具有一定的对称性，说明在海浪波的传播方向和它的反方向上具有相同的调制作用。

当海浪波沿着与方位向平行的方向（$\phi_t = 0°$ 或者 $\phi_t = 180°$）传播时，倾斜调制作用和流体力学调制作用都是最弱的，而速度聚束调制作用此时是最强的；当海浪波沿着雷达视线方向（$\phi_t = \pm\pi/2$）传播时，倾斜调制作用和流体力学调制作用达到最强，此时速度聚束调制作用最弱。此外，倾斜调制和流体力学调制随着波矢量的变化基本一致。由于速度聚束调制作用依赖于雷达平台的运动（R/V），因此它对海浪波波数的变化最敏感，并且随着海浪波波长的增加，速度聚束调制作用对海面雷达散射的影响也越来越大。图 2-8(d)给出了波数 $k = 0.5$ rad/m 时，各种调制随着波浪传播方向的变化。除了上述的结论之外，对于固定的海浪波波数，速度聚束调制对海面 SAR 成像的作用最大。

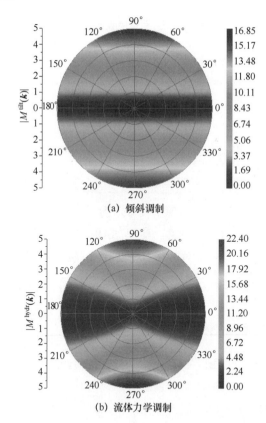

(a) 倾斜调制

(b) 流体力学调制

图 2-8　海浪波调制传递函数的幅值随海浪波波数及其传播方向变化的关系

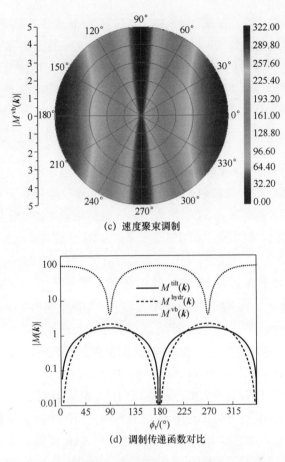

(c) 速度聚束调制

(d) 调制传递函数对比

图 2-8　海浪波调制传递函数的幅值随海浪波波数及其传播方向变化的关系（续）

2.3　速度聚束成像模型与尾迹成像仿真

在海面的 SAR 成像仿真中，表面波的轨道速度严重影响成像质量，由于轨道运动引起的多普勒偏移会导致雷达回波信号相位的扭曲。在 Bragg 散射区域，由于长波、短波的相互作用，倾斜调制和流体力学调制属于实孔径雷达（Real Aperture Radar，RAR）调制，可在散射模型中计算，而轨道运动产生的速度聚束调制则与合成孔径成像相关，需要在成像模型中考虑。

2.3.1　实孔径雷达和合成孔径雷达

对于实孔径雷达（RAR），其成像强度由海面场景的归一化雷达后向散射截面决定；而合成孔径雷达（SAR）成像在 RAR 成像的基础上，额外地考虑了海浪波特定的成像机理[9]。对于时变海面场景，假设在每个慢时间周期内可以认为是"冻结的"，则根据倾斜调制机理，大尺度波的本地斜率由重力波起伏高度的导数决定，而电磁波在散射单元上的局部入射角由长波的本地斜率确定：

$$\theta_i^l = \arccos[\cos(\theta_i - s_p)\cos s_n] \tag{2-37}$$

图 2-9 给出了 RAR 成像和 SAR 成像的简单示意图，需要注意的是，图中右上角部分的图像颜色表示对应的雷达回波强度分布相对值。对于理想的光滑平面，有 $s_p = s_n = 0$，那么局部入射角和电磁波在全局坐标系中的入射角相等，此时只有镜向反射分量，相应的雷达后向散射系数为 0，场景的 RAR 图像将呈现为黑色，如图 2-9(a)所示。当散射表面是波长为 λ_{Bragg} 的单频波时，对于入射波长为 λ_0 的电磁波，根据一阶 Bragg 谐振条件 $\lambda_0 = 2\lambda_{Bragg}\sin\theta_i$，其 RAR 图像呈现为白色，如图 2-9(b)所示。当表面波为不规则的 Bragg 谐振波时，雷达图像强度介于平面和单频波之间，如图 2-9(c)所示；对于给定的雷达参数，灰度值的梯度由表面波的谱密度决定。在图 2-9(d)和图 2-9(e)中，当表面波中包含长波结构时，倾斜调制和流体力学调制对场景表面的 RAR 成像将会有明显的作用，其中倾斜调制考虑了长波的本地斜率对局部 Bragg 散射的影响，而流体力学调制则体现了短 Bragg 散射波和长波的流体力学相互作用。在 SAR 成像的积累时间内，流体质点的轨道运动对于 SAR 成像也有着重要的作用，即速度聚束效应，如图 2-9(f)所示。综上所述，SAR 图像中的海浪波特征是海浪本身几何和速度聚束效应共同作用的结果。

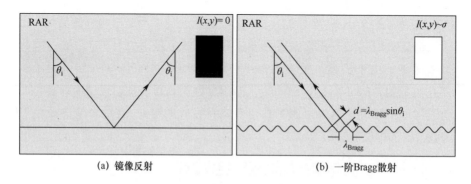

(a) 镜像反射　　　　　　　　(b) 一阶Bragg散射

图 2-9　海面 RAR 成像和 SAR 成像示意图

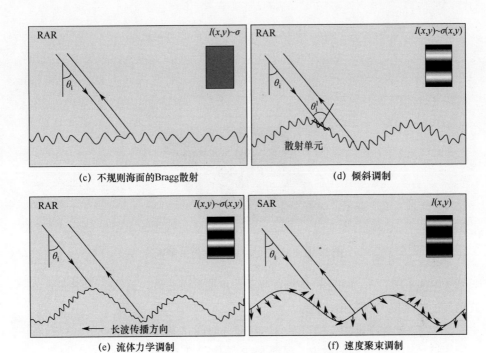

(c) 不规则海面的Bragg散射　　　　　(d) 倾斜调制

(e) 流体力学调制　　　　　(f) 速度聚束调制

图 2-9　海面 RAR 成像和 SAR 成像示意图（续）

2.3.2　Kelvin 尾迹 SAR 成像仿真

图 2-10 为海面 SAR 成像几何示意图，其中 R 为雷达到场景中心的斜距，θ_i 为雷达入射角，H 为雷达平台飞行高度，V 为平台运动速度矢量，$k = (k_x, k_y)$ 表示海浪波矢量，雷达平台沿方位向飞行。因为在 SAR 成像过程中，只有方位向会受到散射单元运动的影响，为了方便，在分析中暂时忽略距离向的影响。假设长波上的散射单元的方位向坐标为 x_g，则雷达接收到的回波信号可以表示为

$$A(x_g, t) = \gamma(x_g, t) \exp\left[-\mathrm{i}\phi(x_g, t)\right] \qquad (2\text{-}38)$$

式中，$\gamma(x_g, t)$ 为散射单元的复反射系数，相位项 $\phi(x_g, t)$ 可近似表示为

$$\phi(x_g, t) \approx 2k_0 \left[R + (Vt - x_g)^2 / (2R)\right] + \Delta\phi \qquad (2\text{-}39)$$

式中的附加相位项 $\Delta\phi(x_g, t)$ 为

$$\Delta\phi(x_g, t) = -2\int_0^t \boldsymbol{k}_i \cdot \boldsymbol{u}(t')\mathrm{d}t' + \phi_0 \qquad (2\text{-}40)$$

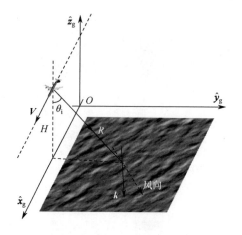

图 2-10　海面 SAR 成像几何示意图

式（2-40）中，k_i 为雷达入射波波矢量，u 是轨道速度，ϕ_0 表示由 Bragg 散射波的相速度引起的相位扰动。

在 SAR 处理器中，通过对雷达在积分时间 T 内接收到的回波信号做匹配滤波，实现方位向的聚焦，得到 SAR 图像强度 $I(x)$：

$$I(x) = \left| \int_{-\infty}^{\infty} h * G \cdot A \mathrm{d}x_0 \right|^2 \tag{2-41}$$

式中，$x = Vt$，符号"*"表示时域卷积操作，G 为天线的方向函数，h 为匹配滤波函数。为了简单起见，假设天线具有高斯形式的方向函数：

$$G(x_0, t) = G_0 \exp\left[-2(Vt - x_0)^2 / (V^2 T^2) \right] \tag{2-42}$$

x_0 表示海场景坐标下海浪的原始位置，匹配滤波函数为

$$h(t) = \exp\left[\mathrm{i} \frac{k_0}{R} V^2 t^2 \right] \tag{2-43}$$

对于方位向传播的单频波：

$$z(x_0, t) = z_0 \cos(k_x x_0 - \omega t) \tag{2-44}$$

在深水中，附加相位项 $\Delta\phi$ 可以写成：

$$\Delta\phi(x_0, t) = 2k_0 z_0 g(\theta_i, \varphi) \cos(k_x x_0 - \omega t + \delta) + \phi_0 \tag{2-45}$$

式中，角度 φ 表示海浪波矢量 k 与雷达平台运动方向（方位向）的夹角，z_0 为海浪波幅，k_x 为方位向海浪波矢量，而且，

$$g(\theta_i, \varphi) = (\sin^2 \varphi \sin^2 \theta_i + \cos^2 \theta_i)^{1/2} \tag{2-46}$$

$$\delta = \arctan(\sin\varphi \tan\theta_i) \tag{2-47}$$

此时对相位进行 $t = 0$ 时的泰勒级数展开，并保留至二阶项：

$$\Delta\phi(x_0,t) = u_r(x_0,t) + \frac{a_r(x_0)}{2}t^2 \tag{2-48}$$

其中，$u_r(x_0)$ 和 $a_r(x_0)$ 分别为轨道速度和轨道加速度：

$$u_r(x_0) = z_0\omega g(\theta_i,\varphi)\sin(k_x x_0 + \delta) \tag{2-49}$$

$$a_r(x_0) = z_0\omega^2 g(\theta_i,\varphi)\cos(k_x x_0 + \delta) \tag{2-50}$$

将回波信号和天线方向函数代入式（2-41），并用匹配滤波函数 $h(t)$ 进行匹配滤波，经过推导可得 SAR 图像强度 $I(x)$：

$$I(x) = \frac{\pi}{2}T^2\int_{-\infty}^{\infty}\sigma(x_0)\frac{\rho_a}{\rho_a'(x_0)}\exp\left[-\frac{\pi^2}{\left[\rho_a'(x_0)\right]^2}\left(x - x_0 - \frac{R}{V}u_r(x_0)\right)\right]dx_0 \tag{2-51}$$

式中，$\sigma(x_0)$ 是散射单元的平均雷达散射截面积。对于动态海浪波，其方位向的分辨率可表示成：

$$\rho_a(x_0) = \rho_a\sqrt{1 + \left[\frac{\pi\lambda_0}{4\rho_a^2}\left(\frac{R}{V}\right)^2 a_r(x_0)\right]^2} \tag{2-52}$$

式中，$\rho_a = \lambda R/(2VT)$，表示目标静止时在方位向上的理论分辨率。

当忽略距离向和方位向的耦合时，SAR 系统在处理时可以对距离通道和方位通道分开处理，因为电磁波在距离向以光速传播，对于距离分辨率，可以认为海面是冻结的。为了简化讨论，利用狄拉克函数 $\delta(y - y_g)$ 近似表示距离向的脉冲响应函数，同时考虑天线增益对散射幅度的影响，经过距离压缩处理，结合海浪波速度聚束理论，可得二维海面场景的 SAR 图像强度和海面后向散射截面积的关系为

$$I(x,y) = \frac{\pi T}{2V}\iint\delta\left(y - y_g\right)\frac{\bar{\sigma}(x_g,y_g)}{\rho_{aN}'(x_g,y_g)}$$

$$\exp\left\{-\frac{\pi^2}{\rho_{aN}'(x_g,y_g)^2}\left[x - x_g - \frac{R}{V}\cdot u_r(x_g,y_g)\right]^2\right\}dx_g dy_g \tag{2-53}$$

式中，坐标 (x,y) 和 (x_g,y_g) 分别表示成像平面坐标和海面场景坐标，$\frac{R}{V}u_r(x_g,y_g)$ 表示长波的径向轨道速度引起的多普勒偏移，$\bar{\sigma}(x_g,y_g)$ 为调制后的雷达散射截面积。

$$\bar{\sigma}(x,y) = \sigma_0\left[1 + 2\text{Re}\int M(k)Z(k)e^{ik\cdot r}dk\right] \tag{2-54}$$

式中，$Z(\boldsymbol{k})$ 表示海面波高起伏的傅里叶变换，$M(\boldsymbol{k})$ 为调制传递函数：

$$M(\boldsymbol{k}) = M^{\mathrm{tilt}}(\boldsymbol{k}) + M^{\mathrm{hydr}}(\boldsymbol{k}) \tag{2-55}$$

根据单视情况下波浪运动引起的方位向分辨率降级，对于有限的场景相关时间 τ_{s}，可得降级的方位向分辨率：

$$\rho'_{\mathrm{aN}}(x_0) = N\rho_{\mathrm{a}}\sqrt{1 + \frac{1}{N^2}\left\{\left[\frac{\pi}{\lambda_0}T^2 a_{\mathrm{r}}(x_0)\right]^2 + \left(\frac{T}{\tau_{\mathrm{s}}}\right)^2\right\}} \tag{2-56}$$

2.3.3　Kelvin 尾迹 SAR 图像特性分析

本节根据场景的面元散射分布特征对海面尾迹的 SAR 图像进行仿真研究。图 2-11 为 Kelvin 尾迹 SAR 成像仿真流程图，主要包括海面建模、Kelvin 尾迹建模、电磁散射计算和 SAR 成像仿真，其中电磁散射计算利用第 1 章中的半确定面元散射模型（SDFSM）对场景的面元散射分布进行模拟，之后结合速度聚束成像模型实现 SAR 成像仿真。这里主要对 X 波段的 Kelvin 尾迹 SAR 图像特性进行仿真。

图 2-11　Kelvin 尾迹 SAR 成像仿真流程图

在仿真中，将海浪波和尾迹波通过线性叠加得到表面波的几何模型，如图 2-12 所示。由于接下来会对不同航向的 Kelvin 尾迹 SAR 图像进行分析，因此假定雷达平台沿 $\hat{\boldsymbol{y}}_{\mathrm{g}}$ 方向运动，成像平面中的距离向和方位向分别对应 $\hat{\boldsymbol{x}}_{\mathrm{g}}$ 方向和 $\hat{\boldsymbol{y}}_{\mathrm{g}}$ 方向。如无特殊说明，雷达入射波频率为 10.0GHz，并且以 40° 入射角对海面尾迹场景进行照射，雷达平台的距离速度比为 80s，场景积分时间为 0.5s，成像场景大小为 256m×256m，两个方向上均以 0.5m 间隔进行离散。

由于粗糙面的散射特性与雷达发射机和接收机的极化特征紧密相关，首先对不同极化条件下的 Kelvin 尾迹 SAR 图像进行仿真分析，如图 2-13 所示。仿真中风速为 3.0m/s，舰船运动速度为 6.0m/s，航向为 0°。从图中可以看到，在同极化（VV 极化或 HH 极化）条件下，SAR 图像中能够明显地分辨出

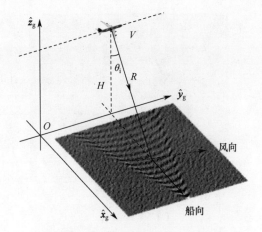

图 2-12　表面波的几何模型和 Kelvin 尾迹 SAR 图像示意图

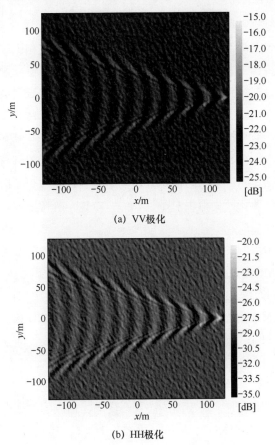

(a) VV极化

(b) HH极化

图 2-13　不同极化条件的 Kelvin 尾迹 SAR 图像

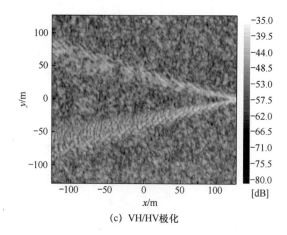

(c) VH/HV极化

图 2-13　不同极化条件的 Kelvin 尾迹 SAR 图像（续）

Kelvin 尾迹的纹理特征；这是因为 Kelvin 尾迹波属于长重力波，在和海浪波相互作用时会改变海浪波原来的传播方向，而且横断波和扩散波大部分是沿着雷达距离向传播的，这种情况下 Kelvin 尾迹的纹理特征最接近其波高特征，也是最容易观察到的。但是 HH 极化的图像中强度最大值和最小值的差值更大一些，这说明了在反映海面波细节纹理特征时，HH 极化比 VV 极化更有优势。对于交叉极化（VH 极化或 HV 极化），依据电磁散射的互易性，这里只给出其中一个结果进行说明，由于交叉极化接收的是与主极化正交的极化分量，因此其能量值比同极化分量要小得多，同时交叉极化的去极化效应使得海面的纹理特征变得相对杂乱，仅在 Kelvin 两臂处表现为相对明亮的线性特征。

　　由于实际中海况的等级主要由风速决定，图 2-14 给出了不同风速时的 Kelvin 尾迹 SAR 图像。其中船速固定为 8m/s 并且沿 0° 方向航行，风速从 3m/s 开始以 2m/s 的速度间隔逐渐增加到 12m/s，对应的海况等级分别从 2 级到 5 级。根据海面尾迹 SAR 图像进行极化分析，以 HH 极化为例，在风速为 3m/s 时，Kelvin 尾迹对海浪波的倾斜作用非常明显，而且尾迹波主要沿着距离向传播，因此 SAR 图像中的 Kelvin 尾迹很清晰。而随着风速的增大，尾迹特征逐渐模糊，当风速达到 12m/s 时，Kelvin 尾迹的纹理已经很难分辨了。因为当风速增大时，海浪波的波长会变大，相应的波高也会增加，这样当 Kelvin 尾迹波与其叠加时，Kelvin 尾迹波对海浪波的作用就会变弱。因此，SAR 图像中 Kelvin 尾迹在低海情下通常是比较容易分辨的，这对于舰船运动参数的反演提供了重要的依据。而在高海情下，此过程则会变得相对困难。

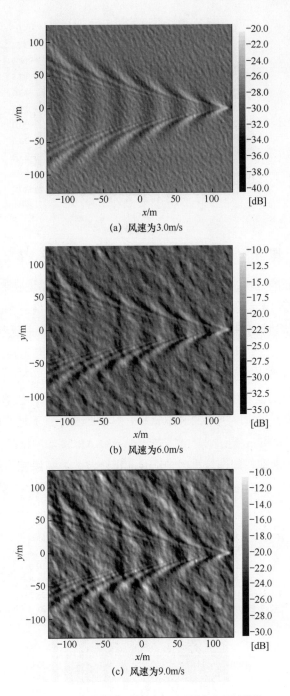

(a) 风速为3.0m/s

(b) 风速为6.0m/s

(c) 风速为9.0m/s

图 2-14　不同风速时的 Kelvin 尾迹 SAR 图像

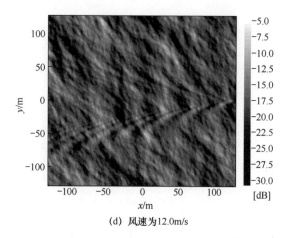

(d) 风速为12.0m/s

图 2-14 不同风速时的 Kelvin 尾迹 SAR 图像（续）

根据前面的分析，低海情下 Kelvin 尾迹可以很容易地在 SAR 图像中分辨出来。下面研究舰船运动速度对 Kelvin 尾迹 SAR 图像特性的影响，并以 3m/s 风速为例进行分析，不同成像结果如图 2-15 所示。主要考虑 HH 极化，船速从 3m/s 以 2m/s 的速度间隔逐渐增加到 9m/s。因为是低海情，所以 Kelvin 尾迹在船速较小时也能够在 SAR 图像中观察到；但是由于船速太小，Kelvin 尾迹波的波长也很小，相邻波峰之间的距离较近，在 SAR 图像中表现为两条亮线，对应尾迹中的 Kelvin 臂，其横断波分量不是特别明显。随着船速的增加，Kelvin 尾迹波的波长变长，在 SAR 图像中横断波和扩散波都比较明显。考虑到在船速较小时，Kelvin 尾迹波的波高幅度相对较小，当风速稍微增大时，Kelvin 尾迹会严重受到背景海浪的影响，在 SAR 图像中往往比较难分辨。

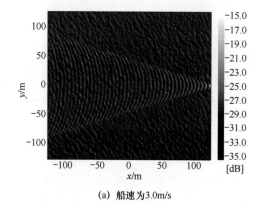

(a) 船速为3.0m/s

图 2-15 不同船速时的 Kelvin 尾迹 SAR 图像

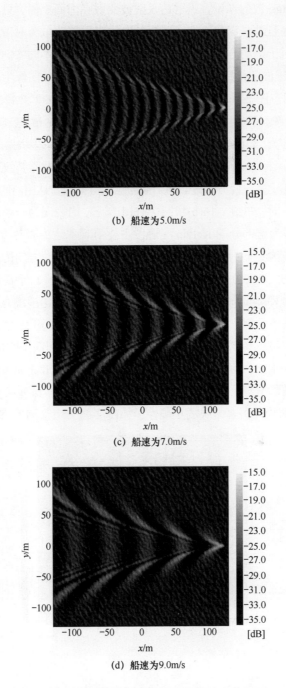

（b）船速为5.0m/s

（c）船速为7.0m/s

（d）船速为9.0m/s

图 2-15　不同船速时的 Kelvin 尾迹 SAR 图像（续）

根据 Bragg 散射理论，当雷达入射波照射在海面上时，只有平行于雷达视线方向传播且波长满足 Bragg 谐振条件的表面波分量会对雷达散射回波有贡献，所以对于运动方向固定的雷达平台，当舰船向不同方向航行时，产生的 Kelvin 尾迹波的传播方向也会相应地改变，在 SAR 图像中也会表现出不同的纹理特征。图 2-16 给出了航向分别为 0°、30°、90° 和 135° 时的 Kelvin 尾迹 SAR 图像，相对于雷达平台，4 种情况下的 Kelvin 尾迹沿着不同的方向传播，风速为 3.0m/s，舰船运动速度固定为 7.0m/s，考虑 HH 极化。在图 2-16(a)中，当 Kelvin 尾迹波沿着雷达距离向传播时，其纹理特征比较明显，这一点在上文已经分析过。而当舰船运动方向与雷达距离向存在一定的夹角（非±90°）时，如图 2-16(b) 和图 2-16(d) 所示，均表现为一条明显的 Kelvin 亮臂。这是因为这部分的 Kelvin 尾迹波主要沿着雷达距离向传播，对雷达散射回波贡献较大，而另一半则近似平行于雷达平台运动方向传播，所以对雷达散射回波的贡献较小。当航向为 90° 时，舰船完全平行于雷达平台运动方向航行，此时 Kelvin 尾迹波中的横断波分量垂直于雷达视线方向传播，对雷达散射回波没有贡献，所以在 SAR 图像上只有扩散波分量，而且由于 Kelvin 尾迹左右两边波的传播方向相反，在成像平面上表现出不对称性。

上文已经对各种风速、船速、航向和极化条件下 Kelvin 尾迹 SAR 图像做了比较完整的分析。接下来通过对比舰船尾迹 SAR 成像仿真结果和实测 SAR 图像，来验证仿真结果的正确性，如图 2-17 所示。实测 SAR 图像分别

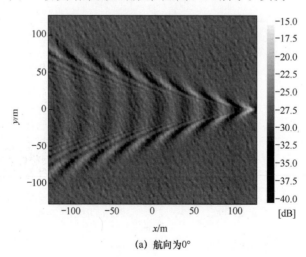

(a) 航向为0°

图 2-16 不同航向时的 Kelvin 尾迹 SAR 图像

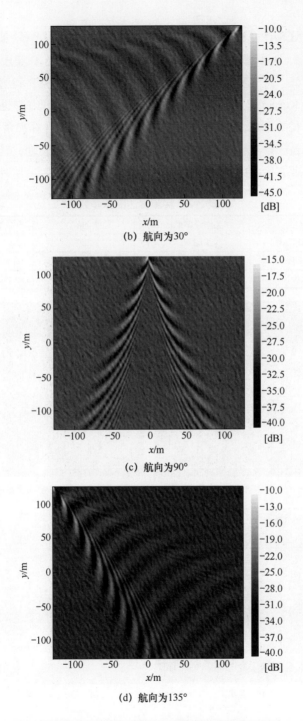

(b) 航向为30°

(c) 航向为90°

(d) 航向为135°

图 2-16　不同航向时的 Kelvin 尾迹 SAR 图像（续）

从 ALOS PALSAR、Sentinel-1A 和 TerraSAR-X 的实测图像中截取，相应的参数见表 2-2，3 个雷达平台的工作频率分别在 L 波段、C 波段和 X 波段，航向为估计值。从实测 SAR 图像中可以看到，运动舰船的尾迹包含明显的湍流尾迹和 Kelvin 尾迹，其中湍流尾迹主要以暗条带的形式在船后出现，可以延伸相当长的距离，而由于舰船运动方向和雷达视线存在夹角，所以 Kelvin 尾迹特征都是一条亮臂和一条暗臂。此外，由于舰船的运动，其位置在 SAR 图像中会出现方位向的偏移和模糊。

表 2-2　实测雷达图像参数

雷达平台	工作频率/GHz	航向/(°)	极化条件
ALOS PALSAR	1.270	239	HH
Sentinel-1A	5.405	142	VV
TerraSAR-X	9.650	227	HH

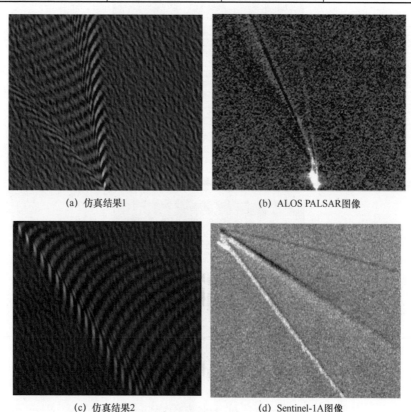

(a) 仿真结果1　　　　　　　　　　(b) ALOS PALSAR图像

(c) 仿真结果2　　　　　　　　　　(d) Sentinel-1A图像

图 2-17　SAR 成像仿真结果与实测 SAR 图像的对比

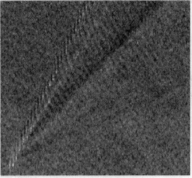

(e) 仿真结果3　　　　　　　　　　(f) TerraSAR-X图像

图 2-17　SAR 成像仿真结果与实测 SAR 图像的对比（续）

这里仅考虑 Kelvin 尾迹，由于实测图像中舰船的运动速度未知，仿真中统一使用 5m/s 的船速，可以看到仿真结果与实测结果的 Kelvin 尾迹各纹理分量的可见性接近。对于仿真结果，SAR 图像中 Kelvin 亮臂的纹理比较清晰，符合 X 波段的实测结果。但是在 L 波段和 C 波段的实测结果中，Kelvin 尾迹并没有明显的纹理特征，只表现为亮的线性特征，这是因为不同雷达系统的 SAR 积分时间、分辨率、距离速度比以及处理算法等存在差异，所以会出现不同的纹理特征。

2.3.4　Kelvin 尾迹中的窄尾迹分量

由图 2-18 可见，在高分辨率 SAR 图像中，Kelvin 臂内有时会出现一组更窄的尾迹分量，呈现为一条亮线。这种特征一般是由船首波和尾波之间的干涉引起的。但由于缺乏物理机制的清晰理解，这类尾迹有时会被误认为是窄 V 尾迹或其他非线性的尾迹波浪。本节将运用相关理论，通过对这一现象进行仿真来加深对这类尾迹特征的认识。

图 2-18　TerraSAR-X 图像

设舰船长为 26m，宽为 4m，吃水深度为 1.5m；入射波频率为 9.8GHz，入射波方向为 30°；舰船速度为 10m/s，航向为 x 轴方向；风速设定为 5m/s，风向与 x 轴方向夹角为 45°。不同极化条件下的 Kelvin 尾迹及其 SAR 图像如图 2-19 所示。

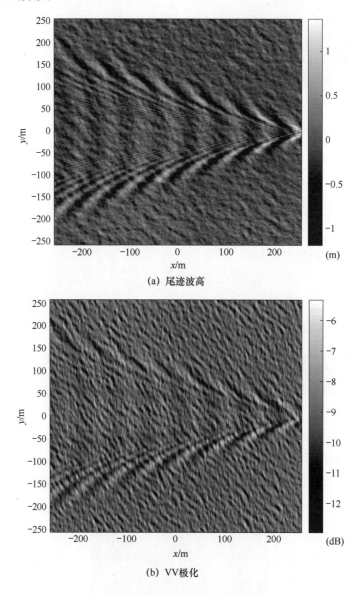

(a) 尾迹波高

(b) VV 极化

图 2-19　不同极化条件下的 Kelvin 尾迹及其 SAR 图像

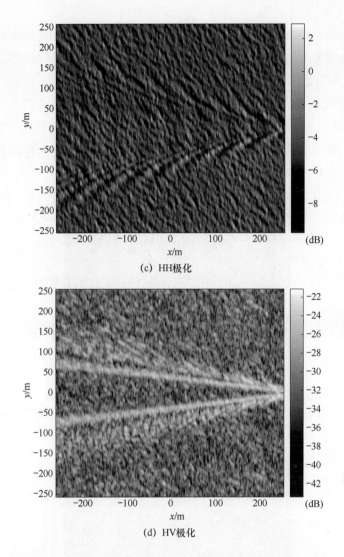

(c) HH极化

(d) HV极化

图 2-19　不同极化条件下的 Kelvin 尾迹及其 SAR 图像（续）

由于舰船尺寸较小而船速较快，船首和船尾产生的 Kelvin 波发生了干涉现象，形成了一系列尖波列，对应尾迹波高图像中 Kelvin 臂内出现的细密的条纹，但是相比于 Kelvin 臂，这些条纹波高并不显著。在对应的 SAR 图像中，HH 极化和 VV 极化的 Kelvin 尾迹与之前的仿真结果相似，主要由两个清晰的 Kelvin 臂和相对较弱的横断波组成，如图 2-19(b)和(c)所示。但是，对于如图 2-19(d)所示的交叉极化图像，在混乱的背景风浪纹理上，与尖波列相对应，Kelvin 臂内部出现了两条不寻常的亮线。

考虑到尾迹 SAR 图像对方向的敏感性，将舰船的航向分别改变为 30°、

60°、210°和290°，其他参数保持不变。图 2-20 给出了 HH 极化条件下不同航向时的 Kelvin 尾迹 SAR 图像，当舰船的航向改变时，尾迹各分量的可见性随相对雷达视向的变化而变化。由于尖波列组成的窄尾迹夹角较小，图像中的窄尾迹在其波峰垂直于雷达视向的时候变得更明显。而当波峰与雷达视向平行时，波形在雷达图像中消失。此外，尽管尖波列的波高并不显著，但它们在 SAR 图像中要比 Kelvin 臂更明显。这是因为 SAR 图像主要对波浪的斜率而不是高度敏感。

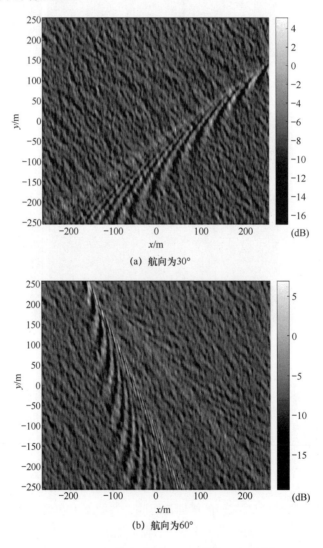

(a) 航向为30°

(b) 航向为60°

图 2-20　不同航向时的 Kelvin 尾迹 SAR 图像

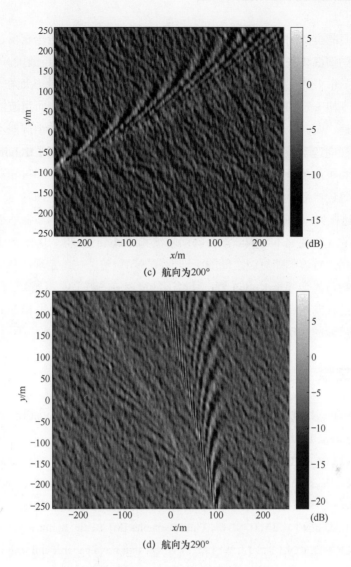

(c) 航向为200°

(d) 航向为290°

图 2-20　不同航向时的 Kelvin 尾迹 SAR 图像（续）

2.4　本章小结

　　本章在半确定面元散射模型的基础上，根据速度聚束成像模型，详细研究了舰船 Kelvin 尾迹的 SAR 图像特征，对不同条件下的 SAR 成像仿真进行分析。

　　在海面的 SAR 成像过程中，主要有 3 种调制作用：倾斜调制、流体力学调制和速度聚束调制。随着空间波矢量的变化，倾斜调制和流体力学调制的作用具有类似的变化特征；速度聚束调制作用的变化则恰恰相反，而且对于固定的海浪波矢量，速度聚束调制对海面 SAR 成像的作用最大。

  Kelvin 尾迹图案主要源自尾迹对海面的倾斜调制作用，从而在 SAR 图像中表现出一定的尾迹特征。在 Kelvin 尾迹的 SAR 图像中，尾迹的特征会因为船速、航向、极化条件等参数的变化出现明显的不同。当舰船沿着平行于雷达视向运动时，同极化的 SAR 图像中可以清楚地观察到 Kelvin 尾迹的横断波和扩散波分量，而在交叉极化下尾迹特征比较杂乱，并且随着风速的增加，尾迹特征会逐渐变得模糊。当舰船运动方向与雷达视向存在一定夹角时，尾迹则以一亮一暗的 Kelvin 臂特征出现，直到运动方向与雷达视向垂直时，此时完全观察不到横断波。除横断波和 Kelvin 臂外，SAR 图像中经常会出现由船首波和船尾波之间的干涉形成的窄尾迹，在特定观测角度下，其电磁散射可能会强于 Kelvin 臂。尽管这种窄尾迹的波高并不显著，但由于波浪在雷达视向的斜率较大，因此在遥感影像中清晰可见。这些 Kelvin 尾迹特征，是后续的运动舰船船速和航向参数反演的研究基础。

参考文献

[1] THOMSON W. On ship waves [J]. Proceedings of the Institution of Mechanical Engineers, 1887, 38(1): 409-434.

[2] HAVELOCK T H. Ship waves: the relative efficiency of bow and stern[J]. Proceedings of the Royal Society of London. Series A-Mathematical and Physical Sciences, 1935, 149(868): 417-426.

[3] WEHAUSEN J V, LAITONE EV. Fluid Dynamics [M]. Berlin: Springer-Verlag, 1960.

[4] TUCK E O, COLLINS J I, WELLS W H. On ship wave patterns and their spectra[J]. Journal of Ship Research, 1971, 15(01): 11-21.

[5] NEWMAN J N. Marine Hydrodynamics [M]. Cambridge, Mass: M.I.T. Press, 1977.

[6] NEUMANN G, Pierson W J. Principles of Physical Oceanography [J]. Prentice-Hall, 1966.

[7] STEWART R. Methods of Satellite Oceanography [D]. University of California, 1985.

[8] ALPERS W. Imaging ocean surface waves by synthetic aperture radar-A review [J]. Satellite Microwave Remote Sensing, 1983, 107-120.

[9] HASSELMANN K, RANEY R K, PLANT W J. Theory of synthetic aperture radar ocean imaging: A MARSEN view [J]. Journal of Geophysical Research: Oceans, 1985, 90(C3): 4695-4686.

第3章

湍流远场综合尾迹

　　虽然第 2 章给出了平稳随机海面上叠加 Kelvin 尾迹的 SAR 成像仿真流程，但是在现实中尾迹与背景波浪并不是单纯的线性叠加关系，叠加模型忽略了波浪与尾迹形成过程的非线性波浪和波流耦合，尤其是对于非波幅效应引起的舰船尾迹。在舰船尾迹的分类中，湍流尾迹作为各类尾迹遥感图像中最明显的尾迹成分之一，通常从船后一直能够延伸数千米，这主要和尾迹流场与背景波浪的作用相关。在随机海面背景中，湍流尾迹的形成机理更接近于将原有海面纹理"擦除"，而不是叠加新的波浪成分，因此叠加波高的方法无法对这类尾迹进行建模与研究。而且，湍流尾迹可分为近场尾迹和远场尾迹两部分，本章主要针对远场湍流尾迹展开研究。

　　在风驱海面上，远场湍流尾迹比周围的区域更加平滑，当雷达电磁波以中等角度照射到海面上时，尾迹区域的后向 Bragg 散射比背景海浪的更小，故湍流尾迹常以暗条带的形式出现，有时会在一侧伴随有亮边，图 3-1 分别为 Sentinel-1A 雷达和 TerraSAR-X 雷达的实测湍流尾迹 SAR 图像。

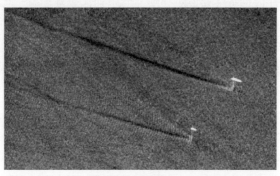

(a) Sentinel-1A雷达

图 3-1　实测湍流尾迹 SAR 图像

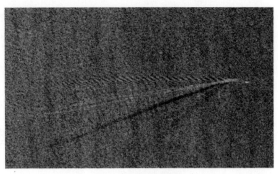

(b) TerraSar-X雷达

图 3-1　实测湍流尾迹 SAR 图像（续）

相比于 Kelvin 尾迹，有关湍流尾迹的电磁成像研究相对较少。因为无论是近场泡沫流还是远场湍流尾迹的流场和散射机理都更为复杂，很难使用简单的线性叠加尾迹模型或传统海面电磁散射模型来对其流场几何和电磁机理进行表征。为此，本章引入一种调制谱面元散射模型（Modulated Facet Scattering Model, MFSM）[1]，对湍流远场综合尾迹的电磁散射和 SAR 图像特性进行分析。

3.1　远场湍流尾迹的流场仿真

包含湍流效应的尾迹流场模拟是一个复杂的主题，涉及数值求解方法、湍流模型、自由面捕捉等问题。本节主要基于有限体积法的计算流体力学（Computational Fluid Dynamics，CFD）仿真来完成这一任务。CFD 是通过数值方法对流场仿真的一门学科，其基本思想是将连续的物理流场离散为微小的控制体单元并根据基本守恒定律建立一系列代数方程组，通过求解方程组得到整个流场信息。目前市面上存在许多商用的 CFD 仿真软件，例如 CFX、fluent、STAR-CCM+等，这些软件被广泛用于各类流场问题的求解[1-4]。此外，近年来开源流场仿真软件 OpenFOAM[5-9]（简称 OF）发展火热，在流体算法研究和工程中被广泛应用。相比于商用软件，OF 中全部算法代码开源，方便流体学研究者对各类问题进行定制化求解和算法植入。

图 3-2 所示为研究流体问题的 3 种基本方法，即理论分析、实验测量和CFD，三者相辅相成、互相补充。本节根据 CFD 的基本理论，模拟运动舰船的湍流尾迹，进而结合海浪谱调制模型的思想，从速度场出发对湍流尾迹的SAR 图像特性进行仿真研究。

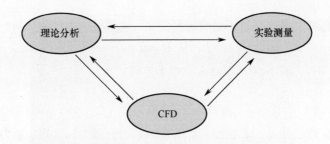

图 3-2　理论分析、实验测量和 CFD 之间的关系

3.1.1　CFD 理论基础

CFD 的基本思想是，利用空间域和时间域上的一系列离散点处的变量值代替原本连续的物理量场，并建立对应代数方程组，由此反映各离散位置上场、值间的关系，最后求解代数方程组得到场变量的近似值。本节在流体基本特性的基础上，给出流体动力学的基本控制方程和数值求解设定。

这里主要通过 OF 来获取尾迹的流场信息，OF 的使用需要对 CFD 算法有较系统的认识，学习成本较高。若读者不希望过多关注 CFD 求解算法，可以自行选择合适的商用软件来完成尾迹的流场模拟。

本章使用 OF 中两相不互溶、不可压缩流场求解器 interFOAM 完成对尾迹的仿真，不考虑温度变化引入的能量方程。尾迹的流场变化可视为时间和空间上连续的动力学问题，其物理特性可描述为宏观坐标（时间、空间）中的连续函数。流场中任一物理特性量 $\phi(\boldsymbol{x},t)$ 的时间变化率可表述为

$$\frac{\mathrm{d}}{\mathrm{d}t}\int_{V_{\mathrm{M}}(t)}\rho\phi(\boldsymbol{x},t)\mathrm{d}V = \frac{\partial}{\partial t}\int_{V_{\mathrm{M}}(t)}\rho\phi\mathrm{d}V + \oint_{\partial V_{\mathrm{M}}(t)}\mathrm{d}\boldsymbol{S}\cdot(\rho\phi\boldsymbol{U}) \qquad (3\text{-}1)$$

式中，ρ 表示物质的密度，$\boldsymbol{U}$ 为流场的速度矢量，V_{M} 为物质体积。V_{M} 内 $\phi(\boldsymbol{x},t)$ 的变化率可表述为关于体积源 Q_V 和面源 $\boldsymbol{Q}_S$ 的形式：

$$\frac{\partial}{\partial t}\int_{V_{\mathrm{M}}(t)}\rho\phi\mathrm{d}V + \oint_{\partial V_{\mathrm{M}}(t)}\mathrm{d}\boldsymbol{S}\cdot(\rho\phi\boldsymbol{U}) = \int_{V_{\mathrm{M}}(t)}Q_V(\phi)\mathrm{d}V + \oint_{\partial V_{\mathrm{M}}(t)}\mathrm{d}\boldsymbol{S}\cdot\boldsymbol{Q}_S(\phi) \qquad (3\text{-}2)$$

对应微分形式如下：

$$\frac{\partial\rho\phi}{\partial t} + \nabla\cdot(\rho\phi\boldsymbol{U}) = Q_V(\phi) + \nabla\cdot\boldsymbol{Q}_S(\phi) \qquad (3\text{-}3)$$

式（3-3）为流场关于各物理量方程的基础形式。基于流场的质量守恒，取 $\phi(\boldsymbol{x},t)$ 恒等于 1，无外加源项，可得连续性方程：

$$\frac{\partial\rho}{\partial t} + \nabla\cdot(\rho\boldsymbol{U}) = 0 \qquad (3\text{-}4)$$

对于不可压缩流体，密度不随流场而变化，连续性方程可简化为

$$\nabla \cdot \boldsymbol{U} = 0 \tag{3-5}$$

基于动量守恒，有 Navier-Stokes（NS）方程：

$$\frac{\partial}{\partial t}(\rho \boldsymbol{U}) + \nabla \cdot (\rho \boldsymbol{U}\boldsymbol{U}) = \boldsymbol{f} \tag{3-6}$$

式中，$\boldsymbol{UU}$ 表示并矢，$\boldsymbol{f}$ 按照实际求解问题可分解为压力项、重力项、黏性应力项等源项。对于 interFOAM 求解器，式（3-6）可写成[9]：

$$\frac{\partial \rho \boldsymbol{U}}{\partial t} + \nabla \cdot (\rho \boldsymbol{U}\boldsymbol{U}) = -\nabla(p - \rho \boldsymbol{g} \cdot \boldsymbol{h}) - \boldsymbol{g} \cdot \boldsymbol{h}\nabla\rho + \nabla \cdot \boldsymbol{R}_{\text{eff}} + \boldsymbol{f}_{\text{s}} \tag{3-7}$$

式中，$p - \rho \boldsymbol{g} \cdot \boldsymbol{h}$ 表示流场运动压力，由总压减去对应的静压 $\rho \boldsymbol{g} \cdot \boldsymbol{h}$ 得到，$\boldsymbol{g} = (0,0,-9.81)$ 表示矢量重力加速度；$\boldsymbol{f}_{\text{s}}$ 为表面张力项，只在两相流分层界面处起作用；$\boldsymbol{R}_{\text{eff}}$ 为应力张量，可进一步表示为

$$\boldsymbol{R}_{\text{eff}} = \mu_{\text{eff}}\left[\nabla \boldsymbol{U} + (\nabla \boldsymbol{U})^{\text{T}}\right] \tag{3-8}$$

$\mu_{\text{eff}} = (\nu + \nu_{\text{t}})$ 表示等效运动黏度，ν 和 ν_{t} 分别表示运动黏度和涡流黏度，后者可从雷诺平均（Reynolds Averaged，RA）湍流模型得到。故式（3-7）又被称作 RANS 方程。式（3-7）经常与连续性方程联用，组成 RANS 方程组。

尾迹仿真中两相流分层界面的确定至关重要，OF 采用流体体积分数法（Volume of Fluid，VOF）[10]来捕获界面的几何形状。VOF 为每个控制单元定义一个体积分数变量 α，以表示某种类型的流体（空气或水）所占的体积比例：

$$\begin{cases} \alpha = 0, & \text{空气} \\ \alpha = 1, & \text{水} \\ 0 < \alpha < 1, & \text{自由水面} \end{cases} \tag{3-9}$$

类似于式（3-3），有 VOF 传输方程：

$$\frac{\partial \alpha}{\partial t} + \nabla \cdot (\alpha \boldsymbol{U}) = 0 \tag{3-10}$$

式（3-10）也被称作相方程，α 被称作相分数，等值面 $\alpha = 0.5$ 处被视为尾迹波面位置。自由水面的混合流体物理特性按体积分数的加权平均得到：

$$\begin{cases} \rho = \rho_1 + (1-\alpha)\rho_2 \\ \mu = \mu_1 + (1-\alpha)\mu_2 \end{cases} \tag{3-11}$$

式中，下角标"1"和"2"分别代表空气相和水相。确定界面位置后，式（3-7）

中的表面张力项 $\boldsymbol{f}_s$ 可表示为

$$f_s = \begin{cases} \xi \kappa \, \nabla \alpha, & \text{自由水面} \\ \boldsymbol{0}, & \text{其他位置} \end{cases} \tag{3-12}$$

式中，$\xi = 0.07 \text{ kg/s}^2$ 为水面张力系数；κ 为水面曲率，有

$$\kappa = -\nabla \cdot \frac{\nabla \alpha}{|\nabla \alpha|} \tag{3-13}$$

VOF 模型对相分数 α 的设定有着严格的要求，在任何位置，α 均应处在 0 到 1 之间，且在非界面处应只存在 0 或 1 两个数值，相分数的越界可能会在仿真中导致灾难性的发散。同时，为获取尖锐界面，在界面附近的离散网格应尽量致密，但过密的网格又会导致计算收敛困难，仿真耗时和资源需求也会随之"水涨船高"。为此，interFOAM 中应用了 Weller 等人[11]提出的一种高分辨率界面捕获方案，通过在 VOF 传输方程中加入人工的对流项来"挤压"界面处的相分数，从而抗衡数值耗散带来的分界面模糊。式（3-10）可改写如下：

$$\frac{\partial \alpha}{\partial t} + \nabla \cdot (\alpha \boldsymbol{U}) + \nabla \cdot [\alpha(1-\alpha)\boldsymbol{U}_c] = 0 \tag{3-14}$$

式中，

$$\boldsymbol{U}_c = \lambda_s \, |\boldsymbol{U}| \frac{\nabla \alpha}{|\nabla \alpha|} \tag{3-15}$$

λ_s 表示界面压缩因子，λ_s 值越大，压缩效果越明显。$\alpha(1-\alpha)$ 项限制了 $\boldsymbol{U}_c$，使它只能作用于分界面处。将式（3-15）代入式（3-14），VOF 传输方程可表示如下：

$$\frac{\partial \alpha}{\partial t} + \nabla \cdot (\alpha \boldsymbol{U}) + \nabla \cdot \left(\alpha(1-\alpha)\lambda_s \, |\boldsymbol{U}| \frac{\nabla \alpha}{|\nabla \alpha|} \right) = 0 \tag{3-16}$$

上述传输方程可使用有限体积法（Finite Volume Method，FVM）进行离散和求解[12]。使用六面体网格对计算域进行离散，网格划分使用 OF 自带的 blockMesh 和 snappyHexMesh 工具完成[9]。流场主要变量存储在网格中心，通量存储在网格面上。各项的离散格式总结如下：时间离散采用隐式 Euler 格式。瞬态项和源项通过二阶中心差分格式离散，并通过有限体积法进行积分。动量方程中的对流项离散使用 TVD（Total Variation Diminishing）格式，而体积分数通过 van-Leer 限制器限制在 0 到 1 之间。梯度的离散采用中心线性格式。在求解过程中，采用 Menter[13]的 SST k-ω 两方程湍流模型对 NS 方程进行封闭，使用 PISO 算法[14]处理压力和速度耦合。

3.1.2　基于 CFD 理论的远场尾迹仿真

相比于势流理论，CFD 方法的优势在于可以考虑到湍流等非线性作用对尾迹的影响，包含完整舰船尾迹的各个分量，同时，通过空间离散可以对真实船模型进行考量；CFD 的劣势在于求解需要大量的离散网格，经常受限于计算资源且效率较低。下面给出真实船舶体模型产生的远场尾迹流场 CFD 仿真设定与结果。

仿真所用船舶体模型如图 3-3(a)所示，尾迹仿真采用缩放的 DTMB 5415 裸船模型[15]，船体长为 21.54m，宽为 2.88m，吃水深度为 0.9m。模拟场景在 x 轴范围为−20m ~ 180m，在 y 轴范围为−60m ~ 60m，船首设置在 x=0 位置处。z=0 平面设置为水面，水面以下的初始相分数为 1，而水面上的相分数为 0。远场尾迹的离散网格，其水平方向尺寸为 0.6m×0.6m，垂直方向水面附近的网络尺寸为 0.03m，出口附近 20m 区域采用较粗的网格以节约计算资源并避免数值回流的产生，整个仿真场景包含约 594 万个六面体网格。

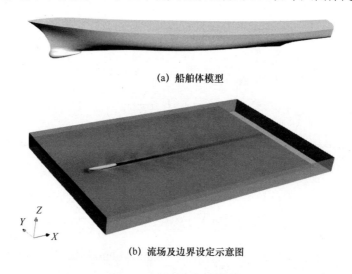

(a)　船舶体模型

(b)　流场及边界设定示意图

图 3-3　远场尾迹仿真模型

图 3-3(b)为流场及边界设定示意图，模型使用来流法模拟舰船运动，即设置固定的初始速度场来模拟舰船相对于流体的反向运动。左边代表水流入口，设置为固定速度边界条件；右边为出口，设置为零梯度边界条件；两个侧面和底面应距离舰船足够远，并将边界条件设定为零梯度，从而减小对尾迹结果的影响。

在上述条件下，分别设定船速为 5m/s 和 10m/s，远场尾迹仿真结果如

图 3-4 所示。可以看到，在不同船速下，远场尾迹波高场主要由 Kelvin 尾迹组成。与势流结果类似，船速越快，尾迹中的发散波越明显。CFD 得到的尾迹图案与纯 Kelvin 尾迹的主要区别在于近场尾迹以及尾迹中心区域的速度场，该速度场主要分量位于 x 轴方向，y 轴方向速度指向舰船航迹两侧且幅值稍弱，尾迹中心区域的异常速度场与势流无关，主要与舰船的湍流尾迹对应。变化的速度场会引起海面辐聚和辐散效应，改变海面粗糙度，从而使湍流尾迹被 SAR 所侦测。

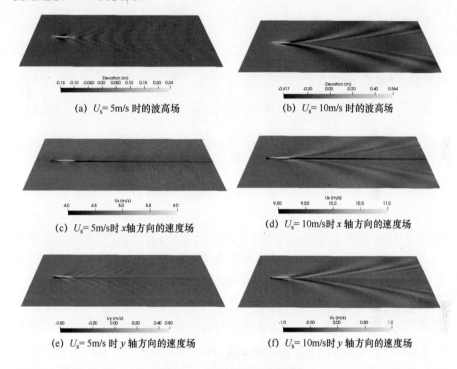

(a) U_s= 5m/s 时的波高场　　　　　(b) U_s= 10m/s 时的波高场

(c) U_s= 5m/s 时 x 轴方向的速度场　　(d) U_s= 10m/s 时 x 轴方向的速度场

(e) U_s= 5m/s 时 y 轴方向的速度场　　(f) U_s= 10m/s 时 y 轴方向的速度场

图 3-4　远场尾迹仿真结果

3.2　调制谱面元散射模型

大量海洋实验和遥感图像表明，海浪不仅受风力（和大气边界层作用）的影响，而且还受到波流效应、波波效应、波浪破碎等流场作用的限制，研究各类波浪之间的相互作用是海洋遥感与检测的基础。海浪的纹理并不完全取决于风场，故而一些专业海洋学家认为机载雷达和卫星的"风浪遥感"是一个误称，尤其是在海面风速较大的情况下。在海洋内波、舰船尾迹、洋流等海洋纹理的研究中，风驱海面通常被视为这些海浪图案的随机背景噪声。

海浪谱调制理论描述了各类波浪传播过程中的相互影响，包括风浪、海底地形、浮冰、洋流等各种情况下的频谱能量传递。海浪谱调制理论通过统计谱来描述海浪，一个离散网格可以跨越多个波长。通过引入合适的源项，该理论可以很好地模拟不同海浪分量之间的能量传递耗散和非线性耦合作用。本节将海浪谱调制理论引入面元散射模型中，通过对作用谱平衡方程进行面元化离散，求出每个面元内 Bragg 波分量的分布来代替统计海浪谱，最后得到经调制作用后的各面元的散射场特性。

3.2.1 调制谱方程

当不考虑水流作用或者水流运动相对较弱时，基于能量守恒定律，海浪谱的动力传输方程如下：

$$\frac{\mathrm{d}F}{\mathrm{d}t} = \frac{\partial F}{\partial t} + \frac{\partial}{\partial \boldsymbol{x}}\dot{\boldsymbol{x}}F + \frac{\partial}{\partial \boldsymbol{k}}\dot{\boldsymbol{k}}F = S \tag{3-17}$$

$$\dot{\boldsymbol{x}} = \frac{\partial \boldsymbol{x}}{\partial t} = \frac{\partial \omega}{\partial \boldsymbol{k}} \tag{3-18}$$

$$\dot{\boldsymbol{k}} = \frac{\partial \boldsymbol{k}}{\partial t} = -\frac{\partial \omega}{\partial \boldsymbol{x}} \tag{3-19}$$

其中，$\boldsymbol{x} = (x, y)$，$\boldsymbol{k} = (k_x, k_y)$分别表示波浪的二维几何和波数空间位置，式（3-18）和式（3-19)分别描述了波浪在几何和波数空间的运动轨迹，又被称作射线方程。S 为源项，在不同物理过程和模型中为不同的闭式。考虑到波浪在一个速度为 $\boldsymbol{U}$ 的流场上传播时，由多普勒频移特性可知，波浪的视在频率为

$$\omega = \omega_0 + \boldsymbol{k} \cdot \boldsymbol{U} \tag{3-20}$$

由式（3-20）可知，当流场为非定常流 $\boldsymbol{U}(\boldsymbol{x},t)$ 时，波浪的视在频率在时间和空间上不再是常数，因此海浪能量不再守恒。Bretherton 和 Garrett 提出可以用海浪作用谱函数来代替海浪谱，海浪作用谱与海浪谱的关系定义为 $N = F / \omega_0$。虽然海浪能量不再守恒，但海浪作用谱函数仍满足式（3-17）形式的守恒方程，此时，海洋表面的流场对海浪的调制效应可以用以下方程描述：

$$\frac{\partial N}{\partial t} + \frac{\partial}{\partial \boldsymbol{x}}\dot{\boldsymbol{x}}N + \frac{\partial}{\partial \boldsymbol{k}}\dot{\boldsymbol{k}}N + \frac{\partial}{\partial \theta}\dot{\theta}N = S_{\mathrm{tot}} / \omega_0 \tag{3-21}$$

$$\dot{\boldsymbol{x}} = \frac{\partial \omega_0}{\partial \boldsymbol{k}} + \boldsymbol{U} \tag{3-22}$$

$$\dot{\boldsymbol{k}} = -\frac{\partial \omega_0}{\partial d}\frac{\partial d}{\partial s} - \boldsymbol{k} \cdot \frac{\partial \boldsymbol{U}}{\partial s} \tag{3-23}$$

$$\dot{\theta} = -\frac{1}{\boldsymbol{k}}\left(\frac{\partial \omega_0}{\partial d}\frac{\partial d}{\partial \boldsymbol{m}} + \boldsymbol{k} \cdot \frac{\partial \boldsymbol{U}}{\partial \boldsymbol{m}}\right) \tag{3-24}$$

由图 3-5 可见，s 表示任意方向上的单位矢量，m 则表示垂直于 s 方向的单位矢量，式（3-21）又称作海浪作用谱平衡方程，该方程广泛适用于求解各类深水和浅水条件下的波浪作用问题。

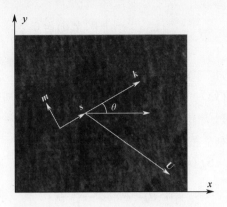

图 3-5　海浪作用谱调制方向示意图

3.2.2　调制谱源项

在海浪谱调制理论中，源项 S 代表了海浪运动里不同物理过程带来的能量通量，不同的海洋工程问题适用的源项 S 并不相同，在复杂的海洋环境中，有时需要考虑 10 个以上的源项[17,18]。假设仿真海域处于深海纯风浪背景条件下，则源项可以简化为以下 3 项：

$$S_{tot} = S_{in} + S_{ds} + S_{nl} \tag{3-25}$$

式中，S_{in} 为风场输入项，S_{ds} 代表海浪破碎耗散项，这两项通常放在一起讨论；S_{nl} 为非线性作用源项，与海浪中的波—波非线性作用有关。

Donelan 等人[19,20]依据观测实验，提出风力输入项相对于其他源项在物理机理上独立存在，并且可以表示为

$$S_{in}(k, \theta) = \frac{\rho_a}{\rho_w} \omega_0(k) \gamma(k, \theta) F(k, \theta) \tag{3-26}$$

式中，

$$\gamma(k, \theta) = \alpha_{in} G_{in}(k, \theta) \sqrt{B_n(k)} W^2(k, \theta) \tag{3-27}$$

$$G_{in}(k, \theta) = 2.8 - [1 + \tanh(10\sqrt{B_n(k)} W^2(k, \theta) - 11)] \tag{3-28}$$

$$W(k, \theta) = U_{10} \cos(\theta - \varphi_w) k / \omega_0 \tag{3-29}$$

ρ_a 和 ρ_w 分别表示空气和水的密度，$B_n(k) = A(k) F(k) k^3$，表示曲率谱关于传播方向函数的归一化，其中，

$$A(k) = 1 / \int_0^{2\pi} F(k,\theta)/F_{\max}(k)\mathrm{d}\theta \tag{3-30}$$

$W(k,\theta)$ 为风驱参数，与海面风速有关。α_{in} 表示海面风速的增长参数，用于调节负输入的风力强度。

$$\alpha_{\mathrm{in}} = \begin{cases} 1, & W(k,\theta) \geqslant 0 \\ -0.09, & W(k,\theta) < 0 \end{cases} \tag{3-31}$$

随着风力的增加，海平面升高通常会导致饱和效应，耗散项对此进行了约束。耗散项 S_{ds} 可分为 T_1 和 T_2 两组成分：前者发生在所有频率分量上，表示波分量的能量超过阈值时发生的波浪破碎；后者表示长波对短波调制引发短波破碎造成的耗散。根据 Rogers 等人[21]的模型，

$$S_{\mathrm{ds}}(k,\theta) = [T_1(k,\theta) + T_2(k,\theta)]F(k,\theta) \tag{3-32}$$

$$T_1(k,\theta) = -a_1 f \left(\frac{F - F_T}{F_T} \right)^4 \tag{3-33}$$

$$T_2(k,\theta) = -a_2 \int_{f_{\min}}^{f} \left(\frac{F - F_T}{F_T} \right)^4 \mathrm{d}f \tag{3-34}$$

其中，$a_1 = 4.7 \times 10^{-6}$，$a_2 = 7 \times 10^{-5}$，$F_T = 0.035^2 / k^3$ 为谱密度的阈值。

除了输入项和耗散项，非线性波间相互作用也在波浪演化中扮演着重要的作用。由共振波—波相互作用引起的非线性能量转移的基本方程最初由 Hasselmann[22,23]推导，可由式（3-35）表示。

$$S_{\mathrm{nl}} = \iiint G_k(\boldsymbol{k}_1,\boldsymbol{k}_2,\boldsymbol{k}_3,\boldsymbol{k}_4)\delta(\boldsymbol{k}_1 + \boldsymbol{k}_2 - \boldsymbol{k}_3 - \boldsymbol{k}_4)\delta(\omega_1 + \omega_2 - \omega_3 - \omega_4) \times \\ [N_1 N_3(N_4 - N_2) + N_2 N_4(N_3 - N_1)]\mathrm{d}\boldsymbol{k}_2\mathrm{d}\boldsymbol{k}_3\mathrm{d}\boldsymbol{k}_4 \tag{3-35}$$

式中，$G_k(\cdot)$ 函数表示各波分量间的耦合系数，$N_1 \sim N_4$ 分别表示满足共振条件的 4 个波分量，而 δ 函数反映了 4 个波分量的共振条件：

$$\begin{cases} \boldsymbol{k}_1 + \boldsymbol{k}_2 = \boldsymbol{k}_3 + \boldsymbol{k}_4 \\ \omega_1 + \omega_2 = \omega_3 + \omega_4 \end{cases} \tag{3-36}$$

为了求解式（3-35）的多重积分，可使用 Webb-Resio-Tracy（WRT）方法[24]对 δ 函数进行转化和消除，最终循环累加得到非线性源项。WRT 方法实施完整非线性传递计算，对实际工程应用而言非常耗时，而对于需要求解多方向频率和空间离散的实际海洋工程问题更需要海量的计算时间和资源。为此，Hasselmann 等人[23]提出离散交互作用近似（Discrete Interaction Approximation，DIA）模型，使用仅一组满足谐振条件的配置来对非线性波—波相互作用进行近似求解。在 DIA 中，假设两个作用分量对称，即 $\boldsymbol{k}_1 = \boldsymbol{k}_2$，共振条件可表示如下：

$$\begin{cases} \omega_3 = (1 + \lambda_{nl})\omega_1 \\ \omega_4 = (1 - \lambda_{nl})\omega_1 \end{cases} \tag{3-37}$$

非线性作用引起的海浪谱变化率如下：

$$\begin{pmatrix} \delta S_{nl1} \\ \delta S_{nl3} \\ \delta S_{nl4} \end{pmatrix} = \begin{pmatrix} -2 \\ 1 \\ 1 \end{pmatrix} Cg^{-4} f^{11} \times \left(\frac{F_1^2 F_3}{(1 + \lambda_{nl})^4} + \frac{F_1^2 F_4}{(1 - \lambda_{nl})^4} - \frac{2F_1 F_3 F_4}{(1 - \lambda_{nl}^2)^4} \right) \tag{3-38}$$

其中取常数参量 $C = 3 \times 10^8$，$\lambda_{nl} = 0.25$，为了估计离散频谱中的非线性传递，式中的能量密度 F_1 被视为相互作用的 4 个波分量的中心，这 4 个波分量在离散波谱的所有谱单元上循环，最终得到非线性作用源项。

图 3-6 和图 3-7 分别给出了完全发展的海浪谱（逆波龄 $\Omega_c = 0.84$）和逆波龄 $\Omega_c = 2.0$ 对应的发展中的海浪谱的源项。比较图中各源项发现，当 $\Omega_c = 0.84$ 时，输入项明显小于耗散项且在谱峰值附近出现了负输入。当 $\Omega_c = 2$ 时负输入消失，且输入项大于耗散项。非线性作用项主要作用于谱峰值，并将峰值谱能量向四周扩展。

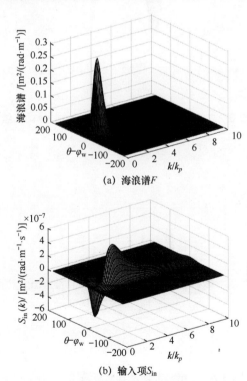

图 3-6　二维海浪谱及其对应源项（$\Omega_c = 0.84$）

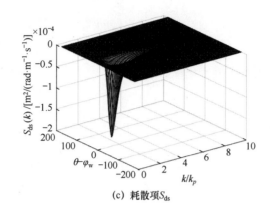

(c) 耗散项S_{ds}

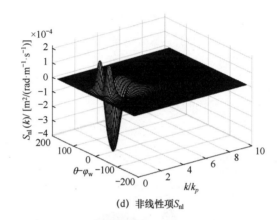

(d) 非线性项S_{nl}

图3-6 二维海浪谱及其对应源项（$\Omega_c = 0.84$）（续）

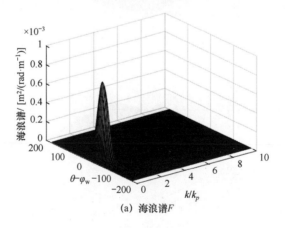

(a) 海浪谱F

图3-7 二维海浪谱及其对应源项（$\Omega_c = 2.0$）

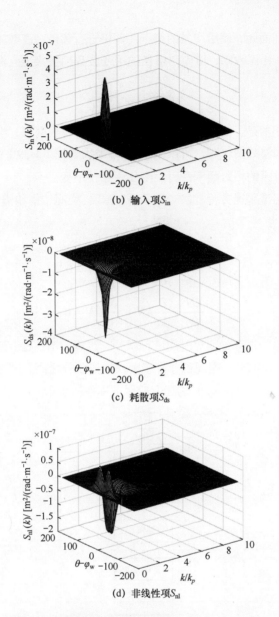

(b) 输入项 S_{in}

(c) 耗散项 S_{ds}

(d) 非线性项 S_{nl}

图 3-7　二维海浪谱及其对应源项（$\Omega_{\text{c}} = 2.0$）（续）

3.2.3　调制谱的求解

海浪作用谱平衡方程式（3-21）包含了时间、二维空间位置（x 轴、y 轴两个维度）、频率和方向 5 个维度的变化，解析方法很难对其进行求解，可使用数值方法对式（3-21）~式（3-25）进行求解。求解过程主要分为 3 个步骤：网格离散与初始化计算；源项的求解；传输方程的求解。

对于空间面元，使用均匀的笛卡儿网格进行离散。波数域离散是为了节约资源，提高计算效率，可使用增长的可变波数网格来适应海浪谱和源项的变化，即：

$$k_m = X_k k_{m-1} \qquad (3-39)$$

需要说明的是，式（3-39）为深水条件下的波数网格，当要考虑到浅滩效应造成空间波数变化时，可用角频率 ω_0 来代替式（3-39）中的波数 k，使得波数网格对应的相对频率在时空变化中保持不变。

海浪作用谱平衡方程式（3-21)可分为源项、空间传播和谱内变化 3 部分：

$$\frac{\partial N}{\partial t} = S_{\text{tot}} / \omega_0 \qquad (3-40)$$

$$\frac{\partial N}{\partial t} + \frac{\partial}{\partial \boldsymbol{x}} \dot{\boldsymbol{x}} N + \frac{\partial}{\partial \boldsymbol{y}} \dot{\boldsymbol{y}} N = 0 \qquad (3-41)$$

$$\frac{\partial N}{\partial t} + \frac{\partial}{\partial \boldsymbol{k}} \dot{\boldsymbol{k}} N + \frac{\partial}{\partial \theta} \dot{\theta} N = 0 \qquad (3-42)$$

将这 3 部分方程分别对时间进行积分，过程如图 3-8 中流程所示：内谱积分被分成了两部分，空间积分位于两次内谱积分之间，同时为保证精度与运算效率，最小时间间隔 dt 的选取应保证库朗数小于 1。

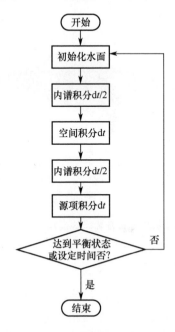

图 3-8　海浪作用谱平衡方程求解流程

下面以二维空间积分为例，简单介绍数值积分的求解步骤与离散格式。为保证数值作用谱守恒，对于编号 i 到 $i-1$ 在 x 轴方向上的作用谱通量可表示为

$$\mathscr{F}_{i,-} = \frac{1}{2}(\dot{x}_{i-1} + \dot{x}_i)\mathscr{N} \tag{3-43}$$

式中，

$$\mathscr{N} = \begin{cases} N_{i-1}, & \dot{x}_{i-1} + \dot{x}_i \geqslant 0 \\ N, & \dot{x}_{i-1} + \dot{x}_i < 0 \end{cases} \tag{3-44}$$

同时 y 轴方向上的作用谱通量也可以用同样的方法得到。则作用谱从 n 时刻到 $n+1$ 时刻的关系如下：

$$N_{ij,n+1} = N_{ij,n} + \frac{\Delta t}{\Delta x}(\mathscr{F}_{i,-} - \mathscr{F}_{i,+}) + \frac{\Delta t}{\Delta y}(\mathscr{F}_{j,-} - \mathscr{F}_{j,+}) \tag{3-45}$$

式中，Δt、Δx 和 Δy 分别为时间和空间的离散间隔。作用谱的初始条件为均匀的参数化海浪谱，空间边界为固定的海浪谱边界，方向为周期性边界条件，频率边界固定为 0，即忽略频谱外的能量交换。而对于超出截止频率的高频部分，可通过使用参数化的尾谱表示[25]。

以一维随机海面为例，研究波流效应对实际海面的影响。取海面长度 20m，离散间隔 0.04m，便于分辨高频海浪变化，忽略能量占比较高的长波影响，取截断空间频率 $k_{\min} = 1$，假设海面存在幅度 0.5m/s 的余弦形式流场，一维海面前半部分为辐聚区域，后半部分为辐散区域。

图 3-9 给出了不同条件下调制海面与不考虑调制作用的原始线性海面的波高幅度对比图。由于海浪相位来自相同随机数，调制海面与原始线性海面波浪形态有一定相似性，图 3-9(a)中，假设海面不存在流场，仅考虑源项作用，则调制海面与原始线性海面相比变化不大，单纯源项对随机海浪几何的影响较小；假设源项为 0，仅考虑流场作用，海浪作用谱处于内平衡状态，如图 3-9(b)所示，海浪能量从辐散区域向辐聚区转移，调制海面左侧海面升高而右侧变得平滑，但是缺乏源项的约束，忽略了饱和效应导致辐聚区域海浪高频成分堆积，海面幅度过高，这是不合理的。图 3-9(c)中进一步考虑了源项，耗散项使辐聚区域海浪幅度明显下降，源项对过高海浪分量有明显抑制作用。图 3-9(d)中仅考虑了线性源项，忽略谱间能量作用，可以看到，非线性源项对海浪形态影响较小，因为本书主要考虑的是尾迹的流场作用，为提高仿真效率，后文算例将忽略非线性源项对应的波间调制作用。

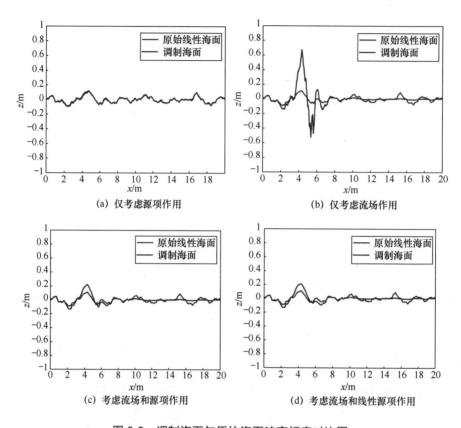

图 3-9　调制海面与原始海面波高幅度对比图

3.2.4　基于调制谱的海面散射

联合调制谱方程得到的海浪谱，对半确定面元散射模型进行改进。面元散射总场仍可表示为

$$\sigma_0(\hat{\boldsymbol{k}}_i, \hat{\boldsymbol{k}}_s) = \frac{1}{A}\sum_{m=1}^{M}\sum_{n=1}^{N}\left\{\left[\sigma_{mn}^{\mathrm{KAM}}(\hat{\boldsymbol{k}}_i, \hat{\boldsymbol{k}}_s) + \sigma_{mn}^{\mathrm{FSM}}(\hat{\boldsymbol{k}}_i, \hat{\boldsymbol{k}}_s)\right]\Delta x \Delta y\right\} \qquad (3\text{-}46)$$

式中，$\sigma_{mn}^{\mathrm{KAM}}(\hat{\boldsymbol{k}}_i, \hat{\boldsymbol{k}}_s)$ 和 $\sigma_{mn}^{\mathrm{FSM}}(\hat{\boldsymbol{k}}_i, \hat{\boldsymbol{k}}_s)$ 分别表示调制谱修正后的镜向散射和 Bragg 散射分量。对于镜向散射分量，有

$$\sigma_{pq}^{\mathrm{KAM}}(\hat{\boldsymbol{k}}_i, \hat{\boldsymbol{k}}_s) = \frac{\pi k_0^2 |\boldsymbol{q}|^2}{q_z^4}\left|F_{pq}^{\mathrm{KAM}}\right|^2 P(z_x', z_y') \qquad (3\text{-}47)$$

这里，区别在于使用了由调制谱得到的斜率分布模型 $P(z_x', z_y')$ 来代替 Cox-Munk 给出的风速参数化模型，新的斜率分布模型考虑了谱变化对面元斜率的影响。

$$P(z'_x, z'_y) = \frac{F(z'_x, z'_y)}{2\pi \mathrm{mss_u mss_c}} \exp(-\frac{z'^2_x}{2\mathrm{mss}^2_u} - \frac{z'^2_y}{2\mathrm{mss}^2_c}) \qquad (3\text{-}48)$$

极坐标系下有[26,27]：

$$\mathrm{mss_u} = \int_0^{k_d} k\mathrm{d}k \int_0^{2\pi} k^2 F(k,\theta) \cos^2(\theta - \varphi_w)\mathrm{d}\theta \qquad (3\text{-}49)$$

$$\mathrm{mss_c} = \int_0^{k_d} k\mathrm{d}k \int_0^{2\pi} k^2 F(k,\theta) \sin^2(\theta - \varphi_w)\mathrm{d}\theta \qquad (3\text{-}50)$$

式中，k_d 表示截止频率，$k^2 F(k,\theta)$ 为海面斜率谱，$\mathrm{mss_u}$ 和 $\mathrm{mss_c}$ 分别表示海面迎风和侧风的均方斜率（Mean Square Slope，MSS）。

对于 Bragg 散射分量，可直接通过调制谱来代替统计谱：

$$\sigma_{pq}^{\mathrm{FSM}}(\hat{k}_i, \hat{k}_s) = \pi k_0^4 |\varepsilon - 1|^2 |\tilde{F}_{pq}|^2 \frac{F(k_B, \theta) + F(k_B, \theta + \pi)}{2}, \quad |q_1| < k_{\mathrm{cut}} \qquad (3\text{-}51)$$

其余各参数可参照第 1 章内容，这里不再赘述。

图 3-10 给出了半确定面元散射模型（SDSFM）和改进的调制谱面元散射模型（MSFM）计算得到的海面后向散射系数比较，各参数的选取与第 2 章中验证算例相同。可以看到，在使用基于海浪谱的斜率分布函数后，各风速条件下，相比于原始半确定面元散射结果，散射总场总体变化较小，但改进模型镜像区域附近的散射幅值更接近实验值。

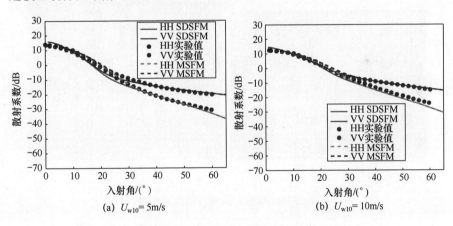

(a) $U_{w10} = 5\mathrm{m/s}$　　　　　(b) $U_{w10} = 10\mathrm{m/s}$

图 3-10　海面后向散射系数比较

3.3　湍流尾迹散射场分析

3.3.1　尾迹的背景波调制作用

通常尾迹的遥感图像可分为两部分：张角固定的 Kelvin 尾迹和位于航迹

中央的湍流尾迹。虽然处在同一遥感图像上，但是尾迹各分量的研究却很难统一，完整尾迹的形成机理研究仍不充分。Kelvin 尾迹主要来自线性波的波幅效应，而湍流尾迹的形成主要与船尾的涡流和海面粗糙度调制有关，这给利用完整尾迹进行流场仿真，进而建立统一的 SAR 成像理论带来诸多困难。

图 3-11 给出了海面远场尾迹的遥感图像。可以看到，相比于随机的海面背景波浪，尾迹区域除了波高叠加，还存在着明显的海面纹理变化。尤其是湍流尾迹，舰船尾迹处原始海浪谱完全被打破，并在远端随着舰船影响的消失逐渐恢复。因此，粗糙海面上的尾迹建模，必须考虑海面尾迹与背景海浪波的耦合。本节结合上文计算流体力学仿真结果和改进的调制谱面元散射模型，给出一种新的舰船尾迹的统一建模方法，进而完成湍流远场综合尾迹的 SAR 成像仿真。

除了式（3-26）和式（3-32）中的风浪源项之外，在速度场对应的湍流区域，本章额外地引入了 Milgram 等人[28]通过实验给出的阻尼源项，用来考虑船尾区域尾迹对海浪的削弱作用。

$$S_t(x,k) = \frac{-0.0015\gamma_t U_s k^{2/3}}{(d/L_s + 0.07)^{4/5} l^{1/3}}\left[1 - \left(\frac{y}{W_t(x)}\right)^2\right] F(k,\theta) \qquad (3\text{-}52)$$

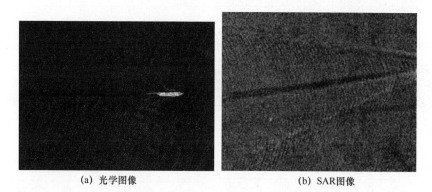

(a) 光学图像   (b) SAR图像

图 3-11　海面远场尾迹的遥感图像

其中 γ_t 表示离散面元中湍流尾迹所占面积比，d 表示与船尾的距离，W_t 为湍流尾迹宽度，l 为湍流的积分尺度。分析式（3-52）可知，湍流尾迹的削弱程度主要与船体尺寸、航速、与船尾的距离和波数有关。

通过叠加波高场考虑尾迹波浪的倾斜调制，通过调制谱模型考虑尾迹波浪的流体力学调制，以 ESKV 谱为初始平衡谱，舰船尾迹区域使用阻尼源项来考虑尾迹对海浪的削弱作用，就可以得到考虑调制谱作用的海面尾迹波高分布。取海面风速 5m/s，风向 0°，图 3-12 给出了不同船速的复合场景波高分布对比。可以看到，相比于不考虑调制谱的原始波高场，图 3-12(b)和图 3-12(d)对应的调制谱波高场会出现海浪波谷更加平坦、波峰更加尖锐，且波峰整体向运动方向偏移的现象。当船速为 5m/s 时，无论哪种方法，海浪都会将尾迹淹没。当船速为 10m/s 时，由于调制谱波高场中考虑了尾迹流场作用，尾迹图像更清晰。此外，湍流尾迹区域图 3-12(a)和图 3-12(b)中间区域变得相对平坦，但原始波高场对此显示并不明显。

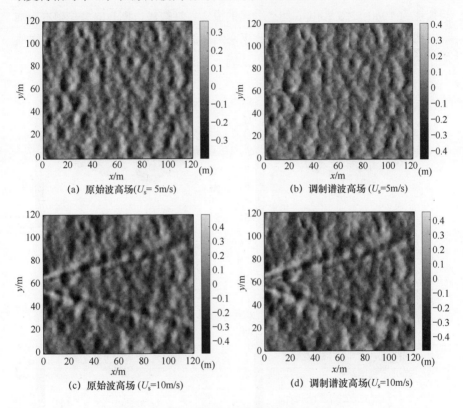

(a) 原始波高场(U_s= 5m/s)　　　　　　(b) 调制谱波高场 (U_s=5m/s)

(c) 原始波高场 (U_s=10m/s)　　　　　　(d) 调制谱波高场(U_s=10m/s)

图 3-12　不同船速的复合场景波高分布对比

尽管使用了调制谱模型，图 3-12 中仍很难辨别湍流尾迹。主要原因在于离散波高场图像与海面粗糙度以及海浪视觉纹理仍存在一定差异。另一方面，湍流造成的粗糙度变化尺度往往偏小，很难通过直接离散的方式体现出这些微小尺度的海面特征。对此，选用海面的均方斜率分布对二维海面小尺度调制特性进行表示。海面 mss 分布可由式（3-53）计算：

$$\mathrm{mss}(x,y)=\int_0^{k_\mathrm{d}}k\mathrm{d}k\int_0^{2\pi}k^2F\mathrm{d}\theta=\mathrm{mss}_\mathrm{u}+\mathrm{mss}_\mathrm{c} \qquad （3-53）$$

　　海面 mss 分布表示了海面的粗糙度变化情况，为同时展示海浪大尺度波高几何及小尺度粗糙度变化情况，图 3-13(a)给出了对应的三维调制谱波高及 mss 分布图像（风速 5m/s），其中左侧图像为单纯的波高分布，右侧图像为调制谱 mss 分布。由图可见，海浪背风侧波面通常为辐聚区域，海面粗糙度变高，mss 值相对更大。反之，迎风侧波面通常为辐散区域，海面粗糙度变低，mss 值相对更小。此外，各 mss 分布图像中央均存在一条暗色条带，对应相对平滑的湍流尾迹区域。当船速为 5m/s 时，Kelvin 尾迹被海浪淹没，当船速为 10m/s 时，Kelvin 尾迹分量的流场特性较浅，Kelvin 臂尾迹在 mss 分布图像中显示为明亮条纹。相比于左侧的波高分布图像，mss 分布图像反映了海面小尺度粗糙度的变化，更接近于海面视觉和雷达图像特征。

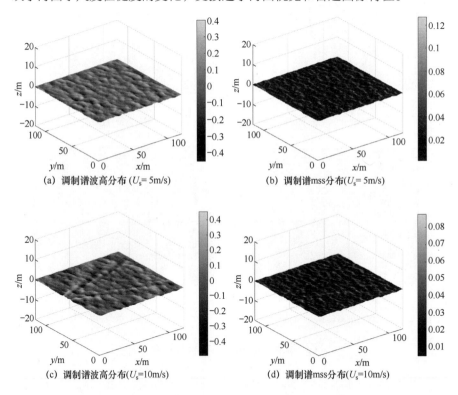

(a) 调制谱波高分布 (U_s= 5m/s)　　　　(b) 调制谱 mss 分布 (U_s= 5m/s)

(c) 调制谱波高分布 (U_s=10m/s)　　　　(d) 调制谱 mss 分布 (U_s=10m/s)

图 3-13　三维调制谱波高及 mss 分布图像（风速 5m/s）

　　图 3-14 进一步给出了背景风速降至 3m/s 时的调制谱波高及 mss 分布图像，其余各参数保持不变。可以看到，低海情下，海浪波峰沿风向偏移现象减弱，且尾迹特征更为明显，尤其是 mss 场中的湍流尾迹。此外，船速 5m/s 时尾迹波高仍不显著（见图 3-14(a)和(b)），但湍流尾迹在 mss 场中异常清晰

（见图 3-14(c)和(d)），湍流尾迹比 Kelvin 臂更易被雷达所侦测。

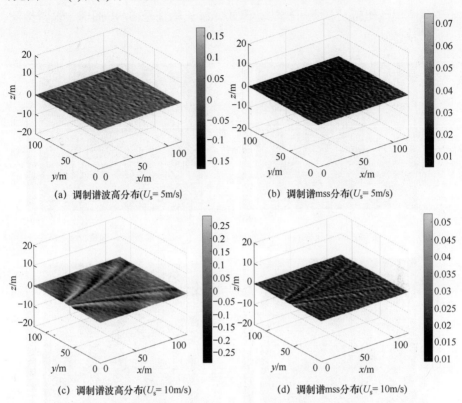

(a) 调制谱波高分布(U_s= 5m/s)　　　　　　(b) 调制谱mss分布(U_s= 5m/s)

(c) 调制谱波高分布(U_s= 10m/s)　　　　　(d) 调制谱mss分布(U_s= 10m/s)

图 3-14　三维调制谱波高及 mss 分布图像（风速 3m/s）

3.3.2　远场综合尾迹 SAR 成像

类似于 Kelvin 尾迹 SAR 成像仿真，结合 MFSM 与速度聚束成像模型，便可得到包含湍流的远场综合尾迹的 SAR 仿真图像。图 3-15 给出了不同船速、不同风速的海浪背景条件下远场综合尾迹的正侧视 SAR 图像。其中，由于场景较小，取平台距离速度比为 10。电磁波频率为 9.8GHz，HH 极化。海面风速分别为 3m/s 和 5m/s，风向统一与 x 轴夹角为 45°。SAR 平台分别沿 y 轴方向（垂直方向，90°）运动和 x 轴方向（水平方向，0°）运动，斜视角为 45°。方便起见，图中风向由白色箭头指示。

在风速 3m/s 的低海况时，湍流尾迹和 Kelvin 尾迹在 SAR 图像中都很明显，其中图 3-15(b)中 Kelvin 尾迹的下半部分由于受到背景波浪的扰动，变得模糊。当风速增加到 5m/s 时，如图 3-15 (e)～图 3-15(h)所示，尾迹逐渐被背景波浪所覆盖，特别是在船速为 5m/s 的情况下，在 SAR 图像中只有湍流尾迹是视觉可辨的。因此，湍流尾迹是 SAR 图像中最常检测到的尾迹特征。

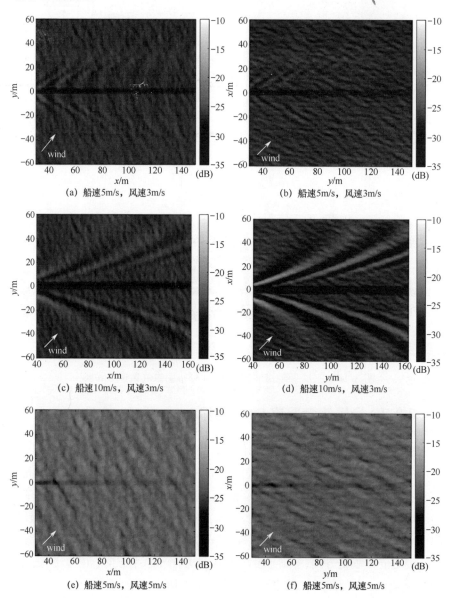

(a) 船速5m/s，风速3m/s　　(b) 船速5m/s，风速3m/s

(c) 船速10m/s，风速3m/s　　(d) 船速10m/s，风速3m/s

(e) 船速5m/s，风速5m/s　　(f) 船速5m/s，风速5m/s

图3-15　不同船速、不同风速的海浪背景条件下远场综合尾迹的正侧视 SAR 图像（左列方位向 90°，右列方位向 0°）

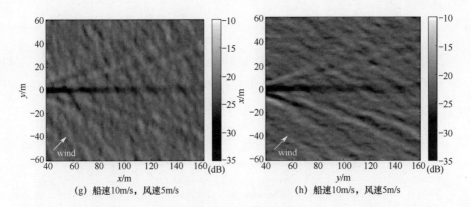

(g) 船速10m/s，风速5m/s　　　　　　(h) 船速10m/s，风速5m/s

图3-15　不同船速、不同风速的海浪背景条件下远场综合尾迹的正侧视 SAR 图像（左列方位向 90°，右列方位向 0°）（续）

此外，雷达视角的变化也会影响 SAR 图像中有关尾迹和背景波浪的波形。由于 Bragg 波谐振效应，平行于雷达视线（Line of Sight，LOS）移动的表面波（风浪和 Kelvin 波）对雷达回波的贡献更大。尾迹的横断波在图 3-15 左侧更为明显，而发散波在图 3-15 的右侧更为明显。相比之下，湍流尾迹的可见性受雷达视角变化的影响较小。而图中远场湍流尾迹的纹理差异主要由平行于 LOS 移动的对应背景波浪的分量决定。

为进一步探究尾迹和背景波浪之间的相互作用，图 3-16 给出了不同风向角下的 SAR 图像仿真结果和对应的湍流尾迹横切面。其中，船速为 5m/s，海浪背景风速为 3m/s，平台沿垂直方向运动，风向分别为 0° 和 90°，其他参数与图 3-15 中相比保持不变。

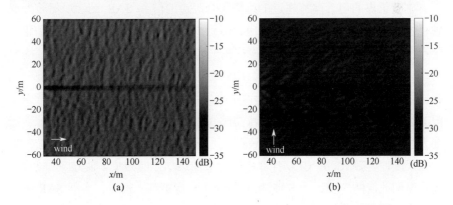

(a)　　　　　　　　　　　　　　(b)

图 3-16　不同风向角下的 SAR 图像仿真结果和对应的湍流尾迹横切面

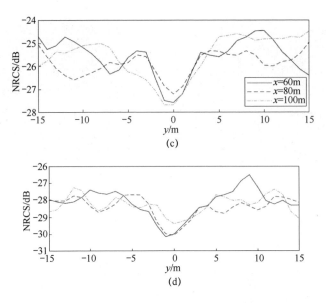

图 3-16　不同风向角下的 SAR 图像仿真结果和对应的湍流尾迹横切面（续）

注：(c)对应(a)，(d)对应(b)。

　　由图 3-16 可见，Kelvin 尾迹和湍流尾迹的 SAR 图像均会受到风向改变的影响。随着尾迹扩散得更远，湍流尾迹变得更宽，更容易受到环境波纹理的影响。当风向角为 0° 时，尾迹图像受环境波浪影响较小。而当风向为 90° 时，Kelvin 尾迹和湍流尾迹都会受到环境波浪的显著影响。湍流尾迹中央区域的散射一般相对于背景海浪衰减 2～4 dB，与文献[28-29]中给出的测量结果一致。

　　本节给出的包含湍流尾迹的远场综合尾迹的仿真 SAR 图像虽然较好反映了各分量不同机理下的尾迹纹理，但距离实测 SAR 图像仍有一定差距。仿真主要的限制如下：首先，速度聚束成像模型虽然通过速度场考虑了海浪运动，但仍基于准静态海面假设，即认为当积分时间与关注波浪的特征时间相比足够短时，可认为各离散面元海浪运动是线性的，实际的尾迹和背景波浪的运动要更为复杂。其次，为获得感兴趣尺度的 Kelvin 波，CFD 仿真需要大量的离散网格，受限于计算资源，远场尾迹仿真尺寸相对较小，与 SAR 图像尺度差异较大，且 CFD 计算中固定舰船运动方向为负 x 轴方向，较难考虑到航向改变的情况，为 SAR 仿真带来了一定困难。最后，实测 SAR 图像会因合成孔径成像产生斑点噪声，尤其是海面 SAR 图像，因为相干斑的存在，很难在 SAR 图像中看到中小尺度的海面纹理，本节的仿真忽略了 SAR 图像中的相干斑影响。

3.4　本章小结

　　本章基于 CFD 仿真得到的舰船尾迹的流场模型，完成了不同背景海浪条件下，包含湍流尾迹和 Kelvin 尾迹的远场综合尾迹的 SAR 图像仿真。并通过海浪谱调制原理对半确定面元散射模型进行修正，引入了一种调制谱面元散射模型，该模型能较好应用于各类海面舰船尾迹的电磁散射分布计算，进而应用于 SAR 成像仿真中。本章主要结论小结如下：

　　SAR 图像中的海面纹理不仅来源于大尺度波浪的斜率变化，也包含小尺度波浪的粗糙度变化。对于小于雷达分辨单元的小尺度波浪，可用波浪谱统计表示。海浪谱分布会受到海面流场作用的影响，可结合调制谱模型与速度场对其影响进行综合考虑。海浪运动会产生辐聚—辐散效应，辐聚区域海面变得粗糙，后向散射增强，而辐散区域海面变得光滑，后向散射减弱。SAR 对场景的粗糙度变化十分敏感，辐聚—辐散效应是 SAR 成像过程中包含尾迹在内的各类海浪纹理的重要形成机理。

　　舰船远场综合尾迹图像可分为两部分，张角固定的 Kelvin 尾迹和位于航迹中央的湍流尾迹，CFD 仿真可以较好对完整的远场综合尾迹进行统一计算。Kelvin 尾迹主要来自线性波浪的波幅效应，而远场湍流尾迹的形成主要与船尾的涡流和海面粗糙度调制有关。在 SAR 图像中，湍流尾迹是舰船尾迹各分量中相对稳定的存在，主要表现为舰船航迹区域的暗条带，相比于 Kelvin 尾迹，湍流尾迹受背景海浪影响较小且可见性不依赖于观测方位角。

参考文献

[1]　WANG L, ZHANG M, LIU J. Electromagnetic Scattering Model for Far Wakes of Ship with Wind Waves on Sea Surface[J]. Remote Sensing, 2021, 13(21): 4417.

[2]　傅德薰，马延文. 计算流体力学 [M]. 北京：高等教育出版社，2002.

[3]　BLAZEK J. Computational Fluid Dynamics: Principles and Applications, 3rd Edition [M]. Butterworth-Heinemann, 2015.

[4]　张师帅. CFD 技术原理与应用 [M]. 武汉：华中科技大学出版社，2016.

[5]　JASAK H. Error analysis and estimation for finite volume method with applications to fluid flow [D]. London (UK): Dept. Mech. Eng., Imperial College; 1996.

[6]　JASAK H. OpenFOAM: Open source CFD in research and ndustry [J]. International

Journal of Naval Architecture and Ocean Engineering, 2009, 1(2): 89-94.

[7] HEMIDA H. OpenFOAM tutorial: Free surface tutorial using interFoam and rasInterFoam [J]. Chalmers University of Technology, Tech. Rep, 2008.

[8] ANISZEWSKI W, MÉNARD T, MAREK M. Volume of Fluid (VOF) type advection methods in two-phase flow: a comparative study [J]. Computers & Fluids, 2014, 97: 52-73.

[9] DEL PUPPO N. High resolution ship hydrodynamics simulations in open source environment[J]. Journal of marine science and application, 2014, 13(4): 377-387.

[10] HIRT C W, NICHOLS B D. Volume of fluid (VOF) method for the dynamics of free boundaries[J]. Journal of computational physics, 1981, 39(1): 201-225.

[11] WELLER H G, TABOR G, JASAK H, et al. A tensorial approach to computational continuum mechanics using object-oriented techniques[J]. Computers in physics, 1998, 12(6): 620-631.

[12] MOUKALLED F, MANGANI L, DARWISH M. The finite volume method in computational fluid dynamics[M]. Berlin, Germany: Springer, 2016.

[13] MENTER F R, KUNTZ M, LANGTRY R. Ten years of industrial experience with the SST turbulence model[J]. Turbulence, heat and mass transfer, 2003, 4(1): 625-632.

[14] ISSA R I. Solution of the implicitly discretised fluid flow equations by operator-splitting[J]. Journal of computational physics, 1986, 62(1): 40-65.

[15] HSU K L, CHEN Y J, CHAU S W, et al. Ship Flow computation of DTMB 5415 [C]. CFD Workshop Tokyo, 2005, 9-11.

[16] LIN P. Numerical modeling of water waves [M]. Boca Raton (FL): CRC Press, 2008.

[17] ZIEGER S, Babanin A V, Rogers W E, et al. Observation-based source terms in the third-generation wave model WAVEWATCH[J]. Ocean Modelling, 2015, 96: 2-25.

[18] LIU Q, ROGERS W E, BABANIN A V, et al. Observation-based source terms in the third-generation wave model WAVEWATCH III: updates and verification[J]. Journal of Physical Oceanography, 2019, 49(2): 489-517.

[19] DONELAN M A, BABANIN A V, YOUNG I R, et al. Wave-follower field measurements of the wind-input spectral function. Part I: Measurements and calibrations[J]. Journal of Atmospheric and Oceanic Technology, 2005, 22(7): 799-813.

[20] DONELAN M A, BABANIN A V, YOUNG I R, et al. Wave-follower field measurements of the wind-input spectral function. Part II: Parameterization of the wind input[J]. Journal of physical oceanography, 2006, 36(8): 1672-1689.

[21] ROGERS W E, BABANIN A V, WANG D W. Observation-consistent input and whitecapping dissipation in a model for wind-generated surface waves: Description and simple calculations[J]. Journal of Atmospheric and Oceanic Technology, 2012, 29(9): 1329-1346.

[22] HASSELMANN K. On the non-linear energy transfer in a gravity-wave spectrum Part 1. General theory[J]. Journal of Fluid Mechanics, 1962, 12(4): 481-500.

[23] HASSELMANN S, HASSELMANN K, ALLENDER J H, et al. Computations and parameterizations of the nonlinear energy transfer in a gravity-wave specturm. Part II: Parameterizations of the nonlinear energy transfer for application in wave models[J]. Journal of Physical Oceanography, 1985, 15(11): 1378-1391.

[24] RESIO D, PERRIE W. A numerical study of nonlinear energy fluxes due to wave-wave interactions Part 1. Methodology and basic results[J]. Journal of Fluid Mechanics, 1991, 223: 603-629.

[25] TOLMAN H L, CHALIKOV D. Source terms in a third-generation wind wave model[J]. Journal of Physical Oceanography, 1996, 26(11): 2497-2518.

[26] LIU Y, SU M Y, YAN X H, et al. The mean-square slope of ocean surface waves and its effects on radar backscatter[J]. Journal of atmospheric and oceanic technology, 2000, 17(8): 1092-1105.

[27] CHEN P, ZHENG G, HAUSER D, et al. Quasi-Gaussian probability density function of sea wave slopes from near nadir Ku-band radar observations[J]. Remote sensing of environment, 2018, 217: 86-100.

[28] MILGRAM J H, SKOP R A, PELTZER R D, et al. Modeling short sea wave energy distributions in the far wakes of ships[J]. Journal of Geophysical Research: Oceans, 1993, 98(C4): 7115-7124.

[29] FUJIMURA A, SOLOVIEV A, RHEE S H, et al. Coupled model simulation of wind stress effect on far wakes of ships in SAR images[J]. IEEE Transactions on Geoscience and Remote Sensing, 2016, 54(5): 2543-2551.

第4章
泡沫流尾迹

　　当舰船在海面上航行时，在船后几个船长的区域内会形成一条含有大量气泡的泡沫流尾迹，在 SAR 图像中表现为小范围内的强散射区域。泡沫流尾迹中的气泡主要来自舰船运动产生的波浪破碎和飞溅、螺旋桨转动产生的空化现象和空气掺杂等。这些气泡由船体或螺旋桨与海面的相互作用产生，并和舰船尾迹的初段混杂在一起，也被称作湍流泡沫尾迹。此外，海洋背景中也天然存在一些泡沫，它们是由大气和海浪相互作用产生的气泡与水的混合物，特别是当风速超过 7m/s 时，海浪中会发生普遍的波浪破碎并在波峰上覆盖大量的泡沫，称为白浪（Whitecap）。海面白浪的多寡主要依赖于本地的海情和气候状况，当风速达到 25m/s 时，1/3 的海面都会被白浪所覆盖。通常情况下，泡沫流尾迹中的气泡分布更为集中，且气泡密度明显高于海洋背景中白浪的气泡密度，泡沫中包含了大量的空气，占总体积的 94%～97%，平均半径在 μm～mm 量级。尽管泡沫流尾迹与海洋背景白浪的产生机制和特性有所差异，但两者的基本气泡粒子的大小相似，就微波波段的电磁散射而言，两者在雷达观测下都会产生强烈的散射，均属于体散射问题。因此，本章参照海面白浪的处理方式，对基本球形气泡粒子的散射特性进行计算，并利用体散射的矢量辐射输运理论（Vector Radiation Transport，VRT）方法，对泡沫流尾迹的散射特性进行分析。

4.1　泡沫流尾迹的理论基础

4.1.1　泡沫层反射率

　　基于电磁波理论中分层介质的反射和透射理论[1]，对于两层介质，当入射波垂直入射时，第二介质的厚度 d_2 可以看作无限大，且 $|r_1/r_0|\gg1$，

$|r_2 / r_0| \gg 1$，r_i $(i = 0, 1, 2)$ 为每层的传播常数，分别对应空气层、泡沫层和无限深海水层。

定义反射系数等于两介质层的分界面处的反射电矢量与入射电矢量之比[2]，即

$$R = \frac{\eta_0 - Q\eta_1}{\eta_0 + Q\eta_1} \tag{4-1}$$

这里的 R 为两介质层的总反射系数，$\eta_0 = \sqrt{\mu_0 / \varepsilon_0}$ 为真空中的波阻抗，约为 377Ω，其他参数定义为

$$\eta_1 = \frac{r_1}{\sigma_1 + i\varepsilon_1\omega} \tag{4-2}$$

$$Q = \frac{r_1/r_2 + \tanh(r_1 d_1)}{1 + (r_1/r_2)\tanh(r_1 d_1)} \tag{4-3}$$

$$r_1 = \sqrt{\varepsilon_1\mu_1\omega^2 + i\sigma_1\mu_1\omega} \tag{4-4}$$

$$r_2 = \sqrt{\varepsilon_2\mu_2\omega^2 + i\sigma_2\mu_2\omega} \tag{4-5}$$

其中，$\omega = 2\pi f$ 是电磁波角频率，d_1 为第一层介质泡沫的厚度。

可以看出总反射系数为复数，为了研究问题的方便，给出实反射率的定义：

$$\Gamma = |R|^2 \tag{4-6}$$

通常情况下可以将各层介质的磁导率设为 μ_0，则介质层中的介电常数 $\varepsilon_i = \varepsilon_0\varepsilon_i^r$，这里的相对介电常数 $\varepsilon_i^r = \varepsilon_i' + i\varepsilon_i'' = \varepsilon_i' + i\dfrac{\sigma_i}{\omega}$，代入式（4-7），

$$\eta_1 = \frac{r_1}{\omega\varepsilon_0(\varepsilon_1'' - i\varepsilon_1')} \tag{4-7}$$

$$r_1 = \frac{2\pi}{\lambda}\sqrt{(\varepsilon_1' + i\varepsilon_1'')} = \frac{2\pi}{\lambda}\sqrt{\varepsilon_1^r} \tag{4-8}$$

$$r_2 = \frac{2\pi}{\lambda}\sqrt{(\varepsilon_2' + i\varepsilon_2'')} = \frac{2\pi}{\lambda}\sqrt{\varepsilon_2^r} \tag{4-9}$$

本节主要研究第二层介质是海水的情况，由于海水溶解了多种有机盐类、有机物质和气体。溶解物中以 NaCl 最多，除盐度外，海水的介电常数还与海水的温度有关，Ulaby 等人在 1986 年给出了海水相对介电常数的 Debye 表达式：

$$\varepsilon_2^r = \left[\varepsilon_\infty + \frac{\varepsilon_s - \varepsilon_\infty}{1+(\omega\tau)^2} \right] + i\left[\frac{(\varepsilon_s - \varepsilon_\infty)\omega\tau}{1+(\omega\tau)^2} + \frac{\sigma_i}{\omega\varepsilon_0} \right] \tag{4-10}$$

式中，ε_∞ 为水在高频极限时的介电常数，τ 为海水的弛豫时间，且有

$$\varepsilon_\infty = 4.9 \tag{4-11}$$

$$\begin{aligned}
\varepsilon_s =\ & 87.336049 - 0.34438426S + 0.00063045524S^2 - 0.39006802T + \\
& 0.00068027202T^2 + 0.0023219663ST - 0.0000983717222S^2T + \\
& 0.000000099566511S^2T^2 - 0.000012220827ST^2
\end{aligned} \tag{4-12}$$

$$\begin{aligned}
\tau =\ & 0.85222905S - 0.000135394S^2 + 0.0040478859111T + \\
& 0.0000277251188T^2 + 0.003255122ST - 0.00000733296722S^2T + \\
& 0.0000000549132477S^2T^2 - 0.00000883166144ST^2
\end{aligned} \tag{4-13}$$

$$\begin{aligned}
\sigma_i =\ & 0.08522905S - 0.00013594S^2 + 0.0040478859111T + \\
& 0.000027351188T^2 + 0.003255122ST - 0.00000733296722S^2T + \\
& 0.0000000549132477S^2T^2 - 0.00000883166144ST^2
\end{aligned} \tag{4-14}$$

其中，S 为海水盐度，通常用每千克海水的含盐克数表示(‰)，T 为海水温度(°C)。

将泡沫作为第一层介质，它是由海水构成的多孔物质，泡沫的相对介电常数用海水的相对介电常数可表示为

$$\varepsilon_1^r = \varepsilon_2^r \left[1 - \frac{3V(\varepsilon_2 - 1)}{2\varepsilon_2 + 1 + V(\varepsilon_2 - 1)} \right] \tag{4-15}$$

式中，$\varepsilon_2 = \varepsilon_0 \varepsilon_2^r$，$V$ 是泡沫中空气的体积含量（泡沫占空比）。

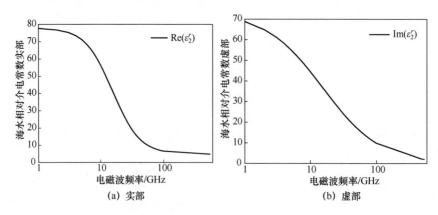

图 4-1　微波频段海水复相对介电常数

图 4-1 给出了某海域海水复相对介电常数在微波频段的变化情况。计算

取盐度值 32.54‰，海水温度 25℃。从图中可以看出，在 1～10GHz 内介电常数的实部随着入射频率的增大而缓慢减小，之后急剧下降；而虚部则随微波频率的增大而均匀减小。

图 4-2 给出了不同温度和频率条件下，泡沫反射率随泡沫层厚度的变化曲线。仿真设定海水盐度 $S = 32.54$ ‰，泡沫占空比 $V = 97\%$，电磁波入射频率 $f = 13.9$GHz，海水相对介电常数为 $\varepsilon_2^r = (43.18, 36.95)$，对应的泡沫相对介电常数为 $\varepsilon_1^r = (1.877, 0.774)$。从图 4-2(a) 可以看出，没有泡沫时，反射率达到 0.61；而当泡沫厚度超过 0.5cm 时，反射率低于 0.15。图中的曲线振荡可以解释为泡沫的谐振吸收。同时，泡沫层反射率随温度的变化不是很明显。海面反射率随泡沫层厚度的增加快速下降，即海面在一定风速下会产生泡沫，风速越大，泡沫的覆盖厚度越大，海面越粗糙，反射率越低，泡沫层的散射效应增强。从图 4-2(b) 可以看出，随着微波频率的增大，泡沫层的反射越来越弱，对应的泡沫层的散射效应会越来越强。

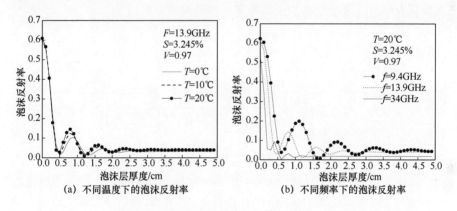

(a) 不同温度下的泡沫反射率　　　(b) 不同频率下的泡沫反射率

图 4-2　泡沫反射率随泡沫层厚度的变化曲线

4.1.2　泡沫覆盖率

早在 20 世纪 60 年代初人们就开始对海洋泡沫进行观测研究，直至 70 年代末，观测研究的重要内容集中于白浪覆盖率与风速的关系。对泡沫的传统观测主要靠在船上或岸边用照相机拍摄海面，然后通过获得的照片预估泡沫覆盖率。为了从较低的高度进行大面积的海面拍摄，往往不是将照相机的镜头正对海面，而是将镜头斜置，镜头方向与重力方向有一个较大的仰角，这就导致所拍摄的海面比例尺不均匀。在从照片上读取数据时，先按远近对海面进行分段处理然后取平均，由此产生了较大的误差[3,4]。另外，由于实际的海浪破碎发生在波浪的迎风面，镜头的倾斜也导致拍摄到的泡沫依赖于镜头的角度和风向。为了得到较为准确的泡沫覆盖率，国内学者徐德伦等人[5]通过渤海 8 号海上采油平台的吊臂，将照相机固定在距平台 45m 高处，使镜头沿垂直海面方向拍摄到面积 80m×80m，比例尺均匀的海面。并在同样的风速下进行多次拍摄，将从样本照片获得的泡沫覆盖率数据进行平均，获得相对准确的泡沫覆盖率数据。

通过大量的海上观测试验，Blanchard[3]第一次给出泡沫覆盖率 C_w 与距离海面高度 10m 处的平均风速 U_{10} 的经验公式：

$$C_w = 4.4 \times 10^{-4} U_{10}^2 \tag{4-16}$$

Wu[6]出于风浪破碎时能量平衡的物理考虑，拟合了一个经验公式：

$$C_w = 1.7 \times 10^{-6} U_{10}^{3.75} \tag{4-17}$$

Wu 建议将泡沫覆盖率与风摩擦速度联系起来，但由于没有海洋泡沫与摩擦风速的同步测量数据，他将测量数据中的 U_{10} 通过与阻力系数的经验公式换算为摩擦风速 u_*，再加上物理考虑和数据拟合得到[7]

$$C_w = 0.2 \times 10^{-6} u_*^3 \tag{4-18}$$

不难发现，以上公式都正比于风速的幂次，因此，这些公式称为泡沫覆盖率的幂次率。事实上，由于波浪破碎的复杂性，通过上述观测方式所得数据的方差巨大，导致同样的风速下泡沫覆盖率相差最多可达两个数量级，各经验公式的预估结果存在较大的差异。

为了给出一个泡沫覆盖率的理论模式，Xu[8]认为波浪破碎不仅依赖于风速，还依赖于风区，他利用 Snyder 和 Kennedy 的水质点向下加速度概率分布函数和波浪破碎的动力学判据[9]，结合 JONSWAP 海谱作为模拟海浪，给出了如下公式：

$$\psi(z) = \frac{1}{\sqrt{2\pi}} \int_{-\infty}^{z} e^{-y^2/2} dy \tag{4-19}$$

$$C_w = 1 - \psi(0.29\tilde{x}^{0.25}) \tag{4-20}$$

这里的 $\tilde{x}$ 为 JONSWAP 海谱的无因次风区，表示为 $\tilde{x} = gx/U_{10}^2$，x 是风区。

图 4-3 给出了 JONSWAP 海谱下，不同风区对应的泡沫覆盖率，从图中可以看出，泡沫覆盖率不仅与风速有关，而且还与风区有密切的关系，同一风速下，风区越大，泡沫覆盖率越小；而同一风区下，泡沫覆盖率随着风速的增大而增大。

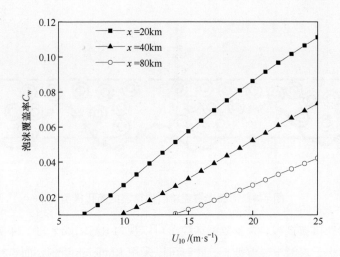

图 4-3　JONSWAP 海谱下不同风区的泡沫覆盖率与风速的关系

4.2　泡沫海面的体散射统计模型

4.2.1　球形气泡的电磁散射特性

对于实际海面，特别是高海情或者有舰船运动时，海面由随机表面和波浪破碎形成的泡沫覆盖组成。迄今为止，能同时考虑粗糙海面散射和泡沫粒子散射的研究仍不充分，缺乏一种公认的完善技术模型。在处理泡沫体散射的问题上，Droppleman[10]使用了平坦海面上一层具有泡沫层的均匀介质模型，Rosenkratz 等人[11]用平行分层的多层薄膜模型来估计泡沫层对辐射亮度的影响；金亚秋等人[12,13]提出了一种双尺度随机粗糙面上附着一层球形散射粒子的模型。然而，现实海面上的散射情形更为复杂，同时受到随机的海面风浪，卷曲的破碎波，飞溅的水滴和各种尺度气泡等因素的影响。

假设泡沫半径远小于电磁波长，采用海面上覆盖单层均匀泡沫层的简化模型，如图 4-4 所示。σ_i 和 ε_i（$i = 0,1,2$）分别为空气、泡沫、海水的电导率和相对介电常数。图中的 d 为泡沫层的厚度，为 cm 量级。泡沫粒子的半径为 a，泡沫层下面是双尺度的海面。

设海面泡沫覆盖率为 C_w，则海面总散射系数可以表示为

$$\sigma_{pq}(\theta_i,\phi_i;\theta_s,\phi_s) = C_w\sigma_{pq}^{\text{Foam}}(\theta_i,\phi_i;\theta_s,\phi_s) + (1 - C_w)\sigma_{pq}^{\text{sea}}(\theta_i,\phi_i;\theta_s,\phi_s) \quad （4-21）$$

式中，$\sigma_{pq}^{\text{Foam}}$ 表示泡沫区域的体散射分量，而 σ_{pq}^{sea} 表示纯海面的面散射分量。

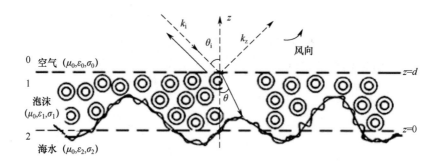

图 4-4 海面上覆盖单层泡沫层的简化模型

由于在微波波段，大多数泡沫粒子可以视为 Rayleigh 粒子，即粒子的几何尺寸远小于入射电磁波波长，此时可以采用 Rayleigh 近似。而当粒子的大小与波长接近时，就必须严格采用 Mie 散射理论来精确求解粒子内、外场的波动方程[14]。需要说明的是，Mie 散射理论其实也同时适用于粒子很小的 Rayleigh 散射和粒子很大的几何光学散射，但是由于 Mie 散射理论将散射强度的角度分布以级数解的形式表达，当粒子较大时，级数的值收敛较慢。若将 Mie 散射理论应用于 a/λ 超过 100 的粒子时，计算工作将会变得相当复杂。

为了研究问题方便，我们选择球坐标系完成气泡粒子的电磁散射建模。图 4-5 给出了球形气泡散射示意图，其中，气泡半径 R 为 a，θ 和 φ 分别是散射天顶角和散射方位角，$\theta = 0°$ 表示沿电磁波传播的方向，即前向散射，而 $\theta = 180°$ 为后向散射。考虑平面电磁波沿 z 轴方向入射，且电场强度极化方向沿 x 轴方向，并将单位矢量 $\hat{e}_x$ 沿球坐标系的单位矢量 $(\hat{e}_r, \hat{e}_\theta, \hat{e}_\varphi)$ 进行展开，即

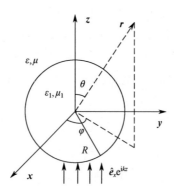

图 4-5 球形气泡散射示意图

$$E_i = E_0 e^{ikr\cos\theta}\hat{e}_x \tag{4-22}$$

$$\hat{e}_x = \sin\theta\cos\varphi\hat{e}_r + \cos\theta\cos\varphi\hat{e}_\theta - \sin\varphi\hat{e}_\varphi \tag{4-23}$$

令球内的场为 E_1 和 H_1，球外的散射场为 E_s 和 H_s，分别将入射场、球内场和散射场用矢量球谐函数展开，即

$$E_i = \sum_{n=1}^{\infty} E_n (M_{o1n}^{(1)} - iN_{e1n}^{(1)}) \tag{4-24}$$

$$H_i = -\frac{k}{\omega\mu}\sum_{n=1}^{\infty} E_n (M_{e1n}^{(1)} - iN_{o1n}^{(1)}) \tag{4-25}$$

$$E_1 = \sum_{n=1}^{\infty} E_n (c_n M_{o1n}^{(1)} - id_n N_{e1n}^{(1)}) \tag{4-26}$$

$$H_1 = -\frac{k}{\omega\mu}\sum_{n=1}^{\infty} E_n (d_n M_{e1n}^{(1)} - ic_n N_{o1n}^{(1)}) \tag{4-27}$$

$$E_s = \sum_{n=1}^{\infty} E_n (ia_n N_{e1n}^{(3)} - b_n M_{o1n}^{(3)}) \tag{4-28}$$

$$H_s = \frac{k}{\omega\mu}\sum_{n=1}^{\infty} E_n (ib_n N_{o1n}^{(3)} + a_n M_{e1n}^{(3)}) \tag{4-29}$$

其中，

$$E_n = i^n E_0 (2n+1)/(n^2+n) \tag{4-30}$$

矢量球谐函数 $M_{e1n}^{(1)}$，$M_{o1n}^{(1)}$，$N_{e1n}^{(1)}$ 和 $N_{o1n}^{(1)}$ 应该满足以下条件：（1）确保当气泡半径 R 趋近于 0 时，内场的值为有限大。此时，我们选择第一类球贝塞尔函数 $j_n(kr)$ 作为矢量球谐函数的构造函数。（2）对于散射场来说，要保证在无穷远处收敛。此时应选择第一类汉克尔函数 $h_n^{(1)}(kr)$ 作为构造函数，其理由是，第一类汉克尔函数的近似形式对应向外传播的球面波，而第二类汉克尔函数对应向内传播的球面波。根据其物理意义，在距球足够远处观测，散射场为从球处向外传播的电磁波，因此只有函数 $h_n^{(1)}(kr)$ 是合适的。

根据气泡球面($R=a$)的边界条件，即满足场值的切向连续性，则有：

$$E_{i\theta} + E_{s\theta} = E_{1\theta} \tag{4-31}$$

$$H_{i\theta} + H_{s\theta} = H_{1\theta} \tag{4-32}$$

$$E_{i\varphi} + E_{s\varphi} = E_{1\varphi} \tag{4-33}$$

$$H_{i\varphi} + H_{s\varphi} = H_{1\varphi} \tag{4-34}$$

基于三角函数和角函数的正交性，可以获得场值系数所满足的线性方程组，即

$$\begin{cases} j_n(mx)c_n + h_n^{(1)}(x)b_n = j_n(x) \\ \mu[mxj_n(mx)]'c_n + \mu_1[xh_n^{(1)}(x)]'b_n = \mu_1[xj_n(x)]' \\ \mu mj_n(mx)d_n + \mu_1 h_n^{(1)}(x)a_n = \mu_1 j_n(x) \\ [mxj_n(mx)]'d_n + m[xh_n^{(1)}(x)]'a_n = m[xj_n(x)]' \end{cases} \qquad (4\text{-}35)$$

由此可以获得散射场的系数

$$a_n = \frac{\mu m^2 j_n(mx)[xj_n(x)]' - \mu_1 j_n(x)[mxj_n(mx)]'}{\mu m^2 j_n(mx)[xh_n^{(1)}(x)]' - \mu_1 h_n^{(1)}(x)[mxj_n(mx)]'} \qquad (4\text{-}36)$$

$$b_n = \frac{\mu_1 j_n(mx)[xj_n(x)]' - \mu j_n(x)[mxj_n(mx)]'}{\mu_1 j_n(mx)[xh_n^{(1)}(x)]' - \mu h_n^{(1)}(x)[mxj_n(mx)]'} \qquad (4\text{-}37)$$

内场的系数

$$c_n = \frac{\mu j_n(x)[xh_n^{(1)}(x)]' - \mu_1 h_n^{(1)}(x)[xj_n(x)]'}{\mu_1 j_n(mx)[xh_n^{(1)}(x)]' - \mu h_n^{(1)}(x)[mxj_n(mx)]'} \qquad (4\text{-}38)$$

$$d_n = \frac{\mu_1 m j_n(x)[xh_n^{(1)}(x)]' - \mu_1 m h_n^{(1)}(x)[xj_n(x)]'}{\mu m^2 j_n(mx)[xh_n^{(1)}(x)]' - \mu_1 h_n^{(1)}(x)[mxj_n(mx)]'} \qquad (4\text{-}39)$$

这里的 $m = k_1/k$，k 和 k_1 分别是入射场和内场对应的波数，$x = ka = \dfrac{2\pi}{\lambda}a$。

利用式（4-36）和式（4-37）可以求得散射截面 σ_s、衰减截面（又称消光截面）σ_e 和吸收截面 σ_a，量纲均为 m^2，有

$$\sigma_s = \frac{2\pi}{k^2}\sum_{n=1}^{\infty}(2n+1) \times (|a_n|^2 + |b_n|^2) \qquad (4\text{-}40)$$

$$\sigma_e = \frac{2\pi}{k^2}\sum_{n=1}^{\infty}(2n+1) \times \mathrm{Re}(a_n + b_n) \qquad (4\text{-}41)$$

$$\sigma_a = \sigma_e - \sigma_s \qquad (4\text{-}42)$$

将式（4-40）~式（4-42）均除以球体几何截面积 πa^2 就可以得到散射效率因子 Q_s、衰减效率因子（或消光效率因子）Q_e 和吸收效率因子 Q_a，且都为无量纲。对于这 3 个量，本质上都对应着相应的能量。从物理意义上来看，电磁波入射到粒子上时，能量进行了重新分配，衰减掉 Q_e 对应的能量，一部分被粒子散射，即 Q_s，另一部分是吸收能量，即 Q_a，这部分能量包括粒子本身的吸收和背景介质的吸收。需要指出的是，粒子是否具有吸收作用，通常是由粒子的介电常数决定的，如果介电常数是实数的话，粒子只会散射不会吸收，此时 $Q_e = Q_s$；而如果介电常数是复数的话，才会发生吸

收现象。图 4-6 给出了衰减效率因子、散射效率因子和吸收效率因子随尺寸参数 ka 的变化曲线，其中，图 4-6(a)采用频率 $f = 13.9$GHz 下泡沫粒子的相对介电常数 $\varepsilon_1^r = (1.877, 0.774)$，而图 4-6(b)作为无吸收情况时的对比，选择实相对介电常数 $\varepsilon_1^r = 1.33$。不难发现，图中所示的规律与我们前面描述的基本一致。

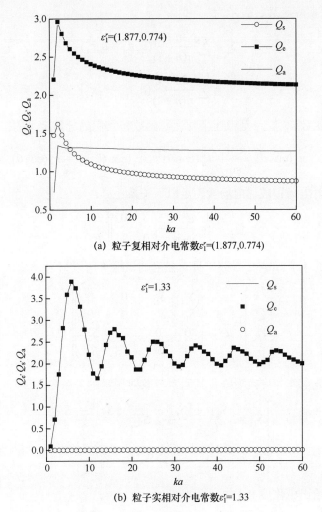

(a) 粒子复相对介电常数 ε_1^r=(1.877,0.774)

(b) 粒子实相对介电常数 ε_1^r=1.33

图 4-6　衰减效率因子、散射效率因子和吸收效率因子随尺寸参数 ka 的变化曲线

4.2.2　散射矩阵

矢量辐射输运理论描述了矢量场空间内的输运关系，其中电磁波极化状态的散射矩阵和 Stokes 参数非常重要，以入射电场和散射电场来进行描

述，即

$$E_{s\theta} = E_0 \frac{\mathrm{i}e^{\mathrm{i}kr}}{kr} \cos\varphi S_2(\cos\theta) \qquad (4\text{-}43)$$

$$E_{s\varphi} = -E_0 \frac{\mathrm{i}e^{\mathrm{i}kr}}{kr} \sin\varphi S_1(\cos\theta) \qquad (4\text{-}44)$$

S_1 和 S_2 是振幅函数，表示为

$$S_1 = \sum_n \frac{2n+1}{n(n+1)}(a_n\pi_n + b_n\tau_n) \qquad (4\text{-}45)$$

$$S_2 = \sum_n \frac{2n+1}{n(n+1)}(a_n\tau_n + b_n\pi_n) \qquad (4\text{-}46)$$

其中，角函数 π_n 和 τ_n 是由连带勒让德函数和它们的导数定义的：

$$\pi_n(\cos\theta) = \frac{1}{\sin\theta}P_n^1(\cos\theta) , \quad \tau_n(\cos\theta) = \frac{\mathrm{d}}{\mathrm{d}\theta}P_n^1(\cos\theta) \qquad (4\text{-}47)$$

这样，入射电场和散射电场就满足以下关系：

$$\begin{pmatrix} E_{/\!/\mathrm{s}} \\ E_{\perp\mathrm{s}} \end{pmatrix} = \frac{e^{\mathrm{i}k(r-z)}}{-\mathrm{i}kr} \begin{pmatrix} S_2 & 0 \\ 0 & S_1 \end{pmatrix} \begin{pmatrix} E_{/\!/\mathrm{i}} \\ E_{\perp\mathrm{i}} \end{pmatrix} \qquad (4\text{-}48)$$

单个粒子的 4 个 Stokes 参数（具有强度的量纲）可以写为

$$\begin{pmatrix} I_\mathrm{s} \\ Q_\mathrm{s} \\ U_\mathrm{s} \\ V_\mathrm{s} \end{pmatrix} = \frac{1}{k^2r^2} \begin{pmatrix} S_{11} & S_{12} & 0 & 0 \\ S_{12} & S_{11} & 0 & 0 \\ 0 & 0 & S_{33} & S_{34} \\ 0 & 0 & -S_{34} & S_{33} \end{pmatrix} \begin{pmatrix} I_\mathrm{i} \\ Q_\mathrm{i} \\ U_\mathrm{i} \\ V_\mathrm{i} \end{pmatrix} \qquad (4\text{-}49)$$

这里的系数矩阵为变换矩阵，其元素与散射振幅的关系为

$$\begin{cases} S_{11} = \dfrac{|S_2|^2 + |S_1|^2}{2}, \quad S_{12} = \dfrac{|S_2|^2 - |S_1|^2}{2} \\ S_{33} = \dfrac{S_1 S_2^* + S_2 S_1^*}{2}, \quad S_{34} = \mathrm{i}\dfrac{S_1 S_2^* - S_2 S_1^*}{2} \end{cases} \qquad (4\text{-}50)$$

此外给出极化度 Pol 的定义，即

$$\mathrm{Pol} = -\frac{S_{12}}{S_{11}} = \frac{|S_1|^2 - |S_2|^2}{|S_1|^2 + |S_2|^2} \qquad (4\text{-}51)$$

图 4-7 给出了确定尺寸参数（$ka = 5.213$）的单球粒子对应的相函数 S_{11}、对数相函数 $\log(S_{11})$ 和极化度 Pol 随散射角 θ 的变化情况。从图中可以看到，极化度在前向（$\theta = 0°$）和后向（$\theta = 180°$）均为零，此时类似于光学中的自然光，

即非偏振光。而在有些散射角处，极化度的绝对值接近于 1，这就类似于光学中的完全偏振光，其他方向就类似于部分偏振光。另外，从图 4-7(b)可以看出，具有实介电常数的粒子，不光在前向散射最强，其后向散射也十分明显。与之对比的是，图 4-7(c)和图 4-7(d)给出了复介电常数粒子的对数相函数，从图中发现，后向散射较弱，并且随着介电常数虚部的增大而稍微有些上升，合理的解释是，实介电常数的粒子不会发生能量吸收，而复介电常数的粒子会发生能量吸收。

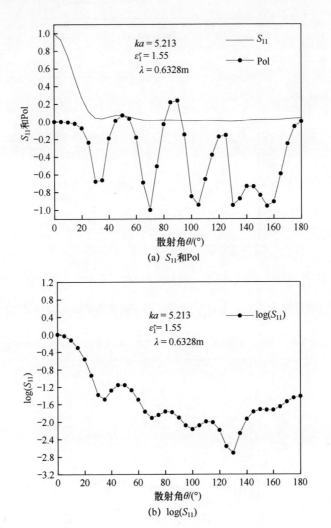

(a)　S_{11}和Pol

(b)　$\log(S_{11})$

图 4-7　单球粒子的 S_{11}、$\log(S_{11})$ 和 Pol 随 θ 的变化情况（ka=5.213）

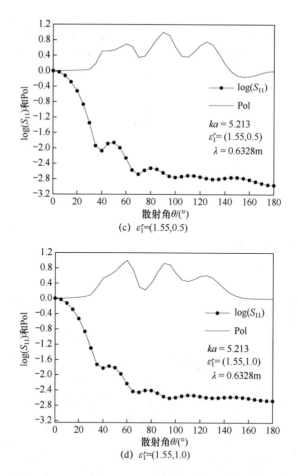

图 4-7 单球粒子的 S_{11}、$\log(S_{11})$ 和 Pol 随 θ 的变化情况（ka=5.213）（续）

此外，图4-8给出了不同尺寸参数粒子的 $\log(S_{11})$ 和 Pol 随 θ 的变化关系。

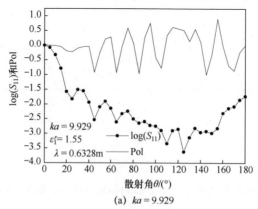

图 4-8 不同尺寸参数粒子的 $\log(S_{11})$ 和 Pol 随 θ 的变化关系

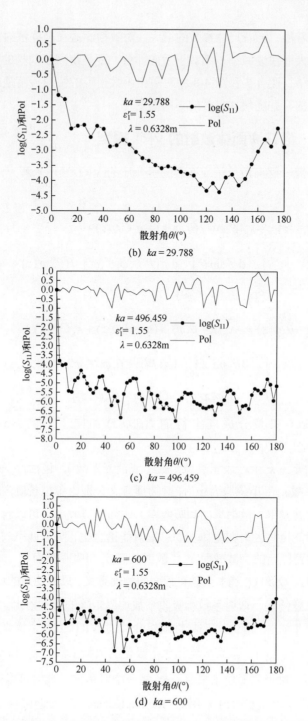

(b) $ka = 29.788$

(c) $ka = 496.459$

(d) $ka = 600$

图 4-8　不同尺寸参数粒子的 $\log(S_{11})$ 和 Pol 随 θ 的变化关系（续）

从图中可以看出，随着尺寸参数的增大，对数相函数在前向散射范围内随着散射角的增大而快速减小；而对于后向部分，还是出现了明显的散射增强。需要说明的是，图 4-7 和图 4-8 中对数相函数出现的快速振荡是由粒子的干涉效应产生的，并随尺寸参数的不同而变化。

4.2.3 泡沫海面体散射的 VRT 模型

本节研究一层离散粒子或连续随机介质的 VRT 通用求解方法，VRT 方程可以写为

$$\cos\theta \frac{\mathrm{d}}{\mathrm{d}z}\overline{I}(\theta,\varphi,z) = -\overline{\overline{\kappa}}_e(\theta,\varphi)\cdot\overline{I}(\theta,\varphi,z) + \kappa_a C\overline{T_1}(z) +$$

$$\int_0^{\pi/2}\mathrm{d}\theta'\sin\theta'\int_0^{2\pi}\mathrm{d}\varphi'[\overline{\overline{P}}(\theta,\varphi;\theta',\varphi')\cdot\overline{I}(\theta',\varphi',z) + \quad (4\text{-}52)$$

$$\overline{\overline{P}}(\theta,\varphi;\pi-\theta',\varphi')\cdot\overline{I}(\pi-\theta',\varphi',z)] -$$

$$\cos\theta \frac{\mathrm{d}}{\mathrm{d}z}\overline{I}(\pi-\theta,\varphi,z) = -\overline{\overline{\kappa}}_e(\pi-\theta,\varphi)\cdot\overline{I}(\pi-\theta,\varphi,z) + \kappa_a C\overline{T_1}(z) +$$

$$\int_0^{\pi/2}\mathrm{d}\theta'\sin\theta'\int_0^{2\pi}\mathrm{d}\varphi'[\overline{\overline{P}}(\pi-\theta,\varphi;\theta',\varphi')\cdot\overline{I}(\theta',\varphi',z) + \quad (4\text{-}53)$$

$$\overline{\overline{P}}(\pi-\theta,\varphi;\pi-\theta',\varphi')\cdot\overline{I}(\pi-\theta',\varphi',z)]$$

其中，Stokes 矢量分成向上行的 $\overline{I}(\theta,\varphi,z)$ 和向下行的 $\overline{I}(\pi-\theta,\varphi,z)$ ，$0\leqslant\theta\leqslant\pi/2$ 。

这里的 $\kappa_e = \kappa_s + \kappa_a$ 表示衰减系数（或消光系数），包括粒子的散射系数 κ_s 和吸收系数 κ_a ，单位均为 m^{-1} 。其物理意义分别为单位长度内粒子对电磁辐射能量的衰减率、散射率的和吸收率。比如说吸收率，可以解释为粒子吸收的总辐射能量与入射在物体上的总辐射能量之比，另外两个与之相似。这 3 个量与前面提到的衰减截面 σ_e 、散射截面 σ_s 和吸收截面 σ_a ，以及相应的效率因子 Q_e 、Q_s 和 Q_a 基本上具有相同的物理意义，只是使用的场合不一样。

需要注意的是，散射系数和吸收系数均以矩阵的形式给出。其原因是，对于一般的非球形粒子或各向异性随机介质的 VRT 方程，消光系数是一个 4×4 的矩阵 $\overline{\overline{\kappa}}_e(\theta,\varphi)$ ，垂直极化和水平极化的散射系数（ κ_{sv} 和 κ_{sh} ）是不相等的。然而，对于球形粒子来说，$\overline{\overline{\kappa}}_e$ 是一个对角阵，此时可以简写为 κ_e 。热发射源强度项 $\kappa_a C\overline{T_1}(z)$ 采用了 Rayleigh-Jeans 低频近似条件，这里的 $C = B\varepsilon_1^r/\lambda^2$ ，B 为 Boltzmann 常数，λ 为自由空间中的波长，$\overline{T_1}$ 为物理温度。在主动（有入射波）的 VRT 方程中，$\kappa_a C\overline{T_1}(z)$ 作为热噪声予以忽略。$\overline{\overline{P}}$

为 VRT 方程中描述多次散射的相矩阵。

对应图 4-4 的平行分层粗糙海面界面，在区域 0 中入射波以 $(\pi - \theta_i, \varphi_i)$ 入射到平坦界面 $z = d$ 上，相应的 VRT 方程的边界条件可写成

$$\bar{I}(\pi - \theta, \varphi, z = d) = \bar{I}_{0i}\delta(\cos\theta - \cos\theta_i)\delta(\varphi - \varphi_i) \tag{4-54}$$

$$\bar{I}(\theta, \varphi, z = 0) = \int_0^{\pi/2}\mathrm{d}\theta'\sin\theta' \cdot \int_0^{2\pi}\mathrm{d}\varphi'\bar{\bar{R}}(\theta, \varphi; \theta', \varphi') \cdot \bar{I}(\pi - \theta', \varphi', z = 0) \tag{4-55}$$

其中 θ、φ 定义在区域 1 中，$(0 \leqslant \theta \leqslant \pi/2)$，$\bar{I}_{0i}$ 为入射波的强度，$\bar{\bar{R}}$ 是 $z = 0$ 处粗糙界面的双站散射率矩阵，其中元素 $\bar{\bar{R}}_{pq}(\theta, \varphi; \theta', \varphi')$ 可表示如下（p, q 表示极化类型）：

$$\bar{\bar{R}}_{pq}(\theta, \varphi; \theta', \varphi') = \frac{1}{4\pi}\gamma_{pq}(\theta_s, \pi; \theta', \varphi')\frac{\cos\theta'}{\cos\theta} \tag{4-56}$$

式中，双站散射系数 γ_{pq} 定义为[15]

$$\gamma_{pq}(\theta, \varphi; \theta', \varphi') = \frac{4\pi\cos\theta_s I_{sp}(\theta, \varphi)}{\cos\theta_i I_{0iq}(\theta_i, \varphi_i)} \tag{4-57}$$

这里的 I_{0iq} 为入射波的强度，I_{sp} 为 p 极化的区域 0 或区域 2 中的散射强度。

对于一层球形粒子的主动 VRT 方程，$\bar{\bar{\kappa}}_e$ 可以简写为消光系数 κ_e，同时，热发射源强度项 $\kappa_a C\bar{T}_1(z)$ 也可以忽略，此时，式（4-52）和式（4-53）可以改写成如下积分方程的形式[15]。

$$\begin{cases} \bar{I}(\theta, \varphi, z) = \sec\theta\,\mathrm{e}^{\kappa_e z\sec\theta}\int_z^d\mathrm{d}z'\mathrm{e}^{\kappa_e z'\sec\theta}\int_0^{2\pi}\mathrm{d}\varphi'\left\{\bar{\bar{P}}(\theta, \varphi; \theta', \varphi') \cdot \bar{I}(\theta', \varphi', z) + \right. \\ \qquad \left. \bar{\bar{P}}(\theta, \varphi; \pi - \theta', \varphi') \cdot \bar{I}(\pi - \theta', \varphi', z)\right\} + \bar{A}(\theta, \varphi)\sec\theta\,\mathrm{e}^{\kappa_e z\sec\theta} \\ \bar{I}(\pi - \theta, \varphi, z) = \sec\theta\,\mathrm{e}^{-\kappa_e z\sec\theta}\int_z^d\mathrm{d}z'\mathrm{e}^{\kappa_e z'\sec\theta}\int_0^{2\pi}\mathrm{d}\varphi'\left\{\bar{\bar{P}}(\pi - \theta, \varphi; \theta', \varphi') \cdot \right. \\ \qquad \left. \bar{I}(\theta', \varphi', z) + \bar{\bar{P}}(\pi - \theta, \varphi; \pi - \theta', \varphi') \cdot \bar{I}(\pi - \theta', \varphi', z)\right\} + \\ \qquad \bar{B}(\theta, \varphi)\sec\theta\,\mathrm{e}^{-\kappa_e z\sec\theta} \end{cases} \tag{4-58}$$

式中，$\bar{A}(\theta, \varphi)$ 和 $\bar{B}(\theta, \varphi)$ 由式（4-58）代入边界条件式（4-54）和式（4-55）中得到。用迭代法求解积分 VRT 方程，不难得到 $\bar{I}(\theta, \varphi, z)$ 和 $\bar{I}(\pi - \theta, \varphi, z)$ 的零阶、一阶、二阶迭代解。在 $z = d$ 处向上行的零阶迭代解和一阶迭代解分别为

$$\bar{I}^0(\theta, \varphi, z = d) = \mathrm{e}^{-\kappa_e d(\sec\theta + \sec\theta_i)}\bar{\bar{R}}(\theta, \varphi; \theta', \varphi') \cdot \bar{I}_{0i} \tag{4-59}$$

$$\overline{I}^1(\theta,\varphi,z=d) = \frac{\sec\theta}{\kappa_e(\sec\theta+\sec\theta_i)}\left[1-e^{-\kappa_e d(\sec\theta+\sec\theta_i)}\right]\overline{\overline{P}}(\theta,\varphi;\pi-\theta_i,\varphi_i)\cdot\overline{I}_{0i}+$$

$$\int_0^{\pi/2}d\theta'\sin\theta'\int_0^{2\pi}d\varphi'\frac{\sec\theta}{\kappa_e(\sec\theta'-\sec\theta)}\left[1-e^{-\kappa_e d(\sec\theta'-\sec\theta)}\right]\overline{\overline{P}}(\theta,\varphi;\theta',\varphi')\cdot\overline{I}_{0i}\times$$

$$\overline{\overline{R}}(\theta',\varphi';\pi-\theta_i,\varphi_i)+\int_0^{\pi/2}d\theta'\sin\theta'\int_0^{2\pi}d\varphi'\frac{\sec\theta}{\kappa_e(\sec\theta'-\sec\theta)}\left[1-e^{-\kappa_e d(\sec\theta'-\sec\theta)}\right]\times$$

$$\overline{\overline{R}}(\theta,\varphi;\theta',\varphi')\cdot\overline{\overline{P}}(\pi-\theta',\varphi';\pi-\theta_i,\varphi_i)\cdot\overline{I}_{0i}e^{-\kappa_e d(\sec\theta+\sec\theta_i)}+$$

$$\int_0^{\pi/2}d\theta'\sin\theta'\int_0^{2\pi}d\varphi'\overline{\overline{R}}(\theta,\varphi;\pi-\theta',\varphi')\int_0^{\pi/2}d\theta''\sin\theta''\int_0^{2\pi}d\varphi''\times$$

$$\overline{\overline{P}}(\pi-\theta',\varphi';\theta'',\varphi'')\overline{\overline{R}}(\theta'',\varphi'';\theta_i,\varphi_i)\frac{\sec\theta'}{\kappa_e(\sec\theta'+\sec\theta'')}\times$$

$$\left[1-e^{-\kappa_e d(\sec\theta'+\sec\theta'')}\right]\cdot\overline{I}_{0i}e^{-\kappa_e d(\sec\theta+\sec\theta_i)}$$

（4-60）

零阶迭代解［式（4-59）］表示海面散射。一阶迭代解［式（4-60）］中第一项表示泡沫粒子的一次散射；第二、三项表示同时受到粒子和海面作用的一次散射；最后一项表示先由海面，到粒子，再由粒子反射到海面，最后从海面散射的二次散射。图 4-9 给出了零阶迭代解和一阶迭代解所描述的物理意义。

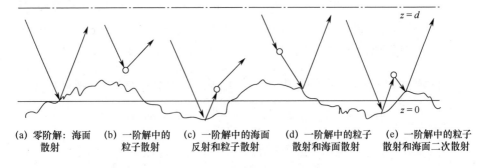

(a) 零阶解：海面   (b) 一阶解中的   (c) 一阶解中的海面   (d) 一阶解中的粒子   (e) 一阶解中的粒子
    散射   粒子散射   反射和粒子散射   散射和海面散射   散射和海面二次散射

图 4-9　零阶迭代解和一阶迭代解的物理意义

利用式（4-57）、式（4-59）和式（4-60）就可以得到泡沫覆盖区域的零阶和一阶双站散射系数($p,q=v,h$)：

$$\gamma_{pq}(\theta_s,\varphi_s;\theta_i,\varphi_i)=\gamma_{pq}^{(0)}(\theta_s,\varphi_s;\theta_i,\varphi_i)e^{-\kappa_e d(\sec\theta_i+\sec\theta_s)} \qquad （4-61）$$

$$\gamma_{pq}^{(1)}(\theta_s,\varphi_s;\theta_i,\varphi_i)=\frac{4\pi\cos\theta_s}{\kappa_e\cos\theta_i}e^{-\kappa_e d(\sec\theta_i+\sec\theta_s)}\times$$

$$\left\{P_{pq}(\theta_s,\varphi_s;\pi-\theta_i,\varphi_i)[e^{-\kappa_e d(\sec\theta_i+\sec\theta_s)}-1]+\right.$$

$$\int_0^{\pi/2} d\theta' \sin\theta' \int_0^{2\pi} d\varphi' \sum_{t=v,h} P_{pt}(\theta_s, \varphi_s; \theta', \varphi') \cdot R_{th}(\theta', \varphi'; \theta_i, \varphi_i) \times$$

$$\frac{\sec\theta_s}{\sec\theta' - \sec\theta_s} [1 - e^{-\kappa_e d(\sec\theta' + \sec\theta_s)}] +$$

$$\int_0^{\pi/2} d\theta' \sin\theta' \int_0^{2\pi} d\varphi' \sum_{t=v,h} R_{pt}(\theta_s, \varphi_s; \pi - \theta', \varphi') \cdot P_{tq}(\pi - \theta', \varphi'; \pi - \theta_i, \varphi_i) \times$$

$$\frac{\sec\theta'}{\sec\theta' - \sec\theta_i} [1 - e^{-\kappa_e d(\sec\theta' - \sec\theta_i)}] + \qquad (4\text{-}62)$$

$$\int_0^{\pi/2} d\theta' \sin\theta' \int_0^{2\pi} d\varphi' \sum_{t=v,h} R_{pt}(\theta_s, \varphi_s; \pi - \theta', \varphi') \int_0^{\pi/2} d\theta'' \sin\theta'' \int_0^{2\pi} d\varphi'' \times$$

$$\sum_{l=v,h} P_{tl}(\pi - \theta', \varphi'; \theta'', \varphi'') \cdot R_{lq}(\theta'', \varphi''; \theta_i, \varphi_i) \times$$

$$\frac{\sec\theta'}{\sec\theta' + \sec\theta''} \left[1 - e^{-\kappa_e d(\sec\theta' + \sec\theta'')} \right]$$

其中，$\gamma_{pq}^{(0)}$ 为无泡沫层时的海面双站散射系数。这里引入上标 0 来表示面散射，因子 $e^{-\kappa_e d(\sec\theta_i + \sec\theta_s)}$ 是海面散射强度通过厚度为 d 的离散粒子层的散射吸收的衰减值。

对于后向散射系数 σ_{pq}，它与海面双站散射系数 γ_{pq} 有如下关系，即

$$\sigma_{pq}(\theta_i, \varphi_i) = \gamma_{pq}(\theta_s = \theta_i, \varphi_s = \pi + \varphi_i; \theta_i, \varphi_i) \qquad (4\text{-}63)$$

由于海面泡沫层中球形粒子的大小在毫米量级，因此在微波波段，可以将泡沫看作是球形 Rayleigh 粒子，其简化的后向散射系数为[15]：

$$\sigma_{hh}^{(1)} = \frac{3}{4}\cos\theta_i \frac{\kappa_s}{\kappa_e}(1 - e^{-2\kappa_e d\sec\theta_i}) + 3d\kappa_s |R_{h0}|^2 \cdot e^{-2\kappa_e d\sec\theta_i} +$$
$$\frac{3}{4}\cos\theta_i \times \frac{\kappa_s}{\kappa_e} |R_{h0}|^4 \cdot e^{-2\kappa_e d\sec\theta_i}(1 - e^{-2\kappa_e d\sec\theta_i}) \qquad (4\text{-}64)$$

$$\sigma_{vv}^{(1)} = \frac{3}{4}\cos\theta_i \frac{\kappa_s}{\kappa_e}(1 - e^{-2\kappa_e d\sec\theta_i}) + 3d\kappa_s |R_{v0}|^2 \cdot e^{-2\kappa_e d\sec\theta_i}\cos^2 2\theta_i +$$
$$\frac{3}{4}\cos\theta_i \times \frac{\kappa_s}{\kappa_e} |R_{v0}|^2 \cdot e^{-2\kappa_e d\sec\theta_i}(1 - e^{-2\kappa_e d\sec\theta_i}) \qquad (4\text{-}65)$$

于是，覆盖单层球形泡沫粒子的海面同极化后向散射系数就可以表示为

$$\sigma_{pp}(\theta_i) = \sigma_{pp}^{(0)}(\theta_i) + \sigma_{pp}^{(1)}(\theta_i) \qquad (4\text{-}66)$$

不难发现，式（4-64）和式（4-65）的关键在于泡沫粒子的消光系数 κ_e 和散

射系数 κ_s 的精确计算，为此，我们通过 Mie 散射理论进行计算：

$$\kappa_\mathrm{e} = N_0 \frac{2\pi}{k^2} \sum_{n=1}^{\infty} (2n+1) \times \mathrm{Re}(a_n + b_n) \qquad (4\text{-}67)$$

$$\kappa_\mathrm{s} = N_0 \frac{2\pi}{k^2} \sum_{n=1}^{\infty} (2n+1) \times \left(|a_n|^2 + |b_n|^2 \right) \qquad (4\text{-}68)$$

其中，N_0 为单位体积的泡沫层中的粒子个数，它与单位体积中散射泡沫粒子所占的体积占空比 f_s 成正比，即

$$N_0 = f_\mathrm{s} / (4\pi a^3 / 3) \qquad (4\text{-}69)$$

这里，体积占空比 f_s 可以由数值结果和实测数据相拟合，而表示为与 19.5m 处的风速 $U_{19.5}$ 的关系，即

$$f_\mathrm{s} = (0.01e^{0.06U_{19.5}} - 0.011) / d, \quad U_{19.5} > 2\mathrm{m/s} \qquad (4\text{-}70)$$

考虑到泡沫覆盖率 C_w 的实际海面，所观察到的总的后向散射系数可写成

$$\sigma_{pq} = C_\mathrm{w}(\sigma_{pq}^{(0)} + \sigma_{pq}^{(1)}) + (1 - C_\mathrm{w})\sigma_{pq}^0 \qquad (4\text{-}71)$$

式中，σ_{pq}^0 是没有泡沫覆盖区域的海面后向散射系数，需要强调的是，它与 $\sigma_{pq}^{(0)}$ 的区别在于，$\sigma_{pq}^{(0)}$ 是考虑了厚度为 d 的泡沫层衰减后的面散射系数。

为了便于计算，这里约定数值计算所需的电磁波入射频率为 f=13.9GHz，对应的海水相对介电常数为 $\varepsilon_2^r = (43.18, 36.95)$，相应地，泡沫粒子的相对介电常数 $\varepsilon_1^r = (1.877, 0.774)$。这里采用文献[16]中给出的满足伽马分布的泡沫尺寸的平均值，即单个泡沫的平均半径取为 $a = 0.25\mathrm{mm}$，多泡沫粒子组成的泡沫层的平均厚度取为 $d = 2\mathrm{cm}$。对于海面泡沫的覆盖率 C_w，我们取与摩擦风速 u_* 直接相关的公式 $C_\mathrm{w} = 0.2 \times 10^{-6} u_*^3$；而对于舰船湍流泡沫粒子来说，由于其覆盖率较大，可以假定 $C_\mathrm{w} = 0.8$。

图 4-10 给出了不同极化和不同风速下泡沫海面的后向散射系数。从图 4-10(a)中可以发现，无论是 HH 极化还是 VV 极化，其中的含泡沫层后向散射系数总比无散射粒子层要大一些，而且泡沫对 VV 极化的修正要小于对 HH 极化的修正。此外，随着入射角的增大，体散射的影响越来越明显。从图 4-10(b)中不难看出，随着风速的增加，海浪泡沫覆盖率变大，体散射的影响更为明显。

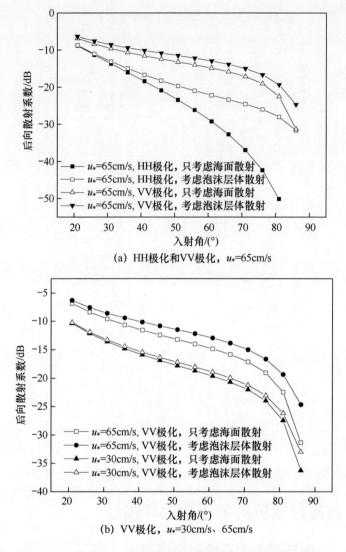

(a) HH极化和VV极化，u_*=65cm/s

(b) VV极化，u_*=30cm/s、65cm/s

图 4-10　不同极化和不同风速下泡沫海面的后向散射系数

图 4-11 给出了泡沫海面后向散射系数在入射角 30°、40°、50°下随风速的变化情况。从图中可以看出，随着风速的增加和大角度的入射，泡沫层体散射特征越来越明显，特别是对水平极化的修正幅度明显比垂直极化的要大，考虑泡沫层体散射修正的后向散射结果与实测数据更吻合。

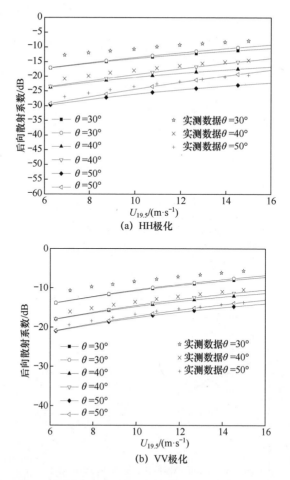

图 4-11　泡沫海面后向散射系数在入射角 30°、40°、50°下随风速的变化情况

注：图中实心线段为不考虑泡沫层体散射的情况，空心线段为考虑泡沫体散射的情况。

4.3　泡沫流尾迹的相干散射场模型

4.3.1　泡沫层的相干散射场模型

　　上文用具有解析解的球形粒子的 Mie 散射理论对 VRT 方程进行了求解，而且对层内球形粒子的尺寸进行了常数化处理。事实上，泡沫粒子的形状在水的重力和张力的作用下并不是球形的，本节对几何大小远小于波长的非球形粒子（这里针对椭球体粒子）采用广义 Rayleigh-Gan（GRG）近似来求相应的散射场，再根据蒙特卡罗模拟技术研究泡沫散射中的相干散射效应。针对泡沫采用离散散射体模型，考虑各散射体散射场之间的相位差，将散射场直接进行相干叠加，可以建立泡沫层的相干散射场模型。

由水和空气组成的泡沫层，其相干散射场模型结构如图 4-12 所示。泡沫层下面的海面被模拟为相对介电常数为 ε_s 的半空间均匀海水介质，并假设分界面为粗糙海水表面。分界面以上是厚度为 d 的随机分布的离散泡沫散射体，散射体用相对介电常数为 ε_b 的椭球体模拟，其散射场可以采用 GRG 近似求得[16]。

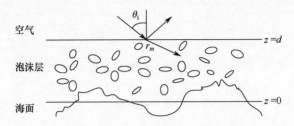

图 4-12　泡沫层的相干散射场模型结构

设入射电磁波为

$$E_i = \hat{q}_i e^{ik_0 \hat{k}_i \cdot r} \tag{4-72}$$

式中，k_0 为自由空间中的波数；$\hat{k}_i$ 为入射波方向的单位矢量；$\hat{q}_i = \hat{v}_i$ 或 $\hat{h}_i$，为垂直或水平极化矢量。

设模拟体积内的散射体个数为 M，则在单次散射近似下，远区散射场可用每个粒子散射体的散射场之和表示为

$$E_{pq}^s(r) = \sum_{m=1}^{M} \hat{p}_s \cdot E_{mq}^s(r, r_m) \tag{4-73}$$

式中，$\hat{p}_s$（$p=v$ 或 h）为散射波的极化矢量，$r_m = x_m \hat{x} + y_m \hat{y} - z_m \hat{z}$，表示第 m 个散射体的位置，$E_{mq}^s(r, r_m)$（$q=v$ 或 h）为 q 极化波入射时第 m 个散射体的散射场。

在单次散射近似下，入射波照射在散射体上有如图 4-13 所示的 4 种散射路径，因此泡沫层的每个粒子的散射场 $E_m^s(r, r_m)$ 由 4 部分组成，即

$$\hat{p}_s \cdot E_{mq}^s(r, r_m) = \frac{e^{ikr}}{r} \hat{p}_s \cdot [E_b + E_{sb} + E_{bs} + E_{sbs}] \tag{4-74}$$

其中，E_b 为入射波经散射体散射产生的直接场［见图 4-13(a)］，E_{sb} 为入射波先经海面反射再经散射体散射产生的场［见图 4-13(b)］，E_{bs} 为入射波先经散射体散射再经海面反射后的场［见图 4-13(c)］，E_{sbs} 则为入射波先经海面反射后经散射体散射，再经海面反射后的场［见图 4-13(d)］。它

们的表达式分别为

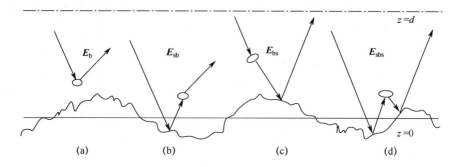

$$z=d$$

$$z=0$$

$$
\begin{array}{l}
(a) \qquad\qquad (b) \qquad\qquad\qquad (c) \qquad\qquad\qquad (d)
\end{array}
$$

图 4-13　4 种散射路径

$$
\begin{cases}
\boldsymbol{E}_{\mathrm{b}} = \overline{\overline{F}}_m(\theta_s,\phi_s;\theta_i,\phi_i) \cdot \hat{\boldsymbol{q}}_i \exp(\mathrm{i}\varphi_1) \\[2mm]
\boldsymbol{E}_{\mathrm{bs}} = \overline{\overline{F}}_m(\theta_s,\phi_s;\pi-\theta_i,\phi_i) \cdot R_q(\theta_i)\hat{\boldsymbol{q}}_i \exp(\mathrm{i}\varphi_2) \\[2mm]
\boldsymbol{E}_{\mathrm{sb}} = R_p(\theta_s)\overline{\overline{F}}_m(\pi-\theta_s,\phi_s;\theta_i,\phi_i) \cdot \hat{\boldsymbol{q}}_i \exp(\mathrm{i}\varphi_3) \\[2mm]
\boldsymbol{E}_{\mathrm{sbs}} = R_p(\theta_s)\overline{\overline{F}}_m(\pi-\theta_s,\phi_s;\pi-\theta_i,\phi_i) \cdot R_q(\theta_i)\hat{\boldsymbol{q}}_i \exp(\mathrm{i}\varphi_4)
\end{cases}
\tag{4-75}
$$

式中，$R(\theta)$ 为海面的 Fresnel 反射系数；p、$q=v$、h；$\overline{\overline{F}}_m(\hat{\boldsymbol{k}}_s,\hat{\boldsymbol{k}}_i)$ 为散射体的散射振幅矩阵元素；φ_1，φ_2，φ_3，φ_4 分别为 4 个散射场的相位。

$$
\begin{cases}
\varphi_1 = [\boldsymbol{k}_q^i(\theta_i,\phi_i) - \boldsymbol{k}_p^s(\theta_s,\phi_s)] \cdot \boldsymbol{r}_m \\[2mm]
\varphi_2 = [\boldsymbol{k}_q^i(\pi-\theta_i,\phi_i) - \boldsymbol{k}_p^s(\theta_s,\phi_s)] \cdot \boldsymbol{r}_m \\[2mm]
\varphi_3 = [\boldsymbol{k}_q^i(\theta_i,\phi_i) - \boldsymbol{k}_p^s(\pi-\theta_s,\phi_s)] \cdot \boldsymbol{r}_m \\[2mm]
\varphi_4 = [\boldsymbol{k}_q^i(\pi-\theta_i,\phi_i) - \boldsymbol{k}_p^s(\pi-\theta_s,\phi_s)] \cdot \boldsymbol{r}_m
\end{cases}
\tag{4-76}
$$

式中，$\boldsymbol{k}_q^i$、$\boldsymbol{k}_p^s$ 为入射波和散射波的传播矢量，θ、ϕ 为入射或散射方向角，p、$q=v$、h。

非球形粒子的各向异性使得其消光系数是一个 4×4 的矩阵，通常情况下是非对角阵。为了计入波在泡沫中传播时由散射和吸收引起的衰减，这里应用 Foldy's 近似方法求散射场在泡沫中的等效传播常数，即相干波的传播常数 $\boldsymbol{k}_p^s$ 和 $\boldsymbol{k}_q^i$，在 Foldy's 近似下，当由垂直和水平分量 E_v、E_h 组成的相干波在泡沫中传播时，它们之间满足下面的耦合方程[17]：

$$
\frac{\mathrm{d}E_v}{\mathrm{d}s} = (\mathrm{i}k_0 + M_{vv})E_v + M_{vh}E_h
\tag{4-77}
$$

$$
\frac{\mathrm{d}E_h}{\mathrm{d}s} = (\mathrm{i}k_0 + M_{hh})E_h + M_{hv}E_v
\tag{4-78}
$$

其中，s 为传播方向上的距离，

$$M_{pq} = \frac{\mathrm{i}2\pi n_0}{k_0} < F_{pq}(\theta_\mathrm{s}, \phi_\mathrm{s}; \theta_\mathrm{i}, \phi_\mathrm{i}) >, \quad p、q = v、h \qquad (4\text{-}79)$$

这里 θ 和 ϕ 表示相干波的传播方向，下角标 i 和 s 分别表示入射波方向和散射波方向，n_0 为散射体的数密度，F_{pq} 为散射体散射振幅矩阵的元素，< > 表示对所有散射体的空间取向的欧拉角取概率分布的平均值。通常可近似认为尺寸分布与欧拉角分布相互独立。考虑简单情况，假设散射体的尺寸相等，则只需要对欧拉角取平均

$$< F_{pq}(\theta, \phi; \theta, \phi) > = \int_0^{2\pi} \mathrm{d}\alpha \int_{\beta_1}^{\beta_2} \mathrm{d}\beta \int_{\gamma_1}^{\gamma_2} \mathrm{d}\gamma \, F_{pq}(\theta_\mathrm{s}, \phi_\mathrm{s}; \theta_\mathrm{i}, \phi_\mathrm{i}) p(\alpha, \beta, \gamma) \qquad (4\text{-}80)$$

$p(\alpha, \beta, \gamma)$ 为欧拉角密度分布函数，α、β、γ 分别为散射体的 3 个欧拉角。

通常来说，水平极化场和垂直极化场之间的耦合不为零，即存在交叉极化，使得散射场退偏。但如果不考虑多重散射，只考虑相干波，则耦合消失。因此有

$$M_{hv} = M_{vh} = 0 \qquad (4\text{-}81)$$

则相干波的水平极化和垂直极化的等效传播常数分别为

$$k_v = k_0 - \mathrm{i}M_{vv} \ , \quad k_h = k_0 - \mathrm{i}M_{hh} \qquad (4\text{-}82)$$

考虑到泡沫层的散射场较弱，即 M_{pp} 的幅值一般很小，可知 k_v 和 k_h 的值接近于 k_0，说明入射波在泡沫层与空气的边界上反射微弱，在计算中忽略泡沫层与空气边界上的直接反射。

将式（4-79）代入式（4-82）得

$$\begin{aligned}
k_q &= k_0 + \frac{2\pi n_0}{k_0} < F_{qq}(\theta_\mathrm{s}, \phi_\mathrm{s}; \theta_\mathrm{i}, \phi_\mathrm{i}) > \\
&= k_0 + \frac{2\pi n_0}{k_0} \mathrm{Re}(< F_{qq}(\theta_\mathrm{s}, \phi_\mathrm{s}; \theta_\mathrm{i}, \phi_\mathrm{i}) >) + \\
&\quad \frac{\mathrm{i}2\pi n_0}{k_0} \mathrm{Im}(< F_{qq}(\theta_\mathrm{s}, \phi_\mathrm{s}; \theta_\mathrm{i}, \phi_\mathrm{i}) >) \\
&\approx k_0 + \frac{\mathrm{i}2\pi n_0}{k_0} \mathrm{Im}(< F_{qq}(\theta_\mathrm{s}, \phi_\mathrm{s}; \theta_\mathrm{i}, \phi_\mathrm{i}) >)
\end{aligned} \qquad (4\text{-}83)$$

椭球散射体的散射场是由 GRG 近似方法得到的，而 GRG 方法仍属于低频近似方法，因此式（4-83）中计入的衰减相当于只计入了由吸收引起的衰减，为了计入散射衰减，将式（4-83）修正为

$$k_q \approx k_0 +$$

$$\mathrm{i}\left[\frac{2\pi n_0}{k_0}\mathrm{Im}(< F_{qq}(\theta_s,\phi_s;\theta_i,\phi_i) >) + \frac{n_0}{2} < k_{sq}(\theta_i,\phi_i) >\right] \quad (4\text{-}84)$$

$$= k_0 + \mathrm{i} k_{eq}$$

式中，k_{sq} 为 q 极化波入射时，泡沫层中散射体的散射系数。

$$k_{sq}(\theta,\varphi) = \int_{4\pi}(|F_{vq}(\theta_s,\phi_s;\theta_i,\phi_i)|^2 + |F_{hq}(\theta_s,\phi_s;\theta_i,\phi_i)|^2)\mathrm{d}\Omega' \quad (4\text{-}85)$$

式中，F_{vq}、F_{hq} 为泡沫层中散射体的散射振幅矩阵的元素。

将式（4-85）应用到式（4-76）中，并考虑到波在泡沫层中的传播距离，可得泡沫层中散射体散射场的相位为

$$\begin{cases} \varphi_1 = [\boldsymbol{k}_q^i(\theta_i,\phi_i) - \boldsymbol{k}_p^s(\theta_s,\phi_s)] \cdot \boldsymbol{r}_m + \mathrm{i}\left(\dfrac{k_{eq}}{\cos\theta_i}z_m + \dfrac{k_{ep}}{\cos\theta_s}z_m\right) \\[3mm] \varphi_2 = [\boldsymbol{k}_q^i(\pi-\theta_i,\phi_i) - \boldsymbol{k}_p^s(\theta_s,\phi_s)] \cdot \boldsymbol{r}_m + 2k_0 d\cos\theta_i + \mathrm{i}\left[\dfrac{k_{eq}}{\cos\theta_i}(2d-z_m) + \dfrac{k_{ep}}{\cos\theta_s}z_m\right] \\[3mm] \varphi_3 = [\boldsymbol{k}_q^i(\theta_i,\phi_i) - \boldsymbol{k}_p^s(\pi-\theta_s,\phi_s)] \cdot \boldsymbol{r}_m + 2k_0 d\cos\theta_s + \mathrm{i}\left[\dfrac{k_{eq}}{\cos\theta_i}z_m + \dfrac{k_{ep}}{\cos\theta_s}(2d-z_m)\right] \\[3mm] \varphi_4 = [\boldsymbol{k}_q^i(\pi-\theta_i,\phi_i) - \boldsymbol{k}_p^s(\pi-\theta_s,\phi_s)] \cdot \boldsymbol{r}_m + 2k_0 d(\cos\theta_i + \cos\theta_s) + \\[3mm] \qquad \mathrm{i}\left[\dfrac{k_{eq}}{\cos\theta_i}(2d-z_m) + \dfrac{k_{ep}}{\cos\theta_s}(2d-z_m)\right] \end{cases}$$

$$(4\text{-}86)$$

其中，$\boldsymbol{k}_0^i$、$\boldsymbol{k}_0^s$ 表示自由空间中的入射波和散射波的传播矢量。k_{eq} 为 q 极化入射波在泡沫层中的消光系数，k_{ep} 为 p 极化散射波在泡沫层中的消光系数。

对于后向散射场，近年来，电磁波与随机介质的相互作用在后向上存在的散射增强现象引起了许多学者的关注[18-20]。在只发生体散射的随机介质中，后向散射效应是一种多次散射效应。在体散射和面散射同时存在的情况下，体—面之间的相互作用也可以引起后向散射增强。这是因为电磁波在后向上存在传播方向相反的两个相干散射路径，沿这两个路径传播的电磁波与散射体的位置无关，它们在后向方向上同相叠加引起散射增强。对于泡沫散射中后向散射增强的研究，主要考虑由泡沫层和海面之间的体—面相互作用引起的散射增强，这是因为在微波段，当泡沫层比较薄且比较稀疏时，泡沫层中的散射体之间的多次散射不明显，而海面与泡沫之间相互作用引起的散射却不容忽略。

散射体在入射波照射下的平均散射强度为

$$\langle|\boldsymbol{E}|^2\rangle=\langle|\boldsymbol{E}_{\mathrm{b}}|^2\rangle+\langle|\boldsymbol{E}_{\mathrm{bs}}|^2\rangle+\langle|\boldsymbol{E}_{\mathrm{sb}}|^2\rangle+\langle|\boldsymbol{E}_{\mathrm{sbs}}|^2\rangle+$$
$$2\mathrm{Re}\langle E_{\mathrm{b}}E_{\mathrm{sbs}}^*\rangle+2\mathrm{Re}\langle E_{\mathrm{b}}E_{\mathrm{sb}}^*\rangle+2\mathrm{Re}\langle E_{\mathrm{b}}E_{\mathrm{bs}}^*\rangle+ \quad (4\text{-}87)$$
$$2\mathrm{Re}\langle E_{\mathrm{sbs}}E_{\mathrm{sb}}^*\rangle+2\mathrm{Re}\langle E_{\mathrm{sbs}}E_{\mathrm{bs}}^*\rangle+2\mathrm{Re}\langle E_{\mathrm{sb}}E_{\mathrm{bs}}^*\rangle$$

式中，<>表示对所有散射体的位置取平均。

需要指出的是，除后向散射方向外，在其他散射方向上，式（4-87）中 4 个散射场之间的相位不同，并且相位差是由散射体的位置决定的。由于假设散射体的位置是均匀随机的，因此可认为式（4-87）中的交叉项为零，得

$$\langle|\boldsymbol{E}|^2\rangle=\langle|\boldsymbol{E}|^2\rangle+\langle|\boldsymbol{E}_{\mathrm{bs}}|^2\rangle+\langle|\boldsymbol{E}_{\mathrm{sb}}|^2\rangle+\langle|\boldsymbol{E}_{\mathrm{sbs}}|^2\rangle \quad (4\text{-}88)$$

总散射强度为 4 个散射场强度的直接叠加，即散射强度不相关叠加。

在后向散射方向上，散射场 $\boldsymbol{E}_{\mathrm{bs}}$ 和 $\boldsymbol{E}_{\mathrm{sb}}$ 之间的相位差与散射体的随机位置无关，二者始终相同。由互易性可知，$\boldsymbol{E}_{\mathrm{bs}}=\boldsymbol{E}_{\mathrm{sb}}$，然而 $\boldsymbol{E}_{\mathrm{b}}$ 与其他场、$\boldsymbol{E}_{\mathrm{sbs}}$ 与其他场之间仍存在由位置决定的随机相位差。可得

$$\langle|\boldsymbol{E}|^2\rangle=\langle|\boldsymbol{E}|^2\rangle+2\langle|\boldsymbol{E}_{\mathrm{bs}}|^2\rangle+2\langle|\boldsymbol{E}_{\mathrm{sb}}|^2\rangle+\langle|\boldsymbol{E}_{\mathrm{sbs}}|^2\rangle \quad (4\text{-}89)$$

对比式（4-88）和式（4-89）可以看出，在后向散射方向上存在散射增强。

4.3.2　仿真结果与分析

实际泡沫层中的散射体位置、取向等都是随机的，为了得到散射体的统计特性，应用蒙特卡罗方法进行模拟。假定照射面积为 A，则模拟体积 $V=Ad$，其中所含散射体的个数为 M，由密度 n_0 与体积 V 相乘得到。设泡沫层中的散射体取向分布各向独立，且为均匀分布。应用蒙特卡罗方法进行模拟的具体步骤如下：

（1）把取向角 α、β、γ 的分布范围划分成 N_α、N_β、N_γ 等份，则散射体共有 $N_\alpha \times N_\beta \times N_\gamma$ 种可能的空间取向。计算每一种可能的空间取向的散射体的散射场并保存。

（2）由随机数发生器产生在体积 V 内位置均匀随机分布的 M 个散射体组成的一个样本。

（3）对样本中的每一个散射体，从 $N_\alpha \times N_\beta \times N_\gamma$ 中随机选取一种取向及相应的散射场。根据式（4-73）叠加所有散射体的散射场，计算得到样本的总散射场。

（4）重复步骤（2）和（3）直到得到足够确定散射统计特性的独立样本数。

（5）对所有样本的散射结果取平均得到所要求的散射系数。

泡沫层的双站散射系数定义为

$$\sigma_{pq}(\boldsymbol{k}_{s},\boldsymbol{k}_{i}) = \lim_{r\to\infty} \frac{4\pi r^2 <|E_p^s|^2>}{A|E_q^i|^2} \qquad (4\text{-}90)$$

式中，<>表示对样本取平均。散射系数可以表示为两部分之和，分别为平均场的相干散射系数和起伏场的非相干散射系数。

图 4-14 给出了不同舰船的湍流泡沫尾迹示意图，这里假定舰船行驶过后湍流所在的区域为光滑海平面，直接按照湍流泡沫的能量衰减分布将粒子随机放置在湍流宽度范围内。为了简化运算，我们仅计算单位面积内的总场，并且将泡沫层厚度看成是常数，泡沫粒子为椭球粒子。泡沫层的相关参数在表 4-1 中给出。

仿真电磁参数为：入射频率 $f = 1.2\text{GHz}$，海水相对介电常数 $\varepsilon_s = (73.5,61)$，泡沫相对介电常数 $\varepsilon_b = (2.556,1.372)$。湍流泡沫的体积占空比 $f_b = 0.5$。蒙特卡罗计算样本数为 200。

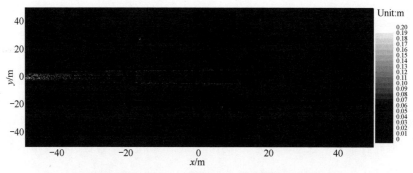

(a) 湍流尾迹1：船长52m，船宽5.9m，吃水深度3m，船速5m/s

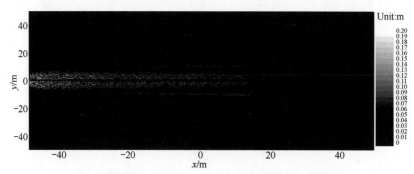

(b) 湍流尾迹2：船长150m，船宽15m，吃水深度6m，船速5m/s

图 4-14　不同舰船的湍流泡沫尾迹示意图

表 4-1　椭球粒子及泡沫层参数

类型	半轴 a/μm	半轴 b/μm	半轴 c/μm	厚度 d/cm	密度 n_0	面积 S/m²
1	100	100	4	5	50000	
2	100	100	4	1	50000	1×1
3	250	250	100	5	50000	
4	250	250	100	1	50000	

图 4-15 给出了 4 种泡沫粒子层通过蒙特卡罗计算的双站散射结果（ $\theta_i = 45°$ ）。可以发现，计算结果在镜像方向上（45°）存在很高的峰值，这主要是来自总散射系数中相干散射分量的贡献。对于同一泡沫粒子的不同泡沫层厚度，当泡沫层厚度较小时，VV 极化比 HH 极化的散射强，而随着泡沫层厚度的增大，两种极化下的散射基本上都变强了，HH 极化增加的幅度更大一些。同时可以发现，HH 极化大于 VV 极化的结果。这是因为随着泡沫层厚度增加，一方面海面对 VV 极化波的反射较 HH 极化波弱，另一方面泡沫层对 VV 极化波的衰减相较 HH 极化波更大。对于同一厚度的不同泡沫粒子而言，粒子尺寸越大对应的散射越强，同时，从图 4-15(b) 和图 4-15(d)上注意到，VV 极化在后向范围内出现明显的增强效应，而且粒子尺寸越大，后向增强效应越显著。这是因为，一方面泡沫层厚度较小时电磁波容易穿透泡沫层而照射到海面上，使得海面的反射增强，从而也使得体－面之间的相互作用增强，反过来说，如果泡沫层厚度变大，这种后向增强效应会逐渐消失。另一方面当粒子尺寸满足 Rayleigh 近似时，粒子尺寸越大所产生的后向增强越明显。

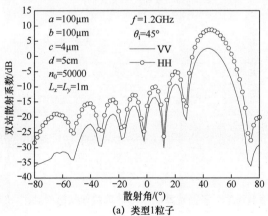

(a) 类型1粒子

图 4-15　4 种泡沫层粒子通过蒙特卡罗计算的双站散射结果($\theta_i = 45°$)

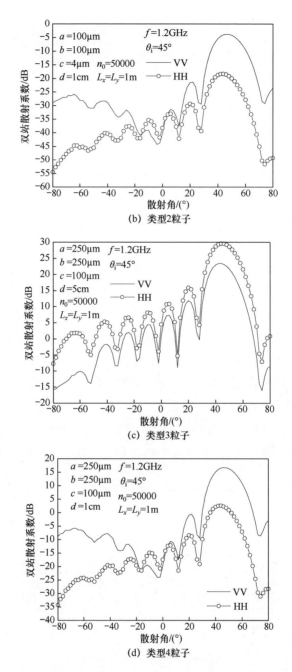

图 4-15　4 种泡沫层粒子通过蒙特卡罗计算的双站散射结果($\theta_i = 45°$)（续）

　　图 4-16 分别给出了 4 种泡沫层粒子的后向散射结果。从图中可以发现，泡沫层厚度较大的粒子同样产生了 HH 极化比 VV 极化后向散射更强的结果，

并且随着入射角的增大,这种差距先增大,然后在接近掠入射时出现了 VV 极化比 HH 极化强的散射结果,这就说明泡沫层厚度严重影响着与这两种极化相对应的散射。

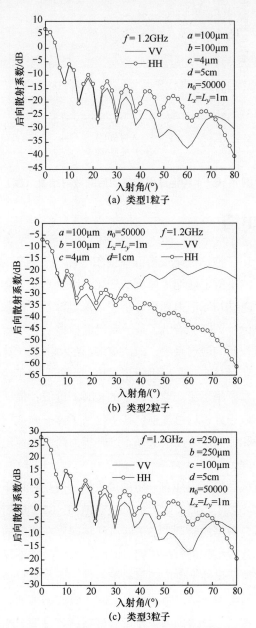

(a) 类型1粒子

(b) 类型2粒子

(c) 类型3粒子

图 4-16　4 种泡沫层粒子的后向散射结果

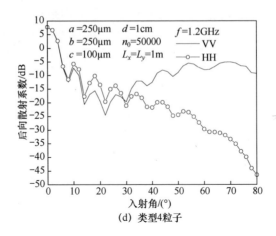

(d) 类型4粒子

图 4-16　4 种泡沫层粒子的后向散射结果（续）

4.4　本章小结

　　本章首先给出了泡沫流尾迹海面模型和泡沫粒子的相对介电常数，并计算了泡沫层海面的反射率随泡沫厚度的变化，以及基于 JONSWAP 海谱的白浪覆盖率。接着通过 Mie 散射理论分析了单球泡沫粒子的散射特性，再使用矢量辐射输运理论（VRT）给出了基于双尺度模型的含一层泡沫流尾迹海面的双站散射系数和后向散射系数，即泡沫海面的体散射统计模型，并给出了数值计算结果，同时与实测数据进行了对比。另外，对于湍流泡沫尾迹的相干散射场模型，本章采用了非球形粒子的 GRG 近似，借助蒙特卡罗方法对整个泡沫层内的粒子分析场总散射。其中包括了体—面散射引起的后向增强效应与泡沫粒子和泡沫层厚度的关系，进一步为湍流泡沫尾迹的散射机制理解提供了必要的理论基础。

　　然而，湍流模型的假设还有一定的局限性，表现在以下几点：（1）泡沫粒子被假设为实心粒子，而实际可能是空心结构。（2）舰船湍流泡沫的分布缺乏相关实测拟合数据的验证。（3）湍流泡沫尾迹在船后的分布并不是厚度均匀的，其实际分布结构仍有待研究。同时，粒子尺寸不仅是在取向上具有随机性，而且在粒子尺寸上也应该具有随机性，而本章只是对特定尺寸粒子在取向上使用蒙特卡罗方法进行了计算。（4）真实的海面，不但海面上分布一定厚度的泡沫层，而且海面的下方也有微泡沫，再加上水雾的存在，导致计算的结果会略低于实测数据。

参考文献

[1] KONG J. A. Electromagnetic wave theory [M]. New York: Wiley, 1990.

[2] ZHENG Q A, Klemas V, Hayne G. S, et al. The effect of oceanic whitecaps and foams on pulse-limited radar altimeters [J]. Journal of Geophysical Research: Oceans (1978-2012), 1983, V. 88(C4): 2571-2578.

[3] BLANCHARD D C. The electrification of the atmosphere by particles from bubbles in the sea [J]. Progress in oceanography. 1963, Vol. 1: 73-202.

[4] MONAHAN E C. Oceanic whitecaps [J]. Journal of Physical Oceanography. 1971, Vol. 1(2): 139-144.

[5] 徐德伦. 深水风浪破碎发生率与风速和风区关系的测量[J]. 海洋大学学报. 1994, Vol. 24(1): 1-9.

[6] WU J. Oceanic whitecaps and sea state [J]. Journal of Physical Oceanography. 1979, Vol. 9(5): 1064-1068.

[7] WU J. Variations of whitecap coverage with wind stress and water temperature[J]. Journal of physical oceanography. 1988, Vol. 18(10): 1448-1453.

[8] XU D, LIU X, YU D. Probability of wave breaking and whitecap coverage in a fetch-limited sea [J]. Journal of Geophysical Research: Oceans (1978-2012). 2000, Vol. 105(C6): 14253-14259.

[9] SNYDER R L, KENNEDY R M. On the formation of whitecaps by a threshold mechanism. I: Basic formalism [J]. Journal of physical oceanography. 1983, Vol. 13(8): 1482-1492.

[10] DROPPLEMAN J D. Apparent microwave emissivity of sea foam. J. Geophys. Res. 1970, Vol. 75. 696-698.

[11] ROSENKRANZ P W, STAELIN D H. Microwave emissivity of ocean foam and its effect on nadiral radiometric measurements [J]. Journal of Geophysical Research 1972, Vol. 77(33): 6528-6538.

[12] 金亚秋. 电磁散射和热辐射的遥感理论[M]. 北京: 科学出版社, 1993.

[13] 金亚秋, 刘鹏, 叶红霞. 随机粗糙面与目标复合散射数值模拟理论与方法[M]. 北京: 科学出版社, 2008.

[14] WISCOMBE W J. Mie scattering calculations: advances in technique and fast, vector-speed computer codes[M]. Atmospheric Analysis and Prediction Division, National Center for Atmospheric Research, 1979.

[15] 金亚秋. 矢量辐射传输理论和参数反演[M]. 郑州: 河南科学技术出版社,1994.

[16] KARAM M A, FUNG A K. Electromagnetic Wave Scattering from Some Vegetation Sample[J]. IEEE Trans. on Geoscience and Remote Sensing. 1988, Vol. 26: 799-808.

[17] TOAN T L, RIBBES F, WANG L F, et al. Rice Crop Mapping and Monitoring Using ERS-1 Data Based on Experiment and Modeling Results[J]. IEEE Trans. On Geoscience and Remote Sensing. 1997, Vol.35(1): 41-56.

[18] TSANG L, DING K H, ZHANG G, et al. Backscattering Enhancement and Clustering Effects of Randomly Distributed Dielectric Cylinders Overlying a Dielectric Half Space Based on Monte-Carlo Simulations[J]. IEEE Trans. on Antennas and Propagation. 1995, Vol. 43(5): 488-498.

[19] 金亚秋.随机粗糙面上后向散射的增强[J]. 物理学报. 1989, Vol. 38(10): 1611-1620.

[20] ISHIMARU A, TSANG L. Backscattering Enhancement of Random Discrete Scatters of Moderate Size[J]. J. Opt. Soc. Am. A. 1988, Vol.5: 228-236.

第5章

近场尾迹

　　舰船尾迹按区域可以分为远场和近场两部分。对于快速运动的舰船，近场尾迹的散射贡献远大于远场尾迹。通常远场尾迹的相关研究主要聚焦在雷达成像方向上，而舰船近场尾迹的散射强度更强，其可见性几乎不依赖于环境参数，在雷达图像中经常表现为特别的强散射中心，很容易与舰船本身特征相混淆。因此，舰船近场尾迹的电磁散射研究对海上目标追踪和探测有着重大意义。

　　图 5-1 给出了舰船尾迹的区域结构示意图。舰船尾迹远场和近场的区分除距船舶远近不同外，在水动力学和形成机理上也有很大区别，远场尾迹主要由稳定的波浪和水流形成，而近场尾迹包含更多的非线性作用，很容易就会形成大量的波浪破碎与湍流，称为白冠。尤其是高速运动的小型船舶，船首劈开水面会产生较大的破碎波，同时，在船体周围会形成大量的涡旋、射流、气泡和强湍流。各种流场现象发生在各个时间和空间尺度，是一个非常复杂的问题，很难用单一的近似解析模型进行仿真。另一方面，近场尾迹中存在大量尖锐、卷曲结构，体散射和多次散射效应对雷达系统响应影响很大。

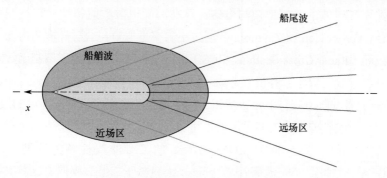

图 5-1　舰船尾迹的区域结构示意图

在近年来的海面复合电磁散射模型研究中，对船舶运动造成的破碎海浪的近场尾迹电磁散射模型的研究相对稀少，近场尾迹的电磁散射贡献往往被完全忽略或被简化为线性的 Kelvin 重力波[1]。

要建立一个完整的海面尾迹电磁散射模型，近场尾迹的散射特性不可或缺，本章将对快速运动舰船引起的破碎波近场尾迹的电磁散射特性进行研究和分析[2]。近场尾迹电磁计算基本流程如图 5-2 所示。首先通过 CFD 方法得到一个较为精确的船舶近场尾迹的几何结构，然后使用前向后向物理光学迭代法（Iterative Physical Optics，IPO）来评估船体和波浪之间的多重散射，模型的自阴影效应通过 Z-Buffer 技术处理，最终得到舰船近场尾迹的总散射场和散射系数分布，并着重分析了船舶三维海浪破碎波对散射场的影响。

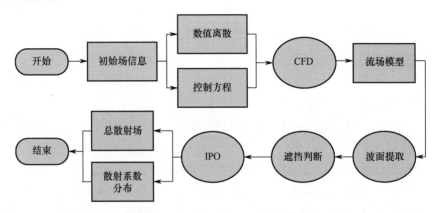

图 5-2   近场尾迹电磁计算基本流程

5.1   近场尾迹的几何建模

关于破碎波的几何建模与电磁计算在海面电磁散射领域一直是一个热点话题。Voronovich 和 Zavorotny[3]通过小斜率近似对包含破碎波的海面雷达散射截面（Radar Cross-Section，RCS）进行了计算，他们通过调制函数对散射结果进行数值校正，并没有考虑真实波浪破碎的散射机理。Coatanhay 等人[4,5]分别通过自适应有限元方法和多尺度矩方法研究了二维破碎波的散射，他们指出波浪破碎造成的多重散射不可忽略。Wang 等人[6]基于边界元和多子域方法提出了一系列称为 LONGTANK 的二维非线性卷浪模型，基于 LONGTANK 模型，West 等人[7-10]开展了大量关于二维破碎波电磁散射机理的研究，主要关注低掠射角下的破碎波散射特性。罗根[11]研究了螺旋桨引起的带有二维破碎波随机结构的散射特性。以上研究的电磁计算均使用数值方法，需要大量计算资源和时间，很难应用于大尺度三维波浪模型。齐聪慧等人[12]通过扩展 LONGTANK 模型研究了三维破碎波的电磁散射。李金星等人[13]提出了一个简化的高频电磁模型来解释破碎波对海洋电磁散射的影响。以上简化模型主要针对海面风浪产生的破碎波，实际舰船产生的破碎波的结构和散射机理更为复杂。

5.1.1　尾迹流场仿真设置

近场尾迹仿真模型如图 5-3 所示，仿真使用的船体模型为标准 DTC 裸船模型[14]，模型尺寸长约 6.28m，宽约 0.86m，吃水深度设定为 0.3m，仿真场景尺寸为 20m×10m×7m，水深为 5m。使用 VOF 方法来捕捉空气和液体的界面作为波浪的几何模型，即在每个离散单元中定义流体所占体积分数来确定水面的位置。需要说明的是，舰船近场尾迹中存在大量的液滴与气泡，其尺寸量级从微米到米。而 VOF 方法只能获得明显大于网格尺寸的空气中的水滴或水中的气泡，因此，使用 VOF 获取所有尺寸的流场特征是不现实的。

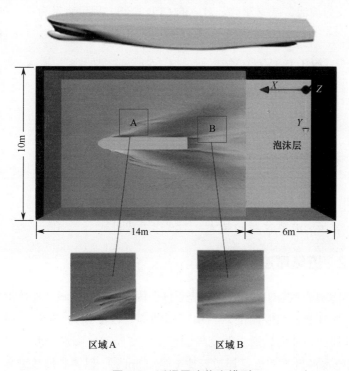

图 5-3　近场尾迹仿真模型

为尽可能得到较为精确的近场尾迹模型，本章使用了比远场尾迹仿真更密的网格离散来捕捉近场波面，其中，水平网格间隔为 0.03m，在自由表面附近的垂直网格间隔为 0.02m。在上述离散情况下，整个场景包含大约 469 万个六面体网格，在 8 个线程并行的条件下，一次仿真大概需要约 9 GB 的内存和约 150h 的执行时间，计算机的 CPU 为 Intel®Core™i7-3770 CPU@3.40 GHz×8，操作系统为 Ubuntu 16.10，内存容量为 32 GB。

在图 5-3 中，以船速 5m/s 为例，该离散网格可以很好捕捉尾迹波面的非线性结构，包含各类不同机理和结构的细节信息，包括区域 A 代表的船首破碎波浪和区域 B 代表的舰船近场湍流尾迹。以上两区域在之后的电磁散射计算中也作为验证和分析算例使用。

为了提高仿真计算的稳定性，参考数值波浪水槽，在每个算例场景的末端加入了一个长为 6m 的消波区，并在动量方程中加入一个对应的消波源项，以改善近场尾迹仿真的数值稳定性。该源项仅在流体出口附近的消波区有效，而在其他位置为零，以在重力方向上对波浪运动的垂直分量产生明显的阻力，其预期目的是在接近出口的区域抑制波浪的垂直运动，从而在出口处不会产生反射波浪，减少发散。对应的 CFD 控制方程可表示为

$$\nabla \cdot \boldsymbol{U} = 0 \tag{5-1}$$

$$\frac{\partial \rho \boldsymbol{U}}{\partial t} + \nabla \cdot [\rho \boldsymbol{U}\boldsymbol{U}] - (\nabla \boldsymbol{U}) \cdot \nabla \mu_{\text{eff}} = \tag{5-2}$$
$$-\nabla(p - \rho \boldsymbol{g} \cdot \boldsymbol{x}) - \boldsymbol{g} \cdot \boldsymbol{x}\nabla\rho + \nabla \cdot (\mu_{\text{eff}}\nabla \boldsymbol{U}) + \boldsymbol{f}_{\text{s}} + \boldsymbol{f}_{\sigma}$$

$$\frac{\partial \alpha}{\partial t} + \nabla \cdot (\alpha \boldsymbol{U}) + \nabla \cdot [\alpha(1-\alpha)\boldsymbol{U}_{\text{c}}] = 0 \tag{5-3}$$

其中，$\boldsymbol{f}_{\sigma}$ 表示消波阻尼源项：

$$\boldsymbol{f}_{\sigma} = \begin{cases} \lambda_{\sigma}\alpha\rho_{\text{w}}U_z\hat{\boldsymbol{g}}, & x > 14 \\ 0, & \text{其他} \end{cases} \tag{5-4}$$

其中，λ_{σ} 表示消波系数，λ_{σ} 越大，消波作用越明显。

5.1.2 近场尾迹仿真结果

舰船近场破碎波的几何形状取决于许多因素，包括船速、船体形状、吃水深度、船内重量和舰船的六自由度运动等。设船速为 5m/s，取相分数 $\alpha = 0.5$ 处界面为波面，通过改变界面位置改变船舶的吃水深度，图 5-4 给出了不同吃水深度下的近场尾迹对比（船速 5m/s）。以中心虚线为界，上半部分为吃水深度 $D = 0.4$m 的近场尾迹，而下半部分则为吃水深度为 0.3m

的结果。可以看到，在相同船体模型、相同船速条件下，更深的吃水线会引起更激烈的近场波浪。

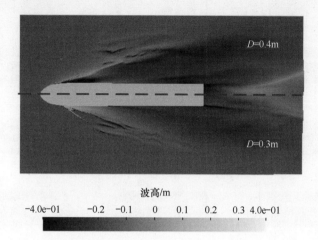

图 5-4　不同吃水深度下的近场尾迹对比（船速 5m/s）

为简化问题，在本章中仅考虑船体模型的相对水平运动造成的尾迹波浪，并使用不同的来流速度来控制波浪的强度。这里在所有仿真中将船体模型的船首抬升 1.5°，用来模拟舰船行进姿态，忽略船舶动力系统的作用。因此，除了在舰船波浪破碎区域本身产生的涡旋以外，没有其他波浪干扰源。

当船速为 5m/s，吃水深度为 0.3m 时，对应的时变船舶尾迹如图 5-5 所示。在平静的海面上，随着船舶前进，船首波和船尾波都逐渐形成。0.6s 后，船首形成明显的陡坡，船尾形成湍流。1.4s 后，船舶近场尾迹基本形成，几何形状变得相对稳定。可以看到，在船舶以相对于自身尺寸较快的速度运动时，周围波浪的惯性作用将打破原本的重力—浮力平衡，并产生尖锐的波浪破碎和各种湍流结构，这与远场尾迹有着很大的区别。

为了探究不同速度下的近场尾迹变化，分别设船速为 1m/s，5m/s 和 7m/s，提取其稳定时的尾迹，仿真结果如图 5-6 所示。从图 5-6(a)中可以发现，当船舶以较慢的速度（1m/s）行驶时，船舶近场尾迹主要由 Kelvin 尾迹和湍流尾迹组成，两组 Kelvin 波分别形成在船首和船尾，并在船后面形成相对平坦的湍流尾迹。 但是当船速达到 5m/s 时，船首会产生破碎波，并取代 Kelvin 尾迹成为近场尾迹的主要组成，船近端的湍流尾迹先下降，然后抬升一点，最后在船尾远端恢复为平坦区域如图 5-6(b)所示。随着船速继续增加达到 7m/s，仿真结果如图 5-6(c)所示，破碎波波高增高但形状更窄。船尾后面的湍流区形状也随之变强、变窄，船舶周围强烈的破碎波和湍流使得舰船近场尾迹模型变得更加复杂。

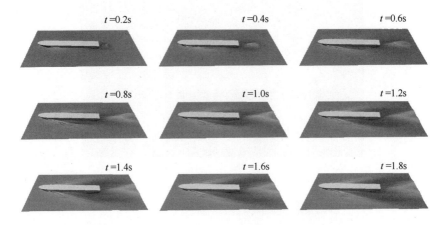

图 5-5　时变船舶尾迹（船速 5m/s，吃水深度 0.3m）

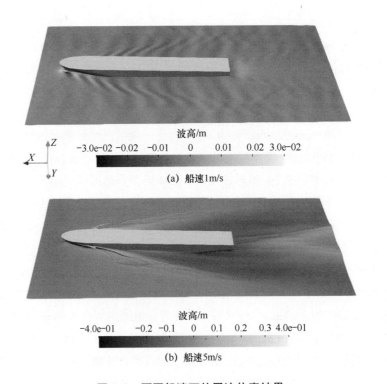

图 5-6　不同船速下的尾迹仿真结果

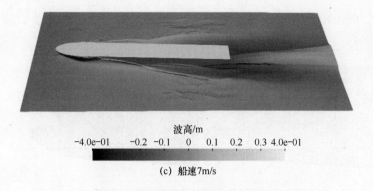

波高/m

-4.0e-01　　-0.2　-0.1　 0　 0.1　 0.2　 0.3 4.0e-01

(c) 船速7m/s

图 5-6　不同船速下的尾迹仿真结果（续）

5.2　近场尾迹电磁散射的算法

对于近场尾迹的电磁散射求解，矩量法（Method of Moments, MoM）和时域有限差分法（Finite-Difference Time-Domain，FDTD）等数值方法需要大量的时间和内存，应用较为困难。与数值方法相比，解析方法效率更高，但难以描述实际破碎波的卷曲结构带来的多次散射效应。因此本章通过迭代物理光学法 （Iterative Physical Optics，IPO）来计算舰船、海面以及近场破碎波尾迹之间的多重散射。为了简化问题，将海水视为完美的电导体[15]，这样可以节约一半以上的计算时间，并且对结果精度的影响极小。

5.2.1　网格转换和消隐处理

从舰船近场尾迹流场几何模型到电磁散射计算模型，首先要进行模型的网格转换和消隐处理。由于 CFD 仿真使用的是六面体网格，而迭代物理光学法需要的离散网格为三角面元，因此，本节首先对舰船、海面以及近场破碎波尾迹的 CFD 结果重新进行网格离散。图 5-7 给出了舰船船头部分的离散网格示意图，最大尺寸不超过入射电磁波波长的 1/8。实践表明，IPO 方法的最低要求大约为入射波波长的 1/5，而本节采用了更密的网格，比 IPO 方法的最低要求要高，这主要是为了满足下文计算近场尾迹的散射分布需求。

在尾迹近场区域，存在船体波浪之间的遮挡效应，本章采用 Z-buffer 技术[16]对不同角度下的场景进行消隐判断，其基本思路是通过构建光栅化像素网格，依照视向将离散面元投影到对应像素网格，通过深度（距离视点远近）判断其遮挡情况，最终对更靠近视点的面元进行标记和显示。图 5-8 给出了面元遮挡判断的流程图。若面元未被遮挡，则标记其可见因子 $V(i)=1$，否则 $V(i)=0$。

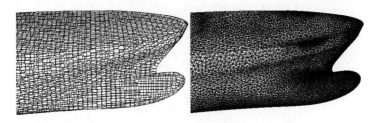

图 5-7　舰船船头部分的离散网格示意图

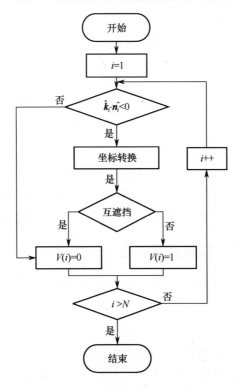

图 5-8　面元遮挡判断的流程图

假设离散面元总数为 N，对于任意离散面元消隐判断步骤如下：

（1）对面元进行编号：使用 OpenGL 对所有面元进行着色处理，通过颜色对其进行区分。对于编号为 i 的面元，面元的颜色和编号对应关系为

$$\begin{cases} B = i\%256 \\ G = (i - B) / 256\%256 \\ R = [(i - B) / 256 - G] / 256\%256 \end{cases} \tag{5-5}$$

式中，R、G、B 表示对应的红、绿、蓝色阶，% 表示取余。

（2）判断面元的自遮挡情况：对于任意面元单位法矢量 $\hat{\boldsymbol{n}}_i$ 和任意入射波单位矢量 $\hat{\boldsymbol{k}}_i$，$\hat{\boldsymbol{k}}_i \cdot \hat{\boldsymbol{n}}_i < 0$，则面元可见，否则不可见。

（3）根据视角方向对面元坐标进行转换：定义如下坐标转换

$$\begin{pmatrix} \hat{\boldsymbol{x}}_s \\ \hat{\boldsymbol{y}}_s \\ \hat{\boldsymbol{z}}_s \end{pmatrix} = \begin{pmatrix} \sin\varphi & \cos\varphi & 0 \\ \cos\theta\cos\varphi & \cos\theta\sin\varphi & \sin\theta \\ \sin\theta\cos\varphi & \sin\theta\sin\varphi & \cos\theta \end{pmatrix} \begin{pmatrix} \hat{\boldsymbol{x}}_g \\ \hat{\boldsymbol{y}}_g \\ \hat{\boldsymbol{z}}_g \end{pmatrix} \tag{5-6}$$

式中，$(\hat{\boldsymbol{x}}_g, \hat{\boldsymbol{y}}_g, \hat{\boldsymbol{z}}_g)$ 表示全局坐标，$(\hat{\boldsymbol{x}}_s, \hat{\boldsymbol{y}}_s, \hat{\boldsymbol{z}}_s)$ 表示视角 (θ, φ) 下 z 轴指向视角的坐标。

（4）通过 OpenGL 渲染技术将各面元投影到 $x_s o y_s$ 平面内，通过颜色显示情况来判断面元的互遮挡情况。

5.2.2　迭代物理光学法（IPO）

IPO[17]主要用于求解复杂导体壁面电流的磁场积分方程（Magnetic Field Integral Equation，MFIE），它通过对物理光学电流迭代求解导体表面的真实电流分布。迭代物理光学法主要依据惠更斯原理，当电磁波 $\boldsymbol{E}_i(\boldsymbol{r})$ $\boldsymbol{H}_i(\boldsymbol{r})$ 入射到粗糙面时，其总场可用 Stratton-Chu 方程描述：

$$\boldsymbol{E}(\boldsymbol{r}) = \boldsymbol{E}_i(\boldsymbol{r}) + \iint\limits_S \{i\omega\mu[\boldsymbol{n} \times \boldsymbol{H}(\boldsymbol{r}')]G + [\boldsymbol{n} \times \boldsymbol{E}(\boldsymbol{r}')] \times \nabla'G + [\boldsymbol{n} \cdot \boldsymbol{E}(\boldsymbol{r}')]\nabla'G\}\mathrm{d}S' \tag{5-7}$$

$$\boldsymbol{H}(\boldsymbol{r}) = \boldsymbol{H}_i(\boldsymbol{r}) - \iint\limits_S \{i\omega\varepsilon[\boldsymbol{n} \times \boldsymbol{E}(\boldsymbol{r}')]G - [\boldsymbol{n} \times \boldsymbol{H}(\boldsymbol{r}')] \times \nabla'G - [\boldsymbol{n} \cdot \boldsymbol{H}(\boldsymbol{r}')]\nabla'G\}\mathrm{d}S' \tag{5-8}$$

式中，$\boldsymbol{E}(\boldsymbol{r})$ 和 $\boldsymbol{H}(\boldsymbol{r})$ 分别表示三维空间 $\boldsymbol{r}$ 处的总电场矢量和总磁场矢量，$\boldsymbol{r}'$ 表示粗糙面上对于 $\boldsymbol{r}$ 的感应波源位置，G 表示自由空间格林函数，$\nabla'G = -\nabla G$。粗糙面上表面电磁流可以用电磁场来表示，对于导体表面：

$$\hat{\boldsymbol{n}} \times \boldsymbol{H}(\boldsymbol{r}) = \boldsymbol{j}(\boldsymbol{r}) \tag{5-9}$$

$$\hat{\boldsymbol{n}} \cdot \boldsymbol{H}(\boldsymbol{r}') = 0 \tag{5-10}$$

$$\boldsymbol{E}(\boldsymbol{r}) \times \hat{\boldsymbol{n}} = 0 \tag{5-11}$$

$$\hat{\boldsymbol{n}} \cdot \boldsymbol{E}(\boldsymbol{r}') = \frac{\rho_s}{\varepsilon} \tag{5-12}$$

式中，$\boldsymbol{j}(\boldsymbol{r})$ 表示导体表面电流密度，ρ_s 表示粗糙面上的感应面电荷密度，将式（5-9）至式（5-12）分别代入式（5-7）和式（5-8），则式（5-7）和式（5-8）可转化为

$$E(r) = E_i(r) + \iint\limits_S \left[i\omega\mu j(r')G - \frac{\rho_s(r')}{\varepsilon}\nabla G \right] dS' \qquad (5\text{-}13)$$

$$H(r) = H_i(r) - \iint\limits_S j(r) \times \nabla G dS' \qquad (5\text{-}14)$$

为求得感应面电流，对式（5-14）做主值积分，并考虑可见因子 V 的影响，r 处的磁场可重新表示为

$$H(r) = 2V(r)H_i(r) + 2\iint\limits_S j(r') \times \nabla G(r-r')dS' \qquad (5\text{-}15)$$

取 $\hat{n}\times$ 式（5-15）可得到导体壁面电流的 MFIE 表达式：

$$j(r) = 2\hat{n} \times V(r)H_i(r) + 2\hat{n} \times \iint\limits_S j(r') \times \nabla G(r-r')dS' \qquad (5\text{-}16)$$

在 IPO 中，从式（5-16）右侧开始迭代求解，取初值：

$$j_0(r) = 2\hat{n} \times V(r)H_i(r) \qquad (5\text{-}17)$$

式中，下角标 0 表示第 0 次迭代的壁面电流密度，从形式上看 $j_0(r)$ 为入射波激发的物理光学（PO）壁面电流密度。因此，$j_0(r)$ 也被称作 PO 电流密度。把 $j_0(r)$ 当作新的感应波源代入式（5-16）中的 $j(r')$，可以得到由第一组 PO 电流激励引入的新壁面电流：

$$j_1(r) = j_0(r) + 2\hat{n} \times \iint\limits_S j_0(r') \times \nabla G(r-r')dS' \qquad (5\text{-}18)$$

不断重复以上过程，直到对应的壁面电流密度 $j_n(r)$ 达到一个稳定值，则最终可以得到 r 处的壁面电流形式如下：

$$j_n(r) = j_0(r) + 2\hat{n} \times \iint\limits_S j_{n-1}(r') \times \nabla G(r-r')dS' \qquad (5\text{-}19)$$

式中，$j_n(r)$ 表示第 n 次迭代得到的壁面电流密度。与离散面元表述相对应，式（5-19）可写作矩阵形式：

$$J_n = J_0 + P(J_{n-1}) \qquad (5\text{-}20)$$

式中，J_0 表示 PO 电流密度 $j_0(r)$ 组成的列向量：

$$J_0 = (j_0^{(1)} \ \ j_0^{(2)} \ \ j_0^{(3)} \ \cdots \ j_0^{(N)})^{\mathrm{T}} \qquad (5\text{-}21)$$

$j_0^{(i)}$ 的上角标表示对应面元编号，类似地，J_n 表示第 n 次迭代中的面元组成的列向量：

$$J_n = (j_n^{(1)} \ \ j_n^{(2)} \ \ j_n^{(3)} \ \cdots \ j_n^{(N)})^{\mathrm{T}} \qquad (5\text{-}22)$$

$N\times N$ 阶的算子矩阵 P 可表示为

$$P = [p^{ij}(\cdot)]_{N_s^2} \qquad (5\text{-}23)$$

$$p^{ij}(\cdot)=\begin{cases} 2\hat{\boldsymbol{n}}\times(\cdot)\times\nabla G(\boldsymbol{r}^i-\boldsymbol{r}^j)\Delta S^j, & i\neq j \\ 0, & i=j \end{cases} \quad (5\text{-}24)$$

式中，$\boldsymbol{r}^i$ 表示第 i 个离散面元的位置，S^j 表示第 j 个离散面元的面积。

使用相对残差 res_r 来监视 IPO 程序的收敛变化情况，对于第 n 次迭代，其相对残差可计算如下：

$$\text{res}_r=\frac{\langle \boldsymbol{J}_n-\boldsymbol{J}_{n-1}\rangle}{\langle \boldsymbol{J}_n\rangle}\times100\%,\quad n>1 \quad (5\text{-}25)$$

式中，$\langle\cdot\rangle$ 表示向量取均方根平均，当相对残差小于预设值时，可以认为计算收敛，并停止迭代。

5.2.3 迭代优化技术

IPO 算法通过迭代来考虑面元间的多次散射效应，相比于传统数值方法，IPO 不需要求解逆矩阵，且易于编程实现。但是由于 IPO 迭代形式并不能保证每次迭代总是逼近其收敛域，尤其是对于一些复杂的腔体结构，由于存在大量内部反射，收敛速度往往并不理想，甚至会出现多次迭代后结果发散的情况。使用传统的 IPO 算法处理船舶破碎波浪结构时，由于模型离散面元较多，结构较为复杂，收敛性较差。为此本节引入前-后向迭代技术和松弛因子来优化算法的收敛性[18]。

前-后向迭代技术的基本思路是引入中间变量，按面元顺序前向、后向交替迭代。对于前向迭代，可将式（5-20）改写为

$$\boldsymbol{j}_{n-1/2}^{(i)}=\boldsymbol{j}_0^{(i)}-\sum_{j=1}^{i-1}p^{ij}\boldsymbol{j}_{n-1/2}^{(j)}-\sum_{j=i+1}^{N}p^{ij}\boldsymbol{j}_{n-1}^{(j)},\quad i=1,2,3,\cdots,N \quad (5\text{-}26)$$

式中，$\boldsymbol{j}_{n-1/2}^{(i)}$ 表示 $n-1$ 到 n 迭代过程的中间变量。在完成前向迭代后，逆序进行后向迭代。后向迭代公式为

$$\boldsymbol{j}_n^{(i)}=\boldsymbol{j}_0^{(i)}-\sum_{j=1}^{i-1}p^{ij}\boldsymbol{j}_{n-1/2}^{(j)}-\sum_{j=i+1}^{N}p^{ij}\boldsymbol{j}_n^{(j)},\quad i=N,N-1,\cdots,2,1 \quad (5\text{-}27)$$

分析算子矩阵 $\boldsymbol{P}$ 发现，矩阵主对角线上的元素为 0，以对角线为界，矩阵中的其他元素可以分解为上三角矩阵 $\boldsymbol{U}$ 和下三角矩阵 $\boldsymbol{L}$，即

$$\boldsymbol{P}=\boldsymbol{U}+\boldsymbol{L} \quad (5\text{-}28)$$

式（5-26）和式（5-27）的矩阵形式可表示为

➤ 前向迭代：$\quad(\boldsymbol{I}+\boldsymbol{L})\boldsymbol{J}_{n-1/2}=\boldsymbol{J}_0-\boldsymbol{U}\boldsymbol{J}_{n-1}$ $\quad (5\text{-}29)$

➤ 后向迭代：$\quad(\boldsymbol{I}+\boldsymbol{U})\boldsymbol{J}_n=\boldsymbol{J}_0-\boldsymbol{L}\boldsymbol{J}_{n-1/2}$ $\quad (5\text{-}30)$

使用前—后向交替迭代替代式（5-20）中的单次迭代运算，可以更快达到收敛解所需的迭代次数。该方法称作前后向迭代的物理光学法（Forward-Backward Iterative Physical Optics，FBIPO）。因为式（5-29）和式（5-30）中的 $LJ_{n-1/2}$ 是公用的，而式（5-29）中的 UJ_{n-1} 为下一次迭代中式（5-30）中的 UJ_n，所以单次的前—后向迭代只需要一个完整的矩阵矢量积运算即可完成。为了进一步加强 FBIPO 算法的收敛，引入松弛因子 ϖ 降低算法发散的可能性：

> 前向迭代： $(I+\varpi L)J_{n-1/2} = \varpi J_0 + [(1-\varpi)I-\varpi U]J_{n-1}$ （5-31）

> 后向迭代： $(I+\varpi U)J_n = \varpi J_0 + [(1-\varpi)I-\varpi L]J_{n-1/2}$ （5-32）

其中，若松弛因子 $\varpi<1$，则上述迭代又称为欠松弛迭代，若 $\varpi>1$，则称为超松弛迭代。松弛因子越小，收敛性越好，但收敛解所需的迭代次数会增加。

5.3 近场尾迹的电磁散射特性分析

本节结合 FBIPO 算法和 5.2 节得到的船舶近场尾迹几何模型对近场尾迹的电磁散射特性进行分析。因为涉及电磁波参数的设定，图 5-9 给出了近场破碎波尾迹电磁计算的参考坐标系示意图。k_i 和 k_s 分别表示入射电磁波和散射电磁波的波矢量。θ_i 和 θ_s 分别表示入射角和散射角，φ_i 为入射方位角，$\varphi_i=180°$ 表示电磁波从船头方向照射，$\varphi_i=0°$ 表示电磁波从船尾方向照射。k_i 和 k_s 处于同一平面上，因此，当散射角与入射角处于同侧时，散射角可用负数表示，例如，当入射角为 60° 时，60° 为镜像方向，-60° 表示后向。

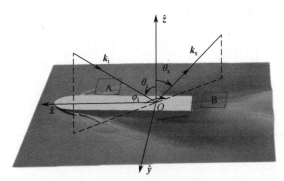

图 5-9 近场破碎波尾迹电磁计算的参考坐标系示意图

5.3.1 FBIPO 算法验证与分析

本节主要通过小尺度的近场尾迹波浪对 FBIPO 方法的准确性进行验证，

尤其是对于包含卷曲结构的破碎波多重散射特性的处理能力。限于验证算法的效率，提取船速 5m/s 条件下近场尾迹中两处代表性的小尺度波浪——区域 A 和区域 B 作为验证算例。小尺度波浪的结构如图 5-3 和图 5-9 所示，区域 A 主要由船首侧边尖锐的破碎波组成，区域 B 是船尾后方的近场湍流尾迹，主要结构相对平坦。两个区域的水平投影面积均为 2.5m×2.5m。

　　湍流尾迹区域（区域 B）的散射结果使用一阶小斜率近似（First-order Small Slope Approximation, SSA-1）[19]进行比对，而破碎波区域（区域 A）散射结果使用矩量法进行比对。此外，两个小区域对应的 PO（IPO 算法的迭代初值）解也在这里给出，用来比较尾迹中多重散射的贡献。

　　图 5-10 给出了不同电磁算法得到的小尺度波浪模型双站 RCS，仿真的电磁参数如下：入射角 60°，方位角 180°。频率设置为 2GHz，极化方式为 HH 极化。为了验证 PEC 假设的合理性，将 SSA-1 中的尾迹模型视为介质，复介电常数为 $55.845 + i37.713$（Klein 介电常数模型[20]水温 20℃，盐度 35‰）。

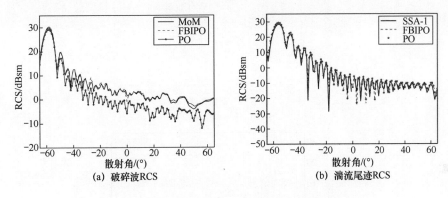

(a) 破碎波RCS　　　　　　　　(b) 湍流尾迹RCS

图 5-10　不同电磁算法得到的小尺度波浪模型双站 RCS

　　在图 5-10 中的两个验证算例中，FBIPO 的计算结果与 MoM 和 SSA-1 的验证结果十分吻合，这说明 FBIPO 可以很好适用于近场尾迹各个成分的电磁散射计算，在该电磁参数下海面的 PEC 假设是可行的。对比图 5-10(a) 和图 5-10(b)可知，两组结果的双站 RCS 峰值都出现在接近−60°散射角区域，对应入射电磁波的镜像方向。而当散射角大于−20°时，随着散射角的增大，区域 A 中破碎波的双站 RCS 的变化趋势更加平缓，且普遍大于区域 B 中湍流尾迹的结果。此外，由图 5-10(a)可见，当散射角大于−55°时，由 FBIPO 计算得到的散射场明显大于 PO 场结果，说明破碎波的多次散射主要发生在入射电磁波的非镜像区域。而对于图 5-10(b)中的湍流尾迹平面结构，FBIPO 和 PO 结果非常接近，这侧面说明了对于平坦区域的波浪尾迹，离散面元间的多次散射效应可以忽略不计。

对于线性海浪而言，海浪的雷达散射强度与雷达视向和海浪波脊方向夹角关系强相关。因此，为了更好理解舰船破碎波的散射特性，将方位角更改为 90°，其他参数保持不变，此时，尾迹波浪中更长的波脊将被直接照射。图 5-11 给出了不同方位角下的小尺度波浪双站 RCS。结果显示，两个小区域在方位角 90° 时的非镜向散射均明显强于 180°，这是因为算例中尾迹波浪的波脊主要在 x 轴方向，而电磁波入射方向垂直于波脊时散射场最强。例如，对于海面风浪而言，在相同的风速条件下顺风或逆风的海面的散射通常强于侧风海面散射。此外，当散射角大于 −20° 时，破碎波区域的散射更强，且变化比湍流尾迹更平稳，该趋势与方位角为 180° 时的结果一致。

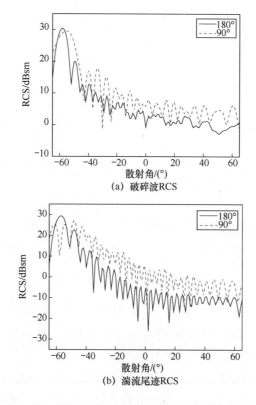

图 5-11　不同方位角下的小尺度波浪双站 RCS

5.3.2　近场尾迹电磁散射总场分析

与远场尾迹不同，近场尾迹发生在舰船周围。因此，近场尾迹电磁散射特性研究离不开舰船的影响。本章选用的 DTC 裸船模型属于真实的运输船船体模型，船舶上层建筑被忽略，这是海洋工程中舰船计算流体力学仿真的典型设置。裸船模型直接应用于电磁散射计算虽然与实际情况出入较大，但可以有效降低计算量，同时削弱舰船模型对散射场的影响，从而更好地分析船舶破碎波的散射贡献。

在研究近场尾迹波浪电磁散射特性之前，先简单就舰船模型对散射的影响进行讨论。我们在 DTC 裸船模型上增加了一些箱体部件，如图 5-12 所示，构成简易 Cargo Ship 模型，使其更接近真实情况，并对各种模型条件下的海浪使用 FBIPO 算法计算其电磁散射总场。为节省计算资源，总场的计算只考虑相对于船体和尾流中心线对称的半场景情况。

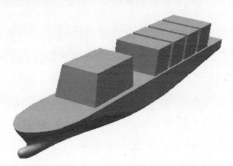

图 5-12　简易 Cargo Ship 模型

分别对简易 Cargo Ship 模型、DTC 裸船模型和不考虑舰船的纯尾迹模型的海面近场尾迹的复合散射特性进行分析。近场波浪的几何模型分别来自图 5-6(a)(船速 1m/s，尾迹波浪以 Kelvin 重力波为主)和图 5-6(b)(船速 5m/s，尾迹波浪以破碎波和强湍流为主)，未考虑船体模型结构差异引起的尾迹形态变化。电磁波入射角为 60°，方位角为 180°，复合模型的自阴影效应由 Z-buffer 技术进行了预处理。其他参数与验证算例相同。

图 5-13 给出了不同形态的船体模型下的近场尾迹双站 RCS。在图 5-13(a)和图 5-13(b)中，各曲线的峰值都出现在-60° 左右的镜像区域，RCS 在镜像区域的峰值主要源自海面的镜向散射贡献。此时，海面的镜向散射贡献远大于船体模型的散射，因此镜像区域附近很难看出不同船体模型引起的电磁散射差异。船体对散射场的影响主要发生在散射角大于-40° 的漫反射区。尤其是散射角处于 45° 附近的区域，简易 Cargo Ship 模型对散射场的影响要比 DTC 裸船模型的影响更明显，图 5-13(b)中包含破碎波的近场尾迹与船体间的耦合效应要大于图 5-13(a)中 Kelvin 尾迹与船体间的耦合效应。

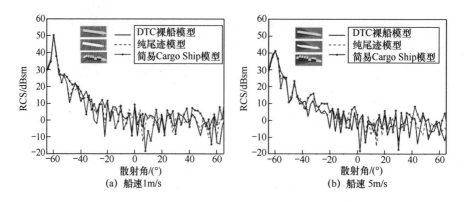

图 5-13   不同形态的船体模型下的近场尾迹双站 RCS

从上述研究中可以发现，破碎波会影响近场尾迹的散射特性。为进一步理解破碎波形态对散射总场的影响，忽略船体模型，选取不同入射方向，分别对图 5-6(a)～图 5-6(c)中不同波浪形态的近场尾迹散射总场进行分析。

图 5-14 给出了不同入射方向下的近场尾迹双站 RCS，入射角分别为 20°、40°和 60°。图 5-14(a)～图 5-14(c)对应方位角为 180°（雷达视向迎向舰船航向），图 5-14(d)～图 5-14(f)对应方位角为 90°（雷达视向垂直于舰船航向）。黑、红、蓝 3 条线分别对应船体运动速度 1m/s、5m/s 和 7m/s 所形成的近场尾迹。可以看到，所有图中各曲线的趋势均十分相近，主要区别出现在镜向散射方向对应的 RCS 峰值处，在该散射方向上镜向散射占主导地位。船速为 1m/s 时的双站散射场峰值明显大于船速为 5m/s 和 7m/s 时的情况，船舶破碎波的出现会削弱水面镜向散射。同时，船速 5m/s 时的散射场峰值反而普遍小于船速为 7m/s 时的情况，波浪的镜向散射峰值与船舶破碎波的强弱并没有必然联系。这是因为虽然船速为 7m/s 时产生了更强烈的破碎波，但与船

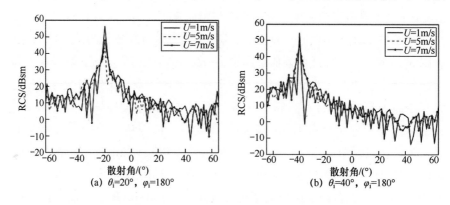

图 5-14   不同入射方向下的近场尾迹双站 RCS

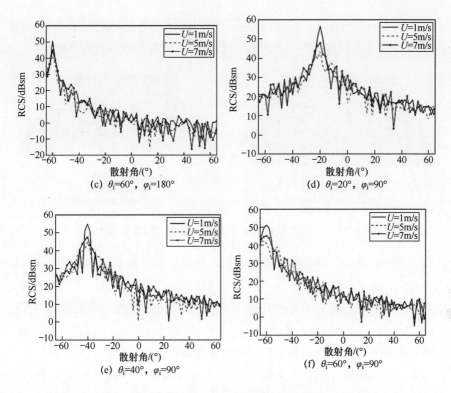

图 5-14　不同入射方向下的近场尾迹双站 RCS（续）

速为 5m/s 时相比，其波浪形状狭窄，分布区域占总水域面积更小。以上近场尾迹双站散射的峰值规律在方位角 90° 时同样适用。并且，由于船舶近场波浪的波脊方向更接近 x 轴方向，因此在方位角为 90° 时，近场尾迹的非镜向散射更强，这与小尺度波浪的结果相一致。

5.3.3　近场尾迹电磁散射场分布

对于确定几何的近场尾迹而言，各波浪组成相对复杂，其散射总场曲线在非镜像方向变化较大且规律性较差，很难具体对尾迹中各波浪成分散射贡献进行分析。为进一步研究船舶近场尾迹各成分在雷达图像中的影响，本节通过 FBIPO 对包含裸船模型近场尾迹的后向电磁散射场分布进行了计算和分析。

对复合尾迹场景的离散面元按平面投影位置 0.1m×0.1m 的分辨率进行分区，分别对每个分区单元中所属面元的后向散射按其面积进行加权平均和归一化处理，最终得到整个场景的后向散射分布。为了更好显示波浪间的阴影效果，雷达入射角统一设定为 60°，雷达方位角分别设定为 180° 和 0°，对应雷达看向船头方向和船尾方向。为便于理解，图 5-15(a)和图 5-15(b)分别给出了观测角面向船头或船尾的近场尾迹，尾迹对应船速为 5m/s。

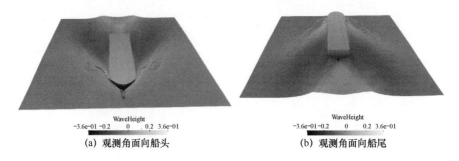

(a) 观测角面向船头　　　　　　　　(b) 观测角面向船尾

图 5-15　不同观测方位角下的近场尾迹（船速为 5m/s）

图 5-16 给出了各形态近场尾迹散射系数分布图像（$\theta_i = 60°$）。可以看到，近场尾迹的散射系数分布与其对应模型的几何特征相吻合。当舰船运动速度为 1m/s 时（见图 5-16(a)和图 5-16(d)），尾迹的电磁图像主要由船首和船尾的 Kelvin 尾迹组成，并在船尾形成平坦的湍流尾迹。而在其他图像里，尾迹的电磁图像主要由船首破碎波和船尾强湍流组成。

当入射波向船首方向照射时，如图 5-16(a)～图 5-16(c)所示，散射分布的阴影区主要出现在船尾，随着船速增大，船尾的湍流变得更强，同时船尾处水位降低，导致阴影区变大，湍流区的后向散射明显增强，此外，船首破碎波和海面形成二面角结构，照亮了船首破碎波的外轮廓。

反之，当入射波从船尾方向照射时，图 5-16(d)～图 5-16(f)中的阴影区出现在船首，图中明暗特性发生转换。尤其是在图 5-16(e)和图 5-16(f)中，船舶破碎波和强湍流的出现，使得近场尾迹的图像亮度甚至超过了船体模型，新的强散射区出现在了波面朝向雷达视向的船尾湍流和破碎波区域中。

考虑到实际雷达对舰船的观测方位角是任意的。以舰速为 5m／s 时的近场尾迹场景为例，图 5-17 给出了不同入射方位角下包含船舶破碎波的近场尾迹散射系数分布图，对应的方位角分别为 45°、90° 和 120°。在不同的入射方位角下，散射系数分布的明暗区域变化明显，尾迹波浪波面朝向视线方向或波脊垂直于视线方向的区域更亮。并且图 5-17 中的强散射区域亮度普遍高于图 5-16 中雷达视向平行于船舶航向的情况。不同方位角下散射系数分布的总体变化与上文中的对应电磁散射总场变化一致。图 5-17 中不同方位角下的近场尾迹的散射系数分布图进一步加深了我们对近场尾迹的电磁散射特性变化的理解。

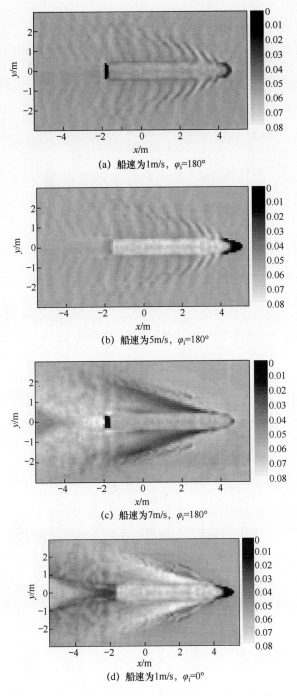

(a) 船速为1m/s，$\varphi_i=180°$

(b) 船速为5m/s，$\varphi_i=180°$

(c) 船速为7m/s，$\varphi_i=180°$

(d) 船速为1m/s，$\varphi_i=0°$

图 5-16　各形态近场尾迹散射系数分布图像（$\theta_i=60°$）

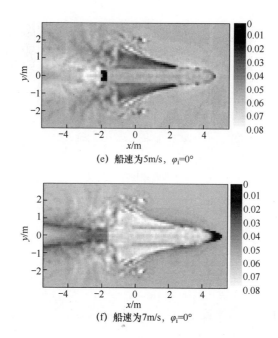

(e) 船速为 5m/s，$\varphi_i = 0°$

(f) 船速为 7m/s，$\varphi_i = 0°$

图 5-16　各形态近场尾迹散射系数分布图像（$\theta_i = 60°$）（续）

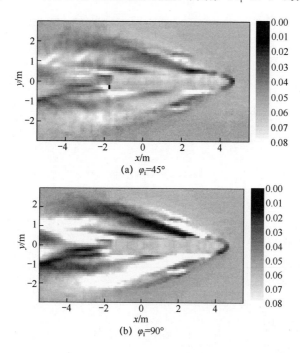

(a) $\varphi_i = 45°$

(b) $\varphi_i = 90°$

图 5-17　不同入射方位角下包含船舶破碎波的近场尾迹散射系数
分布图（船速为 5m/s，$\theta_i = 60°$）

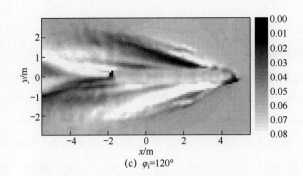

(c) $\varphi_i=120°$

图 5-17　不同入射方位角下包含船舶破碎波的近场尾迹散射系数
分布图（船速为 5m/s，$\theta_i=60°$）（续）

5.4　本章小结

本章将计算流体力学和电磁散射理论相结合，在 CFD 仿真得到的流场模型基础上，使用 FBIPO 算法对船舶近场尾迹的电磁散射总场和散射场分布进行了计算和分析。主要结论小结如下：

当舰船低速行驶时，引起的近场尾迹主要由 Kelvin 尾迹和湍流尾迹组成。随着船速的增加，将发生更多的波浪破碎，船舶破碎波逐渐取代 Kelvin 波成为近场尾迹的主要成分。对于小尺度的波浪区域，舰船破碎波对电磁散射总场的影响较为明显，但是对于整个场景，由于尾迹各成分以及舰船模型结构的影响，破碎波的影响很难被辨识。在各仿真算例中，船舶破碎波会影响海洋背景所有散射角的散射场，特别是在入射波的镜像区域，这与船体的影响并不相同。而当波浪波面朝向入射方向或波峰垂直于入射方向时，来自破碎波的散射更强。

近场尾迹中的破碎波和湍流会明显改变海面舰船复合场景的散射场分布。由陡峭的破碎波和船体或海面形成的二面角反射结构在特定入射角条件下会引起新的强散射区域，这会影响海面舰船目标的 SAR 成像和识别工作。

本章各项实验在计算流体力学和计算电磁学中均使用了较细密的离散网格，因此计算效率并不理想。同时，本章关于近场尾迹的电磁模型与现实情况相比仍有很多不足。后续近场尾迹的研究中还需寻找更合适的电磁算法，加深对掠入射情况以及泡沫散射的理解。

参考文献

[1]　TIAN M, YANG Z, XU H, et al. A detection method for near-ship wakes based on

interferometric magnitude, phase and physical shape in ATI-SAR systems[J]. International journal of remote sensing, 2019, 40(11): 4401-4415.

[2] WANG L, ZHANG M, CHEN J. Investigation on the electromagnetic scattering from the Accurate 3-D Breaking ship waves generated by CFD simulation[J]. IEEE Transactions on Geoscience and Remote Sensing, 2018, 57(5): 2689-2699.

[3] VORONOVICH A G, ZAVOROTNY V U. Theoretical model for scattering of radar signals in K u-and C-bands from a rough sea surface with breaking waves[J]. Waves in Random Media, 2001, 11(3): 247-269.

[4] COATANHAY A, SCOLAN Y M. Adaptive multiscale moment method applied to the electromagnetic scattering by coastal breaking sea waves[J]. Mathematical Methods in the Applied Sciences, 2015, 38(10): 2041-2052.

[5] COATANHAY A. Electromagnetic scattering by breaking waves: An hp-Adaptive Finite Element approach[C]. 2014 International Conference on Numerical Electromagnetic Modeling and Optimization for RF, Microwave, and Terahertz Applications (NEMO). IEEE, 2014: 1-4.

[6] WANG P, YAO Y, TULIN M P. An efficient numerical tank for non - linear water waves, based on the multi - subdomain approach with BEM[J]. International journal for numerical methods in fluids, 1995, 20(12): 1315-1336.

[7] WEST J C. Ray analysis of low-grazing scattering from a breaking water wave[J]. IEEE transactions on geoscience and remote sensing, 1999, 37(6): 2725-2727.

[8] WEST J C, STURM J M, JA S J. Low-grazing scattering from breaking water waves using an impedance boundary MM/GTD approach[J]. IEEE Transactions on Antennas and Propagation, 1998, 46(1): 93-100.

[9] WEST J C. Low-grazing-angle (LGA) sea-spike backscattering from plunging breaker crests[J]. IEEE transactions on geoscience and remote sensing, 2002, 40(2): 523-526.

[10] WEST J C, ZHAO Z. Electromagnetic modeling of multipath scattering from breaking water waves with rough faces[J]. IEEE transactions on geoscience and remote sensing, 2002, 40(3): 583-592.

[11] LUO G. Study of scattering from turbulence structure generated by propeller with FLUENT[J]. Waves in Random and Complex Media, 2017, 27(3): 513-525.

[12] QI C, ZHAO Z, YANG W, et al. Electromagnetic scattering and Doppler analysis of three-dimensional breaking wave crests at low-grazing angles [J]. Progress In Electromagnetics Research, 2011, 119: 239-252.

[13] LI J, ZHANG M, FAN W, et al. Facet-based investigation on microwave backscattering from sea surface with breaking waves: Sea spikes and SAR imaging [J]. IEEE Transactions on Geoscience and Remote Sensing, 2017, 55(4): 2313-2325.

[14] MOCTAR O, SHIGUNOV V, ZORN T. Duisburg Test Case: Post-panamax container ship for benchmarking[J]. Ship Technology Research, 2012, 59(3): 50-64.

[15] SORIANO G. Modelization of the scattering of electromagnetic waves from the ocean surface[J]. Progress In Electromagnetics Research, 2002, 37: 101-128.

[16] OKINO N, KAKAZU Y, MORIMOTO M. Extended depth-buffer algorithms for hidden-surface visualization[J]. IEEE Computer Graphics and Applications, 1984, 4(5): 79-88.

[17] OBELLEIRO-BASTEIRO F, RODRIGUEZ J L, BURKHOLDER R J. An iterative physical optics approach for analyzing the electromagnetic scattering by large open-ended cavities[J]. IEEE Transactions on antennas and propagation, 1995, 43(4): 356-361.

[18] BURKHOLDER R J, LUNDIN T. Forward-backward iterative physical optics algorithm for computing the RCS of open-ended cavities[J]. IEEE Transactions on Antennas and Propagation, 2005, 53(2): 793-799.

[19] LI J, ZHANG M, WEI P, et al. An improvement on SSA method for EM scattering from electrically large rough sea surface[J]. IEEE Geoscience and Remote Sensing Letters, 2016, 13(8): 1144-1148.

[20] KLEIN L, SWIFT C. An improved model for the dielectric constant of sea water at microwave frequencies[J]. IEEE transactions on antennas and propagation, 1977, 25(1): 104-111.

第6章

内波尾迹

内波是一种发生在海洋内部的波浪，当海水的密度在垂直方向存在层化现象时，就有可能产生内波。例如在海湾处淡水覆盖在盐水上层，流体密度在分界面处出现跃变，此时内层分界面附近的扰动会引起海水界面的波动，即海洋内波，而当舰船在密度分层的海洋表面上航行时，也会产生内波尾迹[1-3]。由于内波尾迹需要在特定的条件下才能出现，所以并不是所有的运动舰船都会产生内波尾迹，一般的实测 SAR 图像中通常只能观察到 Kelvin 尾迹和湍流尾迹的特征。然而，内波尾迹一旦产生，其波长、周期等分布在很广的范围内，而且具有很长的持续时间，因此可以通过内波尾迹对舰船目标甚至水下运动目标进行探测和跟踪。目前，由于实验条件复杂和实验数据缺乏，舰船内波尾迹的研究仍面临一定的困难。

本章主要从理论上对运动舰船内波尾迹的电磁散射特性进行仿真研究。根据海水密度的变化特征，分别利用离散内波层和扩散内波层对分层海水进行描述，并推导了内波尾迹满足的色散关系和波峰模式。在此基础上，本章还研究了内波尾迹的速度场，并利用频域分解技术对内波尾迹的波高场进行反演。最后分析了不同条件下内波尾迹的散射特性。

6.1 内波尾迹流场特性

6.1.1 内波尾迹仿真方法

根据海浪波的色散效应，远场尾迹的波峰位置可以用波浪的相速度和群速度进行描述。在图 6-1 中，假设舰船沿 $-x$ 轴方向以速度 U 运动，将会在水中航迹上产生扰动，而且扰动相对于船体坐标系是固定的，可以认为它的相位为 0。经过时间 t，O 点处产生的波将会传播一段距离 $s = c_g t$，c_g 表示波浪群速度。根据图中的几何关系，对尾迹波中的任一点 (x, y) 有[4]：

$$x = (U_s - c_g \cos\theta)t = (U_s - c_p c_g / U_s)t \qquad （6-1）$$

$$y = c_g t \sin\theta = c_g t \sqrt{1 - \frac{c_p^2}{U_s^2}} \qquad （6-2）$$

其中，$c_p = \omega / k$ 表示波浪相速度，波浪群速度与角频率的关系为

$$c_g = \mathrm{d}\omega/\mathrm{d}k \qquad （6-3）$$

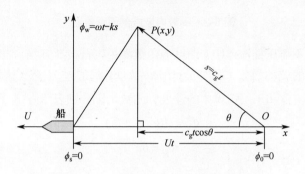

图 6-1　远场尾迹波相对位置示意图

假设海水是无黏的不可压缩流体，通常用在垂直方向的密度变化来描述海面的层化现象。最简单的情况是海面由两层流体组成，密度小的流体覆盖在密度大的流体上面，此时在分界面处会出现密度的突变，称之为离散内波层。当在界面层附近存在扰动源时，它的扰动会引起界面上流体的上下波动，其波动的幅度和周期等特征由界面和扰动源的位置决定。实际上，海面的密度在垂直方向上是连续变化的，也称为扩散内波层，一般用 B-V 频率来表示密度随位置的变化率，B-V 频率也就是在水下某一深度内波能够传播的最大角频率。

6.1.2　离散内波层的波动

假设在水下某一深度 $h\,(h < 0)$ 处，海水的密度由 ρ_1 突变至 ρ_2（$\rho_1 < \rho_2$），这样就构成了最简单的离散内波层，如图 6-2 所示。严格来说，此模型只能描述少数类似峡湾处的海水分层，但是对于内波尾迹的理论研究却有着非常重要的意义。忽略表面波和内波的相互耦合作用，同时假设表面上内波速度的垂直分量为零，根据海浪波的速度势理论，内波的速度可以由速度势函数 Φ 的梯度得到：

$$V = \nabla \Phi \qquad （6-4）$$

图 6-2　离散内波层剖面示意图

　　由于在不可压缩流体中，速度势函数满足拉普拉斯方程，假设方程的解是水平面内的波动函数（具有 $\exp[\mathrm{i}(\omega t - \boldsymbol{k}\cdot\boldsymbol{r})]$ 的形式）。依据表面上的边界条件，上层流体和下层流体中的速度势函数可以分别表示为[6]

$$\Phi_1 = A(\mathrm{e}^{kz} + \mathrm{e}^{-kz}) \tag{6-5}$$

$$\Phi_2 = B\mathrm{e}^{kz} \tag{6-6}$$

式中的系数 A 和 B 都是水平波矢量 $\boldsymbol{k}$ 的函数。在流体分界面处，两侧的势函数需要满足两个边界条件[7]：

$$\left(\frac{\partial \Phi_1}{\partial z}\right)_{z=h} = \left(\frac{\partial \Phi_2}{\partial z}\right)_{z=h} = \frac{\partial \zeta}{\partial t} \tag{6-7}$$

$$\rho_2 \frac{\partial \Phi_2}{\partial t} - \rho_1 \frac{\partial \Phi_1}{\partial t} + (\rho_2 - \rho_1)g_0\zeta = 0 \tag{6-8}$$

　　式（6-7）表示界面两侧流体速度在垂直方向上的连续性，式（6-8）是考虑平静界面在受到波动时的外压条件，ζ 指的是边界处受到的微小波动。根据式（6-5）～式（6-8），可以联立求得离散内波层对应的色散关系式：

$$\omega^2 = \frac{(\rho_2 - \rho_1)g_0 k}{\rho_2 + \rho_1 \coth(|h|k)} \tag{6-9}$$

可以发现，分层流体中的色散关系与流体的密度和分层位置有关，这一点和均匀流体是不同的。考虑到在实际情况中，界面两侧流体的密度变化通常比较小，用 δ 表示两侧密度的相对变化，则色散关系可以简化为

$$\omega^2 = \frac{\delta g_0 k}{1 + \coth(|h|k)} \tag{6-10}$$

　　为了描述方便，对式（6-10）进行如下变量替换[9]：

$$\Omega = \frac{\omega U}{\delta g_0}, \quad \kappa = \frac{kU^2}{\delta g_0}, \quad H = \frac{|h|\delta g_0}{U^2} \tag{6-11}$$

式中，U 表示点源的运动速度，变量替换后的色散关系可以写成：

$$\Omega^2 = \frac{\kappa}{1 + \coth(\kappa H)} \qquad (6\text{-}12)$$

继而可得归一化的相速度和群速度：

$$C_p = \frac{\omega}{kU} = \left[\kappa \left(1 + \coth(\kappa H) \right) \right]^{-1/2} \qquad (6\text{-}13)$$

$$C_g = \frac{1}{U}\frac{\mathrm{d}\omega}{\mathrm{d}k} = \frac{C}{2}\left(1 + \frac{\kappa H \mathrm{e}^{-\kappa H}}{\sinh(\kappa H)} \right) \qquad (6\text{-}14)$$

可以看到，相速度和群速度都是以点源的运动速度 U 进行归一。

根据式（6-12)，离散内波层不同 H 对应的色散关系随波数 κ 的变化曲线如图 6-3 所示。对于固定的海水密度变化 δ，H 越小说明点源的运动速度越快或者海水的分层位置越靠近表面。从图中可以看出，当 H 较小时，色散曲线近似为一条直线，这说明波动可以看成是无色散的，随着 H 的增大，曲线特征逐渐明显。另外，从图中可以很容易地看出波的相速度和群速度的变化情况，相速度和群速度分别对应曲线上某一点的极角和斜率，在波数 κ 接近于 0 时，曲线斜率最大，此时波的相速度和群速度近似相等且均为最大值：

$$c_{\max} = \sqrt{\delta g_0 |h|} = \sqrt{H}U \qquad (6\text{-}15)$$

对应最大的尾迹半角为

$$\sin \beta_{\max} = \sqrt{\delta g_0 |h|}\big/U = \sqrt{H} \qquad (6\text{-}16)$$

在图 6-3 中靠近坐标原点的小范围内，色散关系近似为直线，说明尾迹波中的长波分量基本是无散的，而且当 H 增加时，相速度和群速度的最大值也会相应地变大。在实际中，点源的运动速度往往比尾迹波的最大传播速度要大，而横断波只有在传播速度大于或等于船速时才会存在，所以在 $H<1.0$ 时，尾迹中仅存在扩散波特征。

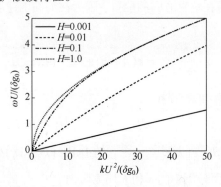

图 6-3　离散内波层不同 H 对应的色散关系随波数 κ 的变化曲线

根据离散内波层的色散关系，可以进一步求得尾迹的波峰模式，如图 6-4 所示，横、纵坐标都使用因子 $\delta g_0 / U^2$ 进行归一化处理。从图中可以看出，最外侧的波峰表示尾迹的外边界，对应 $n = 0$，基本上是一条直线，通常决定尾迹的张角，而且越靠近尾迹中心位置，相邻的波峰之间的距离越小。对比 $H = 0.1$ 和 $H = 0.001$ 的波峰模式，可以发现随着 H 的减小，各阶波峰曲线迅速靠近，而且尾迹张角也随之变小。

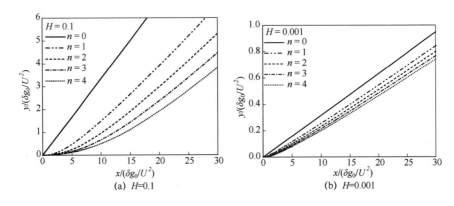

图 6-4 离散内波层的波峰模式

在离散内波层中，可以利用速度势理论研究内波尾迹的速度场，当内波层附近存在扰动时，速度势同样满足式（6-7）和式（6-8）的边界条件，但是根据扰动源和内波层的相对位置需要分别进行讨论。当扰动源位于内波层上方时，将会在上层流体中产生额外的速度势，而下层流体的速度势保持不变：

$$\Phi_1 = Ae^{kz} + Be^{-kz} - e^{-k|z-c|} / (4\pi) \tag{6-17}$$

$$\Phi_2 = Ce^{kz} \tag{6-18}$$

其中，c 表示扰动源在垂直方向的位置。因为在海面上速度的垂直分量为零，所以有：

$$\left(\frac{\partial \Phi_1}{\partial z}\right)_{z=0} = k(A - B) + ke^{kc}/(4\pi) = 0 \tag{6-19}$$

此时对应的边界条件可表示为

$$i\omega\zeta = kAe^{kh} - kBe^{-kh} - ke^{k(h-c)}\big/(4\pi) = kCe^{kh} \tag{6-20}$$

$$i\omega\rho_2 Ce^{kh} - i\omega\rho_1[Ae^{kh} + kBe^{-kh} - e^{k(h-c)}/(4\pi)] + (\rho_2 - \rho_1)g\zeta = 0 \tag{6-21}$$

需要注意的是，上面分析中的 c 和 h 均为负值。

当扰动源位于内波层下方时，对应的速度势和边界条件分别为

$$\Phi_1 = Ae^{kz} + Be^{-kz} \quad (6\text{-}22)$$

$$\Phi_2 = Ce^{kz} - e^{-k|z-c|}/(4\pi) \quad (6\text{-}23)$$

$$\left(\frac{\partial \Phi_1}{\partial z}\right)_{z=0} = k(A-B) = 0 \quad (6\text{-}24)$$

$$i\omega\zeta = kAe^{kh} - kBe^{-kh} = kCe^{kh} + ke^{-k(h-c)}/(4\pi) \quad (6\text{-}25)$$

$$i\omega\rho_2[Ce^{kh} - e^{-k(h-c)}/(4\pi)] - i\omega\rho_1(Ae^{kh} + kBe^{-kh}) + (\rho_2 - \rho_1)g\zeta = 0 \quad (6\text{-}26)$$

对于单位扰动源，上层流体的速度势可以通过联立上面的方程求解得到，当源位于内波层上方时，

$$\Phi_1 = \cosh(kz)\omega^2 \times$$

$$\frac{\{\rho_2\cosh[k(c-h)] + \rho_1\sinh[k(c-h)]\} - gk(\rho_2 - \rho_1)\cosh[k(c-h)]}{2\pi D(\omega,k)[\rho_2\sinh(kh) - \rho_1\cosh(kh)]} \quad (6\text{-}27)$$

而当源位于内波层下方时，

$$\Phi_1 = \frac{\omega^2\rho_2 e^{-k(h-c)}\cosh(kz)}{2\pi D(\omega,k)[\rho_2\sinh(kh) - \rho_1\cosh(kh)]} \quad (6\text{-}28)$$

其中，

$$D = \omega^2 - \frac{(\rho_2 - \rho_1)gk}{\rho_2 - \rho_1\coth(hk)} \quad (6\text{-}29)$$

因此，单位强度的扰动源在海面上产生的速度场可以表示为

$$\boldsymbol{u} = -\frac{1}{2\pi}\int_0^\infty \int_{-\pi}^\pi i\boldsymbol{k}\Phi_1(k,z=0)e^{i(\omega t - \boldsymbol{k}\cdot\boldsymbol{r})}\mathrm{d}\theta\mathrm{d}k \quad (6\text{-}30)$$

6.1.3　扩散内波层的波动

在通常情况下，由于海水温度和盐度的变化，会引起水下某一区域内海水密度的变化，若此区域内海水密度的变化是连续的，就形成了扩散内波层，其剖面示意图如图 6-5 所示。根据密度在垂直方向上的梯度分量，利用 B-V 频率 N 进行描述[10]：

$$N^2(z) = -\frac{g_0}{\rho(z)}\frac{\mathrm{d}\rho(z)}{\mathrm{d}z} \quad (6\text{-}31)$$

式中，$\rho(z)$ 表示在水下深度 z 处的海水密度。在仿真中，可以利用洛仑兹函

数对 B-V 频率进行模拟[9]：

$$N(z) = \frac{N_{\max} a^2}{(z+b)^2 + a^2} \qquad (6\text{-}32)$$

式中，$N_{\max}$ 表示 B-V 频率的峰值，参数 b 为峰值对应的位置，a 为形状因子。

图 6-5　扩散内波层剖面示意图

图 6-6 给出了实测和模拟的 B-V 频率曲线，测量地点分别位于苏格兰 Loch Linnhe[4]和澳大利亚西北大陆架[11]，图中虚线对应的是峰值 B-V 频率。从图中可以看出，实测和模拟的 B-V 频率曲线有着相同的变化趋势，从海面向下先迅速增大到最大值，并随着深度的增加逐渐减小。很明显，Loch Linnhe 水深较浅，内波层的位置更靠近表面，内波层的宽度较小，但是峰值 B-V 频率达到了 0.128rad/s。而在澳大利亚西北大陆架位置的水深达到了 500.0m，峰值 B-V 频率的位置更深，内波层宽度较大，其峰值 B-V 频率为 0.0166rad/s。

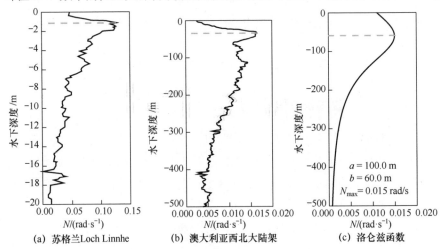

图 6-6　实测和模拟的 B-V 频率曲线

对于流体质量流量，其垂直分量的水平波解具有如下形式：

$$q = Q(z)\mathrm{e}^{\mathrm{i}(\omega t - ks)} \tag{6-33}$$

式中，s 表示传播距离，波幅 $Q(z)$ 满足内波控制方程[9]：

$$\frac{\mathrm{d}^2 Q}{\mathrm{d}z^2} + k^2 \left(\frac{N^2}{\omega^2} - 1 \right) Q = 0 \tag{6-34}$$

只要水平波矢量 k 和角频率 ω 有一个是确定的，另一个就可以根据边界条件确定。在式（6-34）中，如果 $N > \omega$，波幅 Q 是 z 的振荡函数，否则将随着到界面距离的增加呈指数衰减，而且在水面上，垂直的质量流量可以认为是零。如果直接对式（6-34）进行积分求解，会导致边界处的值发散，因此需要结合海面和海底的边界条件，先确定扩散内波层的色散关系。

在水面上，假设流体速度的垂直分量为零，并且将其斜率设为很小的值。对于给定的角频率 ω，通过龙格库塔法对内波控制方程进行积分，每次积分后，利用二分法对波矢量 k 进行修正，直到波幅 Q 在海底处非常小为止。根据图 6-6(c)中模拟的 B-V 频率，各阶模的色散关系如图 6-7 所示，其中 m 表示模数。和离散内波层相似，在原点处相速度和群速度最大，但是随着波数的增加，离散内波层的角频率会一直增大，直到达到最大值。模数越低，对应最大值越大，零阶模对应的角频率最大。此外，当波数增大时，其群速度会迅速趋于 0，并且最大角频率等于 B-V 频率，这说明包括垂直于点源运动轨迹传播的扩散波在内的短波被抑制了。

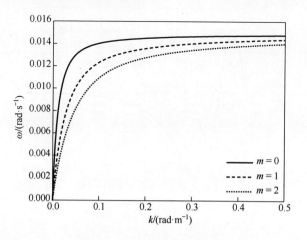

图 6-7　各阶模的色散关系

由于内波控制方程属于典型的斯特姆—刘维型方程，结合边界条件，对应的本征函数将满足相互正交的关系[12]：

$$\int Q_i(z)Q_j(z)\left(\frac{N^2(z)}{\omega^2}-1\right)\mathrm{d}z = \delta_{ij} \qquad (6\text{-}35)$$

图 6-8 给出了零阶模和一阶模在不同角频率下随水深的变化关系，角频率分别为 0.005rad/s 和 0.01rad/s，计算时假设本征函数在原点处的斜率为 0.001m^{-1}。从图中可以看出，在扩散内波层中，对固定的角频率，都存在对称和反对称模式的解，其中零阶模表示整个内波层的上下运动，没有零交叉点，而一阶模有一个零交叉点，二阶模有两个零交叉点，依此类推。

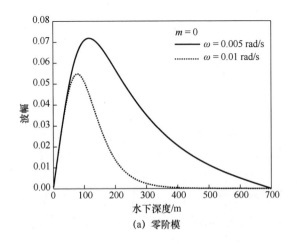

(a) 零阶模

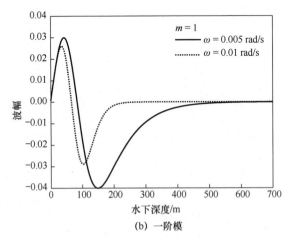

(b) 一阶模

图 6-8 零阶模和一阶模在不同角频率下随水深的变化关系

根据本征函数和色散关系，扩散内波层中的波峰模式如图 6-9 所示。从图中可以明显地看到，在 x 轴方向上，每一条波峰曲线都会向后偏移一段距离，对于一阶模的波峰模式，由于在原点附近的群速度小于零阶模的群速度，因此其尾迹张角更小，这与色散关系的分析结果是一致的。因为高阶的模式对总场的影响太小，在模拟时可以忽略。

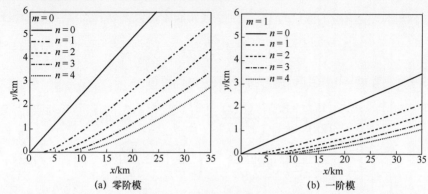

(a) 零阶模　　　　　　　　　　　　(b) 一阶模

图 6-9　扩散内波层的波峰模式

在扩散内波层中，假设流体质量流量的垂直分量在水平面内波动：

$$q_x = Q(z)\exp[i(\omega t - k_x x - k_y y)] \tag{6-36}$$

考虑位于 $(0,0,c)$ 处的扰动源 S：

$$S = S_0\delta(x)\delta(y)\delta(z-c)e^{-i\omega_0 t} \tag{6-37}$$

式中，S_0 表示扰动源的强度，ω_0 为扰动角频率，则内波控制方程可重写为

$$\frac{d^2 Q}{dz^2} + k^2\left(\frac{N^2}{\omega^2} - 1\right)Q = \frac{\partial \hat{S}(\omega,k,z)}{\partial z} \tag{6-38}$$

式中，$\hat{S}$ 表示扰动源的傅里叶变换：

$$\hat{S} = S_0\delta(\omega - \omega_0)\delta(z-c) \tag{6-39}$$

根据式（6-38)对应的本征值 k_n^2 和本征函数 $Q_n(z)$，方程的解可以写为

$$Q(z) = -\sum_n \frac{Q_n(z)\delta(\omega - \omega_0)}{k_n^2 - k^2} S_0\left(\frac{\partial F_n}{\partial z}\right)_{z=c} \tag{6-40}$$

式中，

$$F_n = Q_n(z)\left[\frac{N^2(z)}{\omega^2} - 1\right] \tag{6-41}$$

因此流体质量流量的垂直分量为

$$q_z = -\frac{1}{(2\pi)^3} \int \sum_n \frac{Q_n(z)\delta(\omega-\omega_0)}{k_n^2 - k^2} S_0 \left(\frac{\partial F_n}{\partial z}\right)_{z=c} e^{i(\omega t - k \cdot r)} \mathrm{d}k\mathrm{d}\omega \quad （6-42）$$

根据 $\delta(\cdot)$ 函数的特殊性，对变量 ω 积分并考虑零阶模：

$$q_z(r) = -\frac{1}{(2\pi)^3} \int \frac{Q_n(z)}{k_n^2 - k^2} S_0 \left(\frac{\partial F_n}{\partial z}\right)_{z=c} e^{i(\omega t - k \cdot r)} \mathrm{d}k \quad （6-43）$$

由于流体质量流量的散射为零，则由式（6-44）可以得到其水平分量：

$$\frac{\partial q_z}{\partial z} + \frac{\partial q_r}{\partial r} = 0 \quad （6-44）$$

在海面上有 $q_z = 0$ 并且其导数为有限值，由此可得：

$$\begin{aligned} q_r &= \frac{\mathrm{i}S_0}{(2\pi)^3} \int \frac{1}{k} \frac{\partial}{\partial z}\left(\frac{Q_0(z)}{k_0^2 - k^2}\right)\left(\frac{\partial F_0}{\partial z}\right)_{z=c} e^{-\mathrm{i}k \cdot r} k\mathrm{d}k\mathrm{d}\theta \\ &\approx -\frac{S_0}{(2\pi)^2} \int_{-\pi}^{\pi} \mathrm{d}\theta \left(\frac{\partial Q_0}{\partial z}\right)_{z=0} \left(\frac{\partial F_0}{\partial z}\right)_{z=c} \frac{e^{-\mathrm{i}k_0 \cdot r}}{2k_0} \quad （6-45） \\ &\approx -\frac{S_0}{(2\pi)^2 2k_0}\left(\frac{\partial Q_0}{\partial z}\right)_{z=0}\left(\frac{\partial F_0}{\partial z}\right)_{z=c} \sqrt{\frac{2\pi}{|\psi_{\theta\theta}|}} e^{-\mathrm{i}(k_0 \cdot r - \pi/4)} \end{aligned}$$

式中，θ 表示水平流动的方向，ψ 为相位项：

$$\psi = -k \cdot r = -kr\cos(\beta + \theta) \quad （6-46）$$

结合波动的群速度和相速度，其对 θ 的二阶导数经过推导可得：

$$\psi_{\theta\theta} = \left[\frac{U\cos\theta}{c - c_{\mathrm{g}}} + \frac{kU^2\sin^2\theta}{(c - c_{\mathrm{g}})^3}\frac{\mathrm{d}c_{\mathrm{g}}}{\mathrm{d}k} - 1\right]\psi \quad （6-47）$$

根据流体质量流量和流体速度之间的线性关系：

$$q = \rho_0 u \quad （6-48）$$

式中，ρ_0 为流体密度，可得扰动源在海面上产生的速度场。

6.1.4 内波尾迹波高反演

根据海浪波的流体力学描述，假设内波尾迹的波高场同样可以表示为一系列单色波的线性叠加：

$$z_{\mathrm{wake}}(x,y,t) = A_0' + \sum_{m=1}^{M_k}\sum_{n=1}^{N_\theta} A_{mn}'\cos[k_m'(x\cos\theta_n' + y\sin\theta_n') - \omega_m't + \varphi_{mn}'] \quad （6-49）$$

式中，M_k 和 N_θ 分别表示波数和传播方向的离散数，根据速度势理论，尾迹波的表面速度可以由速度势的梯度求得。考虑到内波尾迹主要由扩散波组成，并且其传播方向近似与舰船航迹垂直，因此只对垂直于航迹的水平速度分量进行分析。假设舰船沿 x 轴正方向运动，那么与航迹垂直的方向就是 y 轴方向：

$$u'_y(x,y,t) = A'_0 + \sum_{m=1}^{M_k} \sum_{n=1}^{N_\theta} \omega'_m \sin\theta'_n A'_{mn} \cos[k'_m(x\cos\theta'_n + y\sin\theta'_n) - \omega'_m t + \varphi'_{mn}]$$

（6-50）

为了计算系数矩阵 $\boldsymbol{A'}$，将式（6-50）中频率项和相位项进行分解可得：

$$u'_y(x,y,t) = \alpha_0 + \sum_{m=1}^{M_k} \sum_{n=1}^{N_\theta} \alpha_{mn} B_{mn} \cos[k'_m(x\cos\theta'_n + y\sin\theta'_n)] +$$
$$\sum_{m=1}^{M_k} \sum_{n=1}^{N_\theta} \beta_{mn} B_{mn} \sin[k'_m(x\cos\theta'_n + y\sin\theta'_n)]$$

（6-51）

通过对相位项变量替换 $\psi_{mn} = \omega'_m t - \varphi'_{mn}$，式中各变量可表示为

$$\begin{aligned}
\alpha_0 &= A'_0 \\
\alpha_{mn} &= A'_{mn} \cos\psi_{mn} \\
\beta_{mn} &= A'_{mn} \sin\psi_{mn} \\
B_{mn} &= \omega'_m \sin\theta'_n \\
\Delta k &= \frac{2\pi}{\sqrt{L_x^2 + L_y^2}}
\end{aligned}$$

（6-52）

定义 $u_y(x,y,t)$ 和 $u'_y(x,y,t)$ 之间的均方误差函数为

$$e(\alpha_0, \alpha_{11}, \cdots, \alpha_{M_k N_\theta}, \beta_{11}, \cdots, \beta_{M_k N_\theta}) = \sum_{i=1}^{M} \sum_{j=1}^{N} [u(x_i, y_j, t) - u(x_i, y_i, t)]^2 \quad （6-53）$$

式中，M 和 N 分别表示海面场景的离散数。式（6-53）取极值的充要条件为 $\nabla e = 0$，即

$$\begin{cases}
\partial e(\alpha_0, \alpha_{11}, \cdots, \alpha_{M_k N_\theta}, \beta_{11}, \cdots, \beta_{M_k N_\theta}) / \partial \alpha_0 = 0 \\
\partial e(\alpha_0, \alpha_{11}, \cdots, \alpha_{M_k N_\theta}, \beta_{11}, \cdots, \beta_{M_k N_\theta}) / \partial \alpha_{11} = 0 \\
\qquad\qquad\qquad \vdots \\
\partial e(\alpha_0, \alpha_{11}, \cdots, \alpha_{M_k N_\theta}, \beta_{11}, \cdots, \beta_{M_k N_\theta}) / \partial \alpha_{M_k N_\theta} = 0 \\
\partial e(\alpha_0, \alpha_{11}, \cdots, \alpha_{M_k N_\theta}, \beta_{11}, \cdots, \beta_{M_k N_\theta}) / \partial \beta_{11} = 0 \\
\qquad\qquad\qquad \vdots \\
\partial e(\alpha_0, \alpha_{11}, \cdots, \alpha_{M_k N_\theta}, \beta_{11}, \cdots, \beta_{M_k N_\theta}) / \partial \beta_{M_k N_\theta} = 0
\end{cases}$$

（6-54）

简化为矩阵表达形式：

$$CA' = u_y \qquad\qquad (6\text{-}55)$$

式中，C 为波数 k'_m 和传播方向 θ'_n 确定的矩阵，利用奇异值分解对线性方程组进行求解得到系数矩阵 A'，再将其代入式（6-49）即可得到对应的波高场。

6.1.5 内波尾迹仿真结果

根据离散内波层的速度场描述，以简单的 Wigley 船体为例，对其产生的内波场进行仿真分析。由于 Wigley 船体结构符合简单的解析表达式，比较容易用具有相同运动速度的源汇模型来近似。设船长 116.0m，宽度为 17m，吃水深度为 3.9m。海水分层位置位于水面下 3.0m 处，上下层海水的密度差为 0.004kg/m^3，场景尺寸为 4000m×2000m，以 1m×1m 的单元大小进行离散。

图 6-10 给出了船速分别为 2.0m/s 和 4.2m/s 时的内波尾迹速度场仿真结果，由于沿着航迹的速度场分量较小，这里只给出了垂直于航迹的速度场分量。从图中可以看出，内波尾迹主要由扩散波组成，而且能够延伸较长距离，这些与 Kelvin 尾迹均不相同。内波尾迹的张角 β 满足 $\sin(\beta/2) = \sqrt{g_0\delta|h|}/U$，对于 2.0m/s 船速 β 为 19.76°，对于 4.2m/s 船速 β 为 9.37°，随着舰船运动速度的增大，内波尾迹会迅速向中心航迹靠拢，这也说明了当舰船运动速度不大时，在分层海水的表面才会产生内波尾迹。与速度场对应的波高场如图 6-11 所示，可以发现，内波尾迹的波高场与其速度场的波形保持一致，但是波高场的幅度值相对较小，并且随着船速的增加，内波尾迹的表面波高幅度并没有明显的变化。

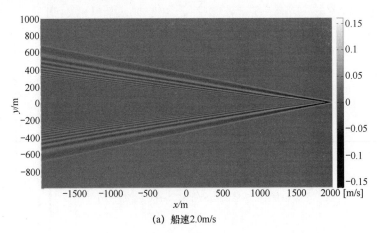

(a) 船速2.0m/s

图 6-10 不同船速的内波尾迹速度场仿真结果

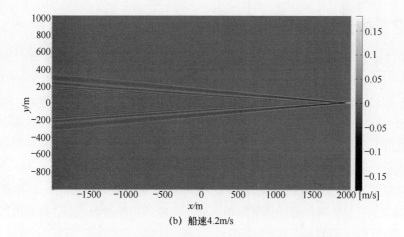

(b) 船速4.2m/s

图 6-10   不同船速的内波尾迹速度场仿真结果（续）

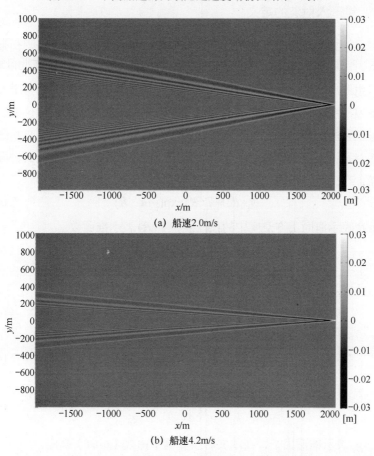

(a) 船速2.0m/s

(b) 船速4.2m/s

图 6-11   根据内波尾迹速度场反演的波高场

6.2 内波尾迹电磁散射计算

6.2.1 小斜率近似模型

20 世纪 90 年代初，Voronovich 提出的小斜率近似（Small Slope Approximation，SSA）方法能够准确地计算各种尺度粗糙面的电磁散射[13]。与数值方法相比，其描述相对简单，并且不需要迭代求解。SSA 方法的基本思想是：依据粗糙面的斜率对散射场中的散射振幅项做级数展开，各阶小斜率近似可以通过保留展开级数的项数来确定。事实证明，二阶小斜率近似（SSA-2）已经能够很好地描述粗糙面的小尺度结构的散射机理，并且可以用来分析动态海面的散射特性。

1. 锥形入射波的定义

对于海面场景电磁散射的仿真，由于入射波的能量通常被限制在有限的区域内，例如 $|x| \leqslant L_x / 2$ 和 $|y| \leqslant L_y / 2$ 确定的二维海面，这说明在此区域外，不会产生感应电流，这样在海面边界处存在感应电流的突变，相当于人为地对电磁波的能量进行了截断处理，从而导致计算误差。为了避免这种边缘效应，可以利用锥形因子对入射波进行处理，使得入射波的能量以高斯函数的形式随着距波束照射区域中心的距离迅速衰减，从而减小有限仿真海面引起的误差。在三维情况下，锥形入射波可以利用式（6-56）表示[14,15]：

$$\varpi_i(\boldsymbol{R}) = T(\boldsymbol{R}) \exp(-i\boldsymbol{k}_i \cdot \boldsymbol{R}) \qquad (6\text{-}56)$$

式中，$\boldsymbol{R}$ 表示海面上方空间中的任一点，$T(\boldsymbol{R})$ 表示锥函数：

$$T(\boldsymbol{R}) = \exp[-i(\boldsymbol{k}_i \cdot \boldsymbol{R})\omega] \exp(-t_x - t_y) \qquad (6\text{-}57)$$

式中，

$$t_x = \frac{(x\cos\theta_i\cos\varphi_i + y\cos\theta_i\sin\varphi_i + z\sin\theta_i)^2}{g_c^2\cos^2\theta_i} \qquad (6\text{-}58)$$

$$t_y = \frac{(-x\sin\varphi_i + y\cos\varphi_i)^2}{g_c^2} \qquad (6\text{-}59)$$

$$w = \frac{1}{k_0^2}\left(\frac{2t_x - 1}{g_c^2\cos^2\theta_i} + \frac{2t_y - 1}{g_c^2}\right) \qquad (6\text{-}60)$$

其中，g_c 表示锥形因子，在本文后续算例中由式（6-61）确定：

$$g_c = \max(L_x, L_y) / 6 \qquad (6\text{-}61)$$

2．SSA-2 方法

根据粗糙面散射理论，海面 $z(r)$ 上方的远区散射场依赖于散射振幅和入射场，二维海面的电磁散射示意图如图 6-12 所示。对于二维海面，小斜率近似理论给出的散射振幅可以表示为

$$S(\boldsymbol{k}_1,\boldsymbol{k}_0)=\frac{1}{(2\pi)^2}\int\varPhi\big[\boldsymbol{k}_1,\boldsymbol{k}_0,z(\boldsymbol{r})\big]\exp[-\mathrm{i}(\boldsymbol{k}_1-\boldsymbol{k}_0)\cdot\boldsymbol{r}+\mathrm{i}(q_{01}+q_1)z(\boldsymbol{r})]\mathrm{d}\boldsymbol{r}\quad(6\text{-}62)$$

图 6-12　二维海面的电磁散射示意图

式中，$\boldsymbol{k}_0$ 和 $\boldsymbol{k}_1$ 分别是入射波矢量和散射波矢量在空气中的水平分量，q_{01} 和 q_1 是它们的垂直分量，相应地，在介质中的垂直分量用 q_{02} 和 q_2 表示。$\varPhi$ 是海面波高起伏的函数，经过级数展开后前两项的表达式为

$$\varPhi\big[\boldsymbol{k}_{\mathrm{s}},\boldsymbol{k}_{\mathrm{i}},z(\boldsymbol{r})\big]=\varPhi_0(\boldsymbol{k}_{\mathrm{s}},\boldsymbol{k}_{\mathrm{i}})+\int\varPhi_1(\boldsymbol{k}_{\mathrm{s}},\boldsymbol{k}_{\mathrm{i}},\boldsymbol{\xi})Z(\boldsymbol{\xi})\mathrm{e}^{\mathrm{i}\boldsymbol{\xi}\cdot\boldsymbol{r}}\mathrm{d}\boldsymbol{\xi}+$$
$$\iint\varPhi_2(\boldsymbol{k}_{\mathrm{s}},\boldsymbol{k}_{\mathrm{i}},\boldsymbol{\xi}_1,\boldsymbol{\xi}_2)Z(\boldsymbol{\xi}_1)Z(\boldsymbol{\xi}_2)\mathrm{e}^{\mathrm{i}(\boldsymbol{\xi}_1+\boldsymbol{\xi}_2)\cdot\boldsymbol{r}}\mathrm{d}\boldsymbol{\xi}_1\mathrm{d}\boldsymbol{\xi}_2+\cdots\quad(6\text{-}63)$$

式中，$Z(\boldsymbol{\xi})$ 是海面波高的傅里叶变换，而且 $\varPhi_2$、$\varPhi_3\cdots$ 分别关于变量 $\boldsymbol{\xi}_1$、$\boldsymbol{\xi}_2\cdots$ 对称。第一项 $\varPhi_0(\boldsymbol{k}_{\mathrm{s}},\boldsymbol{k}_{\mathrm{i}})$ 可表示为

$$\varPhi_0(\boldsymbol{k}_{\mathrm{s}},\boldsymbol{k}_{\mathrm{i}})=\frac{2\sqrt{q_{01}q_1}}{q_{01}+q_1}B_1(\boldsymbol{k}_{\mathrm{s}},\boldsymbol{k}_{\mathrm{i}})\quad(6\text{-}64)$$

式中，B_1 表示一阶展开系数，在各种极化状态下有：

$$B_{1\_\mathrm{HH}}(\boldsymbol{k}_1,\boldsymbol{k}_0)=\frac{\varepsilon-1}{(\varepsilon q_1+q_2)(\varepsilon q_{01}+q_{02})}\left(q_2q_{02}\frac{\boldsymbol{k}_1\cdot\boldsymbol{k}_0}{k_1k_0}-\varepsilon k_1k_0\right)\quad(6\text{-}65)$$

$$B_{1\_\mathrm{HV}}(\boldsymbol{k}_1,\boldsymbol{k}_0)=\frac{\varepsilon-1}{(\varepsilon q_1+q_2)(q_{01}+q_{02})}\frac{\omega_0}{c_0}q_2\frac{N[\boldsymbol{k}_1,\boldsymbol{k}_0]}{k_1k_0}\quad(6\text{-}66)$$

$$B_{1\_VH}(\boldsymbol{k}_1, \boldsymbol{k}_0) = \frac{\varepsilon - 1}{(q_1 + q_2)(\varepsilon q_{01} + q_{02})} \frac{\omega_0}{c_0} q_{02} \frac{N[\boldsymbol{k}_1, \boldsymbol{k}_0]}{k_1 k_0} \qquad (6\text{-}67)$$

$$B_{1\_VV}(\boldsymbol{k}_1, \boldsymbol{k}_0) = -\frac{\varepsilon - 1}{(q_1 + q_2)(q_{01} + q_{02})} \left(\frac{\omega_0}{c_0}\right)^2 \frac{\boldsymbol{k}_1 \cdot \boldsymbol{k}_0}{k_1 k_0} \qquad (6\text{-}68)$$

其中，ω_0 表示入射波的角频率，c_0 为光速，单位矢量 $\boldsymbol{N}(0,0,1)$ 为水平面的法向量，运算操作 $\boldsymbol{N}[\boldsymbol{k}_1, \boldsymbol{k}_0] = \boldsymbol{N} \cdot (\boldsymbol{k}_1 \times \boldsymbol{k}_0)$。

对于式（6-63）中的二阶项，经过推导可得简化后的表达式：

$$\Phi_1(\boldsymbol{k}_1, \boldsymbol{k}_0, \boldsymbol{\xi}) = -\frac{\mathrm{i}}{2} \frac{\sqrt{q_0 q_{01}}}{q_0 + q_{01}} [B_2(\boldsymbol{k}_1, \boldsymbol{k}_0, \boldsymbol{k}_1 - \boldsymbol{\xi}) + B_2(\boldsymbol{k}_1, \boldsymbol{k}_0, \boldsymbol{k}_1 + \boldsymbol{\xi}) + \qquad (6\text{-}69)$$
$$2(q_0 + q_{01})B_1(\boldsymbol{k}_1, \boldsymbol{k}_0)]$$

式中，B_2 表示二阶展开系数，在各种极化状态下有：

$$B_{2\_HH}(\boldsymbol{k}_1, \boldsymbol{k}_0, \boldsymbol{\xi}) = \frac{\varepsilon - 1}{(\varepsilon q_1 + q_2)(\varepsilon q_{01} + q_{02})} \left\{ \frac{-2(\varepsilon - 1)}{\varepsilon q_{\xi 1} + q_{\xi 2}} \left(q_2 q_{02} \frac{\boldsymbol{k}_1 \cdot \boldsymbol{\xi}}{k_1} \frac{\boldsymbol{\xi} \cdot \boldsymbol{k}_0}{k_0} + \varepsilon k_1 k_0 \xi^2 \right) + \right.$$
$$2\varepsilon \frac{q_{\xi 1} + q_{\xi 2}}{\varepsilon q_{\xi 1} + q_{\xi 2}} \left(k_0 q_2 \frac{\boldsymbol{k}_1 \cdot \boldsymbol{\xi}}{k_1} + k_1 q_{02} \frac{\boldsymbol{\xi}_1 \cdot \boldsymbol{k}_0}{k_0} \right) -$$
$$\left. \left[\varepsilon \left(\frac{\omega_0}{c_0}\right)^2 (q_2 + q_{02}) + 2 q_2 q_{02}(q_{\xi 1} - q_{\xi 2}) \right] \frac{\boldsymbol{k}_1 \cdot \boldsymbol{k}_0}{k_1 k_0} \right\}$$
$$(6\text{-}70)$$

$$B_{2\_HV}(\boldsymbol{k}_1, \boldsymbol{k}_0, \boldsymbol{\xi}) = \frac{(\varepsilon - 1)\omega_0 / c_0}{(\varepsilon q_1 + q_2)(q_{01} + q_{02})} \left\{ \frac{-2(\varepsilon - 1)}{\varepsilon q_{\xi 1} + q_{\xi 2}} q_2 \frac{\boldsymbol{k}_1 \cdot \boldsymbol{\xi}}{k_1} \frac{\boldsymbol{N}[\boldsymbol{\xi}, \boldsymbol{k}_0]}{k_0} + \right.$$
$$2\varepsilon \frac{q_{\xi 1} + q_{\xi 2}}{\varepsilon q_{\xi 1} + q_{\xi 2}} k_1 \frac{\boldsymbol{N}[\boldsymbol{\xi}, \boldsymbol{k}_0]}{k_0} - \qquad (6\text{-}71)$$
$$\left. \left[\varepsilon \left(\frac{\omega_0}{c_0}\right)^2 + q_2 q_{02} + 2 q_2 (q_{\xi 1} - q_{\xi 2}) \right] \frac{\boldsymbol{N}[\boldsymbol{k}_1, \boldsymbol{k}_0]}{k_1 k_0} \right\}$$

$$B_{2\_VH}(\boldsymbol{k}_1, \boldsymbol{k}_0, \boldsymbol{\xi}) = \frac{(\varepsilon - 1)\omega_0 / c_0}{(q_1 + q_2)(\varepsilon q_{01} + q_{02})} \left\{ \frac{2(\varepsilon - 1)}{\varepsilon q_{\xi 1} + q_{\xi 2}} q_{02} \frac{\boldsymbol{k}_0 \cdot \boldsymbol{\xi}}{k_0} \frac{\boldsymbol{N}[\boldsymbol{\xi}, \boldsymbol{k}_1]}{k_1} + \right.$$
$$2\varepsilon \frac{q_{\xi 1} + q_{\xi 2}}{\varepsilon q_{\xi 1} + q_{\xi 2}} k_0 \frac{\boldsymbol{N}[\boldsymbol{\xi}, \boldsymbol{k}_1]}{k_1} - \qquad (6\text{-}72)$$
$$\left. \left[\varepsilon \left(\frac{\omega_0}{c_0}\right)^2 + q_2 q_{02} + 2 q_{02} (q_{\xi 1} - q_{\xi 2}) \right] \frac{\boldsymbol{N}[\boldsymbol{k}_1, \boldsymbol{k}_0]}{k_1 k_0} \right\}$$

$$B_{2\_VV}(\boldsymbol{k}_1, \boldsymbol{k}_0, \boldsymbol{\xi}) = \frac{(\varepsilon-1)(\omega_0/c_0)^2}{(q_1+q_2)(q_{01}+q_{02})} \left\{ \frac{-2(\varepsilon-1)}{\varepsilon q_{\xi1}+q_{\xi2}} \left(\frac{\boldsymbol{k}_1 \cdot \boldsymbol{\xi}}{k_1} \frac{\boldsymbol{\xi} \cdot \boldsymbol{k}_0}{k_0} - \varepsilon^2 \frac{\boldsymbol{k}_1 \cdot \boldsymbol{k}_0}{k_1 k_0} \right) + \right.$$
$$\left. \left[q_2 + q_{02} + 2(q_{\xi1} - q_{\xi2}) \right] \frac{\boldsymbol{k}_1 \cdot \boldsymbol{k}_0}{k_1 k_0} \right\}$$

$$(6-73)$$

因此，考虑利用锥形入射波减小截断误差，SSA-2 的散射振幅可表示为

$$S(\boldsymbol{k}_1, \boldsymbol{k}_0) = \frac{2\sqrt{q_{01}q_1}}{(q_0+q_{01})\sqrt{P^{\text{inc}}}} \int \frac{\mathrm{d}\boldsymbol{r}}{(2\pi)^2} T[\boldsymbol{r}, z(\boldsymbol{r})] \exp[-j(\boldsymbol{k}_1-\boldsymbol{k}_0)\cdot\boldsymbol{r} + \mathrm{i}(q_1+q_{01})z(\boldsymbol{r})] \times$$
$$\left[B(\boldsymbol{k}_1, \boldsymbol{k}_0) - \frac{\mathrm{i}}{4} \int M(\boldsymbol{k}_1, \boldsymbol{k}_0, \boldsymbol{\xi}) Z(\boldsymbol{\xi}) \exp(\mathrm{i}\boldsymbol{\xi}\cdot\boldsymbol{r}) \mathrm{d}\boldsymbol{\xi} \right]$$

$$(6-74)$$

式中，函数 $M(\cdot)$ 不仅和粗糙面的起伏高度有关，还与其斜率有关：

$$M(\boldsymbol{k}_1, \boldsymbol{k}_0, \boldsymbol{\xi}) = B_2(\boldsymbol{k}_1, \boldsymbol{k}_0, \boldsymbol{k}_1-\boldsymbol{\xi}) + B_2(\boldsymbol{k}_1, \boldsymbol{k}_0, \boldsymbol{k}_0+\boldsymbol{\xi}) + 2(q_0+q_{01})B_1(\boldsymbol{k}_1, \boldsymbol{k}_0)$$

$$(6-75)$$

根据 SSA-2 模型给出的散射振幅，散射场由其二阶矩决定，则粗糙面的散射系数（Normalized Radar Cross-Section，NRCS）可以表示为

$$\sigma_0^{\text{SSA}} = 4\pi q_1 q_{01} E\{\Delta S(\boldsymbol{k}_1, \boldsymbol{k}_0)\left[\Delta S(\boldsymbol{k}_1, \boldsymbol{k}_0)\right]^*\} \qquad (6-76)$$

式中，$E(\cdot)$ 表示多个样本的平均，而且：

$$\Delta S(\boldsymbol{k}_1, \boldsymbol{k}_0) = S(\boldsymbol{k}_1, \boldsymbol{k}_0) - E\left[S(\boldsymbol{k}_1, \boldsymbol{k}_0)\right] \qquad (6-77)$$

此外，海杂波的多普勒谱定义为时变散射场的功率谱密度，能够表征海浪波的动态特性，利用标准谱估计方法可以求得散射回波的多普勒谱[16,17]：

$$S_{\text{Doppler}}(f) = \frac{1}{T} E\left[\left|\int_0^T \boldsymbol{S}(\boldsymbol{k}_1, \boldsymbol{k}_0, t) \exp(-\mathrm{i}2\pi ft)\mathrm{d}t\right|^2\right] \qquad (6-78)$$

式中，T 为动态海面的变化总时间。

6.2.2　内波尾迹对海面电磁散射系数的影响

由于内波尾迹场景通常比较大，很难利用 SSA-2 散射模型直接计算整个尾迹场景的电磁散射系数。为此在仿真时将内波尾迹分为 4 个区域进行研究，如图 6-13 所示。4 个区域的面积均为 64m×64m，船速为 2.0m/s，在此基础上分析内波尾迹对海面电磁散射系数的影响。设电磁波频率为 1.2GHz，场景按

1/8 波长进行剖分，所有的仿真结果均是对 150 个海面样本的统计平均。考虑到内波尾迹的波高幅度比较小，所以在仿真时风速固定为 1.0m/s。

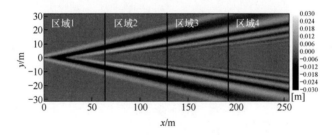

图 6-13　将内波尾迹分为 4 个区域进行研究

　　首先研究内波尾迹对海面后向散射系数的影响。图 6-14 分别给出纯海面和包含内波尾迹的海面在 4 个区域的后向散射系数的计算结果。从图中可以看到，低风速时海面的后向散射系数在小入射角内的变化呈现出先减小再增大的趋势，这一点与正常风速的结果有一定的差异。当存在内波尾迹时，海面在近垂直入射范围内的散射特性变化比较明显，而在中等入射角及掠入射情况下，其后向散射系数具有相同的变化趋势，而且尾迹对海面的总散射场影响相对较小。在区域 1 中，内波尾迹波峰和波谷之间的差异最大，使得海面在入射角度较小时的后向散射出现了一定的振荡特征。而对于其后的区域，尾迹对海面散射特性的影响范围越来越小，基本上在 $\theta_i < 5°$ 或者更小的范围内。从极化特性来看，对于 VV 极化和 HH 极化，内波尾迹对海面散射特性的影响相似。

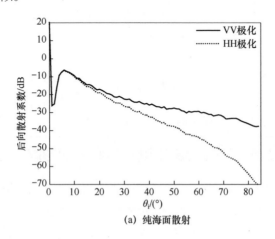

(a) 纯海面散射

图 6-14　纯海面和包含内波尾迹的海面在 4 个区域的后向散射系数的计算结果

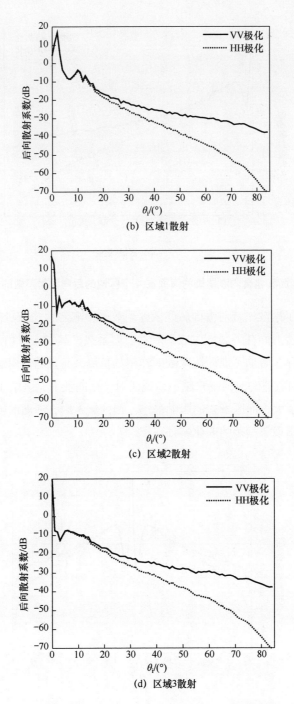

(b) 区域1散射

(c) 区域2散射

(d) 区域3散射

图 6-14　纯海面和包含内波尾迹的海面在 4 个区域的后向散射系数的计算结果（续）

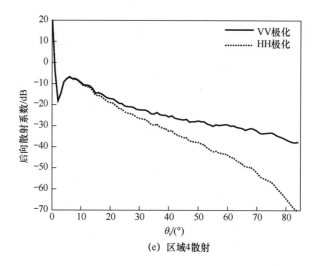

(e) 区域4散射

图 6-14　纯海面和包含内波尾迹的海面在 4 个区域的后向散射系数的计算结果（续）

在分析了内波尾迹对海面后向散射系数的影响之后，图 6-15 给出了纯海面和内波尾迹海面在各区域对应的双站散射系数，其中入射角为 0°。首先内波尾迹的存在增加了海面镜向散射作用的范围，而且随着尾迹从区域 1 到区域 4，镜向散射的范围越来越窄，说明对于镜向散射，区域 1 对海面双站散射的影响最大，而区域 4 的影响最小。在区域 1 内，海面的散射系数得到增加，同样出现了振荡的变化特征。

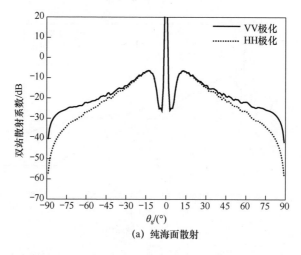

(a) 纯海面散射

图 6-15　纯海面和内波尾迹在各区域对应的双站散射系数（入射角 $\theta_i = 0°$）

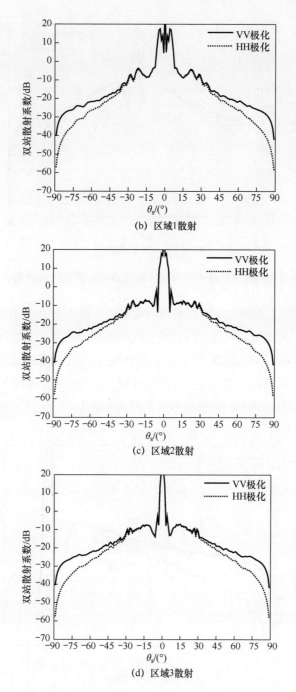

(b) 区域1散射

(c) 区域2散射

(d) 区域3散射

图 6-15　纯海面和内波尾迹在各区域对应的双站散射系数（入射角 $\theta_i = 0°$）（续）

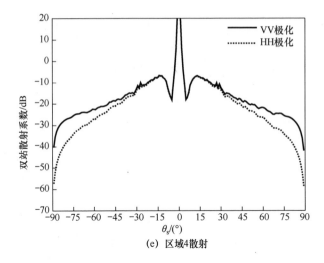

(e) 区域4散射

图 6-15　纯海面和内波尾迹在各区域对应的双站散射系数（入射角 $\theta_i = 0°$）（续）

图 6-16 为入射角为 60° 时的纯海面和内波尾迹海面的双站散射系数对比。同样地，内波尾迹增加了海面镜向散射区域的宽度，同时散射强度也有不同程度的增大。与入射角 0° 相比，在区域 1 内散射系数的振荡特征相对平滑。当内波尾迹从区域 1 变化到区域 4 时，振荡特征逐渐消失，散射系数也慢慢变小，而且对海面散射的影响范围越来越小。

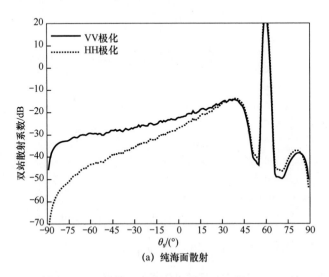

(a) 纯海面散射

图 6-16　纯海面和内波尾迹海面的双站散射系数对比（入射角 $\theta_i = 60°$）

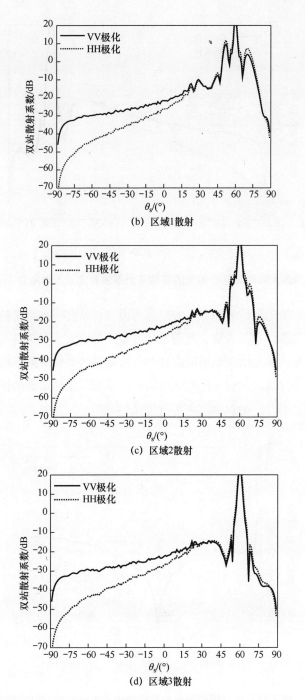

(b) 区域1散射

(c) 区域2散射

(d) 区域3散射

图 6-16　纯海面和内波尾迹海面的双站散射系数对比（入射角 $\theta_i = 60°$）（续）

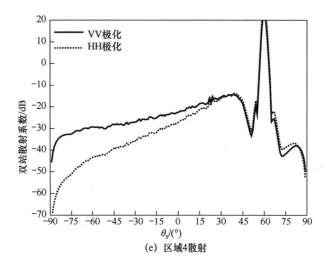

(e) 区域4散射

图 6-16　纯海面和内波尾迹海面的双站散射系数对比（入射角 $\theta_i = 60°$ ）（续）

图 6-17 给出了纯海面和内波尾迹海面的双站散射系数随散射方位角的变化情况。从图中可以看到，随着散射方位角的增大，无论是 VV 极化还是 HH 极化，接收振幅的最小值的位置并没有明显的变化。但是在散射方位角较小时，4 个区域内的双站散射系数均有所增加，但是增加的幅度从区域 1 到区域 4 越来越小，而且会出现部分振荡特征。

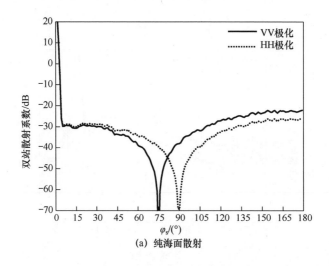

(a) 纯海面散射

图 6-17　纯海面和内波尾迹海面的双站散射系数随散射方位角的变化情况

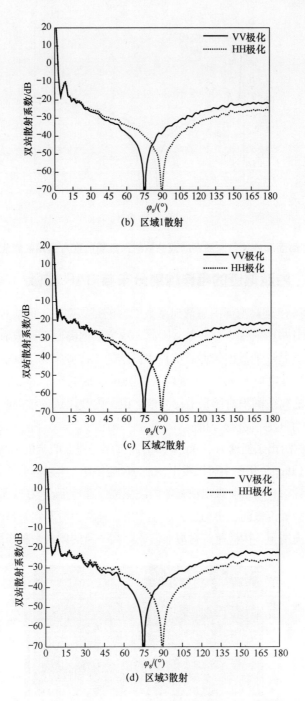

(b)　区域1散射

(c)　区域2散射

(d)　区域3散射

图 6-17　纯海面和内波尾迹海面的双站散射系数随散射方位角的变化情况（续）

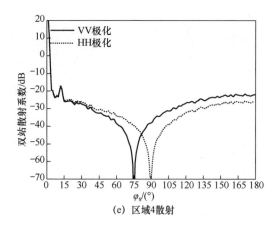

(e) 区域4散射

图 6-17 纯海面和内波尾迹海面的双站散射系数随散射方位角的变化情况（续）

6.2.3 内波尾迹的电磁散射分布与 SAR 成像

由于内波尾迹对海面的总散射系数的影响是有限的，但是对海面不同位置的散射场分布影响却十分显著，因此，本节根据海面面元散射场的分布特性来研究内波尾迹的散射特性。仿真中雷达的工作频率为 10.0GHz，入射角为 40°，入射方位角为 90°，仿真场景取图 6-11 舰船尾部的 1000m×500m 区域，以 1m 的离散间隔对场景进行离散。由于内波尾迹的波高幅度比较小，所以主要针对低海情进行分析。

图 6-18 给出了船速为 2.0m/s 时的内波尾迹海面的全极化面元散射分布图，风速为 1.0m/s。从图中可以看出，因为风速很小，所以海面接近平静状态，在同极化的散射分布中呈现出清晰的内波尾迹纹理特征，而在交叉极化中整个场景的散射能量都很弱，再加上去极化作用，基本上看不到明显的尾迹特征。这说明在低海情下，内波尾迹对海浪波还存在一定的倾斜调制作用。

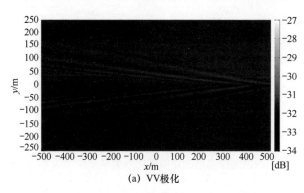

(a) VV极化

图 6-18 内波尾迹海面的全极化面元散射分布

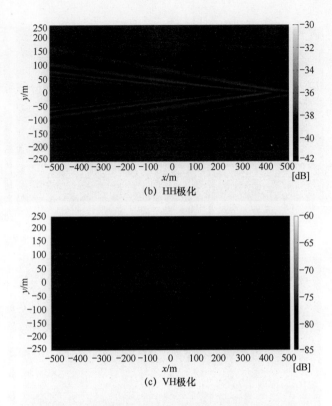

(b) HH极化

(c) VH极化

图 6-18　内波尾迹海面的全极化面元散射分布（续）

随着风速的增加，海浪波的波高及其波长会明显变大，继而会对内波尾迹的散射特征产生一定的影响。在图 6-19 中，海面上风速分别为 1.0m/s、3.0m/s 和 5.0m/s，船速固定为 2.0m/s，极化方式为 HH 极化。可以看到，当风速增大时，在散射系数分布图中，内波尾迹的纹理特征变得越来越模糊。这说明增大风速会使得内波尾迹对海浪波的倾斜作用变弱，然而在某些特定的海域，SAR 图像仍然能够检测到内波尾迹特征，说明除了倾斜作用，内波尾迹对 SAR 成像还存在其他调制作用。

船速的变化能够直接影响内波尾迹的波形，不同船速下内波尾迹的面元散射系数分布如图 6-20 所示，风速为 1.0m/s，船速分别为 2.0m/s 和 4.2m/s，极化方式为 HH 极化。从图中可以看到，随着船速的增加，内波尾迹的散射场分布表现出与内波场一致的纹理特征，内波尾迹迅速向舰船航迹中心线靠拢，尾迹张角变小。这意味着当舰船速度快到一定程度时，内波尾迹两边的扩散波会在舰船的航迹上重合，也就没有了扩散波的尾迹特征，因此内波尾迹通常会出现在船速相对较慢的情况下。

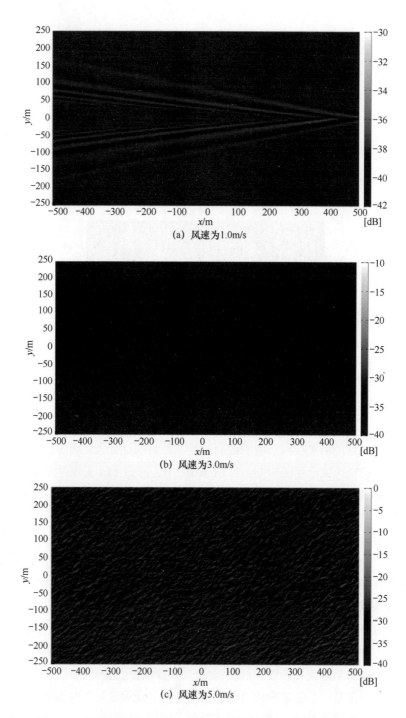

(a) 风速为1.0m/s

(b) 风速为3.0m/s

(c) 风速为5.0m/s

图 6-19　不同风速下内波尾迹的面元散射分布（船速为 2.0m/s）

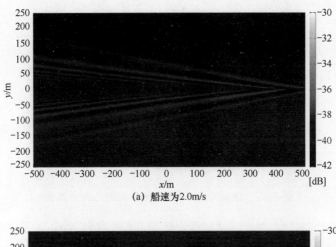

(a) 船速为2.0m/s

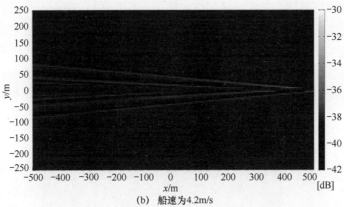

(b) 船速为4.2m/s

图 6-20　不同船速下内波尾迹的面元散射分布（风速为 1.0m/s）

图 6-21 给出了内波尾迹的 SAR 成像仿真流程，主要包括海面建模、内波尾迹建模、电磁散射计算和 SAR 成像仿真。仿真的几何示意图如图 6-22 所示，雷达平台沿 $\hat{\boldsymbol{x}}_{\mathrm{g}}$ 方向运动，雷达入射波频率为 10.0GHz，入射角为 40°，平台的距离速度比为 80s，场景积分时间为 0.5s，成像场景大小为 1000m×500m，内波尾迹的模拟参数与图 6-11 保持一致。

图 6-21 内波尾迹的 SAR 成像仿真流程

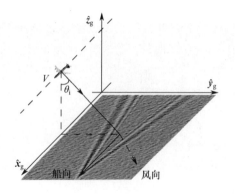

图 6-22　内波尾迹 SAR 成像仿真的几何示意图

　　考虑到内波尾迹的表面波起伏比较小，首先要对 SAR 成像过程中内波尾迹的波高场和速度场作用进行分析。基于面元散射模型和速度聚束成像模型，图 6-23 给出了考虑速度场调制作用和不考虑速度场调制作用的内波尾迹 SAR 图像，仿真中风速为 3.0m/s，船速为 2.0m/s，SAR 平台沿着平行于雷达平台的运动方向运动。从图中可以看到，由于速度场和波高场的复合作用，

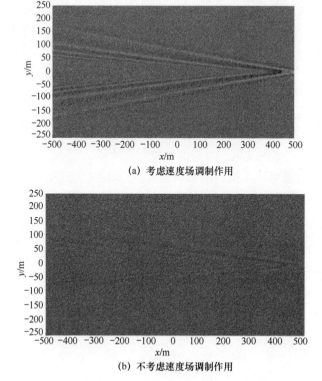

(a) 考虑速度场调制作用

(b) 不考虑速度场调制作用

图 6-23　考虑速度场调制作用和不考虑速度场调制作用的内波尾迹 SAR 图像

在图 6-23(a)中内波尾迹可以很容易地被分辨出来，而当不考虑速度场调制作用时，SAR 图像中的尾迹特征变得很模糊。这说明对于内波尾迹的 SAR 成像，速度场的调制作用比波高场的倾斜调制作用要更加重要。

当舰船运动速度变化时，内波尾迹的波峰模式会发生明显的变化。不同船速下的内波尾迹 SAR 成像仿真结果如图 6-24 所示。仿真中同时考虑了同极化（VV 极化和 HH 极化）条件和交叉极化（VH）条件，风速为 3.0m/s，船速分别为 2.0m/s 和 4.2m/s。从图中可以发现，SAR 图像中的内波尾迹具有很强的明暗交替的线性特征，在同极化条件下，内波尾迹的扩散波特征比较清晰，这是因为内波尾迹和海面短波场的相互作用对海浪波进行调制，使得原来的波浪形态发生改变。但是 HH 极化 SAR 图像中波峰和波谷的差异明显比 VV 极化要大。此外，由于去极化作用，在交叉极化图像中几乎很难观察到内波尾迹的纹理特征。

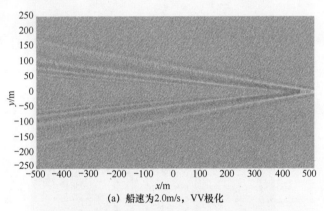

(a) 船速为2.0m/s，VV极化

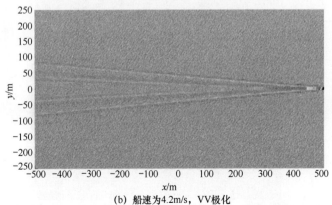

(b) 船速为4.2m/s，VV极化

图 6-24　不同船速下的内波尾迹 SAR 成像仿真结果

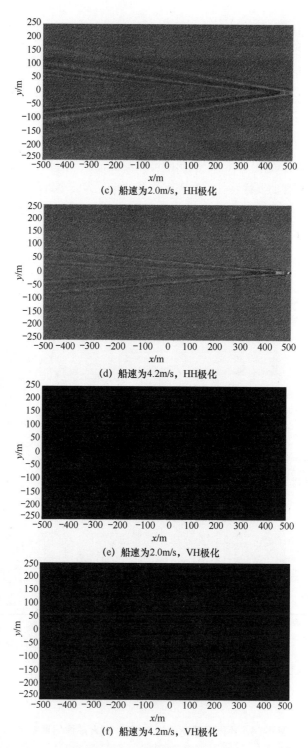

(c) 船速为2.0m/s，HH极化

(d) 船速为4.2m/s，HH极化

(e) 船速为2.0m/s，VH极化

(f) 船速为4.2m/s，VH极化

图 6-24　不同船速下的内波尾迹 SAR 成像仿真结果（续）

在 SAR 图像中内波尾迹特征的分辨力与背景海杂波的等级紧密相关，不同风速下内波尾迹的 SAR 图像（HH 极化）如图 6-25 所示。舰船运动速度为 2.0m/s，风速从 3.0m/s 增大到 7.0m/s，对应的海况从低海情到中等海情。从图中可以看到，在风速为 3.0m/s 时，SAR 图像中的内波尾迹特征非常明显，但是随着风速的增加，其可见性越来越差。在风速较小时，内波尾迹对海浪波的调制作用在雷达散射回波中贡献比较大，当风速变大时，海浪波受到内波尾迹的调制作用逐渐减小。当风速为 7.0m/s 时，内波尾迹基本上被海浪波完全覆盖。此外，对于特定的雷达入射角，风速的增加在一定程度上也会增加海浪波的 Bragg 散射。

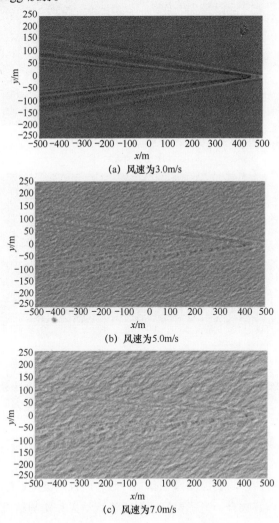

(a) 风速为3.0m/s

(b) 风速为5.0m/s

(c) 风速为7.0m/s

图 6-25　不同风速下内波尾迹的 SAR 图像（HH 极化）

为了分析雷达视向对 SAR 图像中内波尾迹特征的影响，考虑两种特殊情况，即雷达平台的运动方向分别与舰船航迹垂直和平行，雷达方位角分别为 0° 和 90°，对应的内波尾迹 SAR 图像如图 6-26 所示，船速为 2.0m/s，风速为 3.0m/s。可以看到，当方位角为 0° 时，在 SAR 图像中除了海浪波特征，几乎没有任何尾迹特征，因为在这种情况下，内波尾迹的传播方向近似与雷达视线方向垂直，对雷达散射回波贡献很小。而当方位角为 90° 时，内波尾迹可以很好地在 SAR 图像中分辨出来。

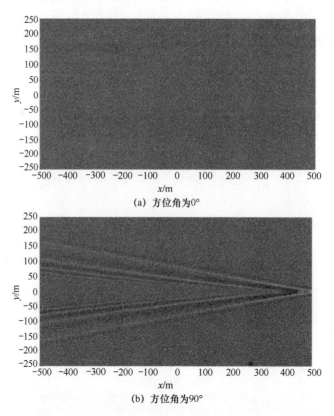

(a) 方位角为0°

(b) 方位角为90°

图 6-26　不同雷达方位角下内波尾迹的 SAR 图像（HH 极化）

图 6-27 给出的是仿真和实测的内波尾迹 SAR 图像对比。参照实测条件[4]，设定雷达频率为 9.25GHz，极化条件为 VV 极化，雷达入射角为 26°，图像大小为 4096m×2048m。在不考虑外侧 Kelvin 尾迹的情况下，仿真的 SAR 图像中的内波尾迹特征与实测图像中基本一致，而且内波尾迹中扩散波的波长也与实测图像较好吻合。为了更好地对比仿真结果和实测结果，在图像中截取实线框区域，并对其中内波尾迹的波峰曲线进行对比，如图 6-28 所示。为

了满足所截区域距船尾的距离近似相等，将实测图像中线框的坐标稍微向左偏移。从波峰位置的对比可以看出，仿真结果与实测结果吻合得较好。

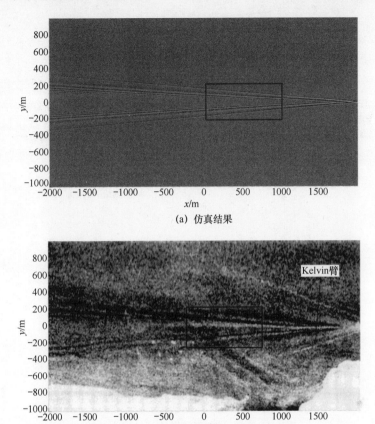

(a) 仿真结果

(b) 实测结果

图 6-27　仿真和实测的内波尾迹 SAR 图像对比

在图 6-28(a)中以最下面一条曲线为例，分别对仿真和实测的曲线利用最小二乘法进行线性拟合，拟合后的参数见表 6-1。其中斜率和截距决定了内波尾迹的张角，拟合的参数基本上相差不大，而差异可能是由海水分层引起的，在仿真中使用的是离散内波层对海水进行近似描述，而实际上海水的分层特征由 B-V 频率表征，例如扩散内波层。但是，实测结果的标准差要比仿真结果的大，两者的常规残差的对比如图 6-28(b)所示，这些误差一方面来自内波尾迹的非线性波流作用，在仿真时并没有考虑，另一方面则可能来自各种噪声的干扰。

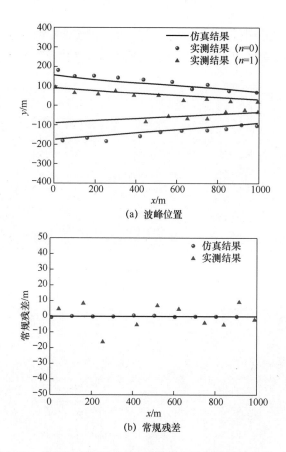

(a) 波峰位置

(b) 常规残差

图 6-28　仿真和实测的 SAR 图像中内波尾迹波峰曲线对比

表 6-1　仿真和实测结果的线性拟合参数

	斜率	标准差	截距	标准差
仿真结果	0.0839	$6.20e^{-5}$	−173.88	0.0357
实测结果	0.0886	$8.68e^{-3}$	−181.32	5.498

6.3　本章小节

　　本章从内波层理论出发，对运动舰船产生的内波尾迹的电磁散射特性和 SAR 图像进行仿真研究，介绍了 SSA 模型，并分区域计算了含内波尾迹海面的电磁散射总场特性。通过分析各种参数下的仿真结果，可以得到如下结论：

　　（1）根据海水密度的变化特性，可以利用离散内波层和扩散内波层来近似表示。离散内波层的模型比较简单，能够很好地用于内波尾迹的理论分析。

扩散内波层更接近现实情况，但是在处理算法上有一定的难度。

（2）从内波尾迹的速度场和波高场的仿真结果可以看到，内波尾迹只包含扩散波，而且能够延伸很长距离，但是其波高幅度比较小。随着舰船运动速度的增加，内波尾迹会迅速向中心航迹靠拢。

（3）内波尾迹的电磁散射特性表明，内波尾迹对海面的单、双站散射系数的影响主要体现在近垂直入射范围内，除了散射系数的增大外，还会出现一定的振荡特征。根据内波尾迹的面元散射分布，只有在低海情下，尾迹对海面才会产生一定的倾斜调制作用。

由于内波尾迹波幅相对较小，只有在低海情下能够体现出差异，所以在内波尾迹 SAR 成像的研究中需要更多地考虑速度场调制作用。

参考文献

[1] ROBINSON I S. Discovering the Ocean from Space—The Unique Application of Satellite Oceanography [M]. Springer Praxis, 2010.

[2] 种劲松，欧阳越，朱敏慧. 合成孔径雷达图像海洋目标检测 [M]. 北京：海洋出版社，2006.

[3] STRAPLETON N R, PERRY J R. Synthetic aperture radar imaging of ship-generated internal-waves during the UK-US Loch Linnhe series of experiments [C]. Geoscience and Remote Sensing Symposium, 1992. IGARSS'92. International. IEEE, 1992, 2: 1338-1340.

[4] WATSON G, CHAPMAN R, APEL J. Measurements of the Internal Wave Wake of a Ship in a Highly Stratifid Sea Loch [J]. J. Geophys. Res., 1992, 97(C6): 9689-9703.

[5] KELLER J B, MUNK W H. Internal Wave Wakes of a Body Moving in a Stratified Fluid [J]. The Physics of Fluids, 1970, 13(6): 1425-1431.

[6] PHILLIPS O M. The Dynamics of the Upper Ocean [M]. 2nd Ed. New York: Cambridge University Press, 1977.

[7] TULIN M P, YAO Y, WANG P. The generation and propagation of ship internal waves in a generally stratified ocean at high densimetric Froude numbers, including nonlinear effects [J]. J. Ship Res., 2000, 44(3): 197-227.

[8] TULIN M P, YAO Y, WANG P. The generation and propagation of ship internal waves in a generally stratified ocean at high densimetric Froude numbers, including nonlinear effects [J]. J. Ship Res., 2000, 44(3): 197-227.

[9] LIGHTHILL J. Waves in Fluids [M]. New York: Cambridge University Press, 2001.

[10] 于玲红. 工程流体力学 [M]. 北京: 机械工业出版社, 2015.

[11] HOLLOWAY P, PELINOVSKY E, TALIPOVA T. Internal tide transformation and oceanic internal solitary waves [M]. Environmental stratified flows. Springer US, 2003, 29-60.

[12] COURANT R, HILBERT D. Method of Mathematical Physics, Vol. I [M]. New York: John Wiley, 1953.

[13] VORONOVICH A G. Waves scattering from rough surfaces [M]. Berlin: Springer-Verlag, 1994.

[14] TSANG L, KONG A, DING K H, et al. Scattering of electromagnetic waves, numerical simulation [J]. Remote Sensing, 2001.

[15] BROSCHAT S L. The small slope approximation reflection coefficient for scattering from a "Pierson-Moskowita" sea surface [J]. IEEE Trans. Geosci. Remote Sens., 1993, 31(5): 1112-1114.

[16] SORIANO G, JOELSON M, SAILLARD M. Doppler spectra from a two-dimensional ocean surface at L-Band [J]. IEEE Trans. Geosci. Remote Sens., 2006, 39(11): 2411-2420.

[17] TOPORKOV J V, BROWN G S. Numerical simulations of scattering from time-varying randomly rough surface [J]. IEEE Trans. Geosci. Remote Sens., 2000, 38(4): 1616-1625.

第 7 章

水下运动目标尾迹

水下运动目标尾迹的 SAR 成像研究是海洋目标尾迹中最有趣的话题。水下运动目标潜航于水下，因此其水面尾迹成为空中高频微波雷达在海面唯一能感知到的信息。与水上目标类似，水下运动目标尾迹也存在多种模式。首先，水下运动目标前进，会因排开水体在其上方水域形成一组驼峰状波纹，称作伯努利水丘（Bernoulli hump）。此外，当目标运动接近水面或潜航速度较快时，类似于水面目标，在伯努利水丘后方会形成内 Kelvin 尾迹和随机尾流。随机尾流不同于水面湍流尾迹，由于其特征尺寸较短，会随着目标潜深增加和海水分层效应在水下迅速消弭，在水面上有时呈现为大尺度饼状涡（Pancake eddies），可被红外装置所探测。在密度分层水域中，当水面目标以相对较慢的速度潜航至更深位置时，内 Kelvin 尾迹会逐渐消失，并转换为窄 V 形状的内波尾迹，内波尾迹虽然波幅较小，但是由于其对海面粗糙度的调制作用，可以被 SAR 侦测到。

图 7-1 给出了水下运动目标尾迹 SAR 探测示意图，水下运动目标尾迹的各个成分，从产生、形成特定的波浪模式，到传播至水面、改变海面背景波的粗糙度，最终被 SAR 所感知并出现在雷达图像中，同时受到目标运动参数、水下盐-温分层、海面风浪以及雷达参数的影响。

本章希望通过结合 CFD 方法与调制谱面元散射模型，给出一种较为通用的水下运动目标尾迹 SAR 成像的仿真方法。通过 CFD 方法对任意分层情况下的水下运动目标尾迹特征进行较全面的分析，讨论各运动模式下各类真实尺寸的水下运动目标尾迹的表面波特征。同时结合调制谱面元散射模型，考虑真实风浪与尾迹间的非线性作用，尤其是连续分层条件下波流效应对内波尾迹 SAR 图像的影响，开展了水下运动目标尾迹的 SAR 成像仿真。

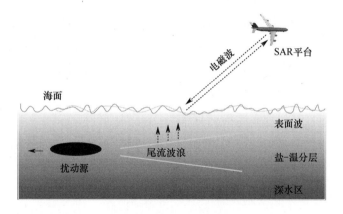

图 7-1 水下运动目标尾迹 SAR 探测示意图

7.1 水下运动目标尾迹流场仿真

对于水下运动目标尾迹的几何建模，传统方法是使用势流理论，通过水波的色散关系得到尾迹的波面信息，势流方法通常将目标简化为点源分布，同时忽略湍流模型的影响。相比于势流理论，CFD 方法可以考虑湍流的影响、尾迹的时变信息、不同模型对尾迹的影响以及复杂的盐-温分层现象，在处理各类工程问题方面更为灵活。本节使用基于开源 C++类库 OpenFOAM 中的多相流求解器 multiphasInterFOAM 对水下运动目标尾迹流场信息进行求解。本节还根据实验水池中浸没卵形体的尾迹结果对 CFD 方法的精度进行了验证。同时，对真实尺寸下的水下运动目标尾迹进行了仿真，初步讨论了目标模型对尾迹形态的影响。

7.1.1 均匀流下的水下运动目标尾迹

对于水下运动目标潜行在水面激发的伯努利水丘、内 Kelvin 尾迹、随机尾流和不同分层条件下形成的体效应内波（一些文献也称之为 lee 波），传统的势流理论通常是对各尾流分量分开处理，忽略各尾流间的耦合，很难判断各尾流共同存在时的海面尾迹波纹。而 CFD 方法通过求解离散单元的基本流体方程，并通过 VOF 方法估算出尾迹的整体波型。真实海洋环境中的水下运动目标尾迹与海洋的纵向盐-温分层密不可分。盐-温分层在 CFD 仿真中主要有两种实现方式：通过设定温度纵向变化的可压缩流体[1,2]和求解密度分层的不可压流体[3]。不考虑尾迹的红外特征，盐-温分层对尾迹的主要影响表现为密度分层，深层海水比浅层海水盐度更高、温度更低、密度更大。因此，海水的浮力平衡会随着深度的改变而改变，水下很小的扰动也会引起大范围的内部波动，持续扰动的累积影响则会形成稳定的内波尾迹。

本节主要通过求解密度分层的不可压流体来实现海水分层。将上、下层海水分别视作密度不同的两种流体，加上空气，使用基于 VOF 界面捕获的不可压、不可溶多相流求解器 multiphasInterFOAM 对流场进行求解。控制方程如下：

$$\nabla \cdot \boldsymbol{U} = 0 \tag{7-1}$$

$$\frac{\partial}{\partial t}(\rho \boldsymbol{U}) + \nabla \cdot (\rho \boldsymbol{U}\boldsymbol{U}) \tag{7-2}$$
$$= -\nabla(p - \rho \boldsymbol{g} \cdot \boldsymbol{x}) - \boldsymbol{g} \cdot \boldsymbol{x}\nabla\rho + \nabla \cdot (\mu_{\mathrm{eff}}\nabla \boldsymbol{U}) + (\nabla \boldsymbol{U}) \cdot \nabla\mu_{\mathrm{eff}} + \boldsymbol{f}$$

其中，$\boldsymbol{f}$ 为源项，由表面张力项和消波阻尼项组成；$\mu_{\mathrm{eff}} = \nu + \nu_{\mathrm{t}}$，为黏度项，由运动黏度 ν 和涡流黏度 ν_{t} 组成。涡流黏度 ν_{t} 通过湍流模型得到。

$$\nu_{\mathrm{t}} = \frac{a_1 k}{\max(a_1\omega, F_2\Omega)} \tag{7-3}$$

式中，k 和 ω 分别表示流体的湍流动能和湍流频率。这里使用雷诺平均模型对方程进行闭合处理，采用 Menter[4]提出的剪切应力输运（SST）$k - \omega$ 模型。模型的控制方程如下：

$$\frac{\partial}{\partial t}(\rho k) + \nabla \cdot (\rho \boldsymbol{U}k) = \nabla \cdot (\Gamma_k \nabla k) + \tilde{P}_k - D_k \tag{7-4}$$

$$\frac{\partial}{\partial t}(\rho \omega) + \nabla \cdot (\rho \boldsymbol{U}\omega) = \nabla \cdot (\Gamma_\omega \nabla \omega) + P_\omega - D_\omega + Y_\omega \tag{7-5}$$

其中各项定义和参数取值可参照文献[4]。不同于两相流，多相流模型采用多个相分数来描述每一项流体的体积分数，对应输运方程如下：

$$\frac{\partial \alpha_i}{\partial t} + \nabla \cdot (\alpha_i \boldsymbol{U}) = 0 \tag{7-6}$$

式中，α_i 表示控制体内第 i 相流体占据的体积分数。$i = 0, 1, 2$ 分别对应空气，表层海水和深层海水。在实际求解中，对于总共包含 n 相的多相流问题，仅需求解前 $n-1$ 相的输运方程，最后一项可通过体积分数的约束条件求得：

$$\sum_{i=0}^{n} \alpha_i = 1 \tag{7-7}$$

海面由 $\alpha_0 = 0.5$ 的等值面求得，包含混合相控制体的流体特性可通过相分数加权平均得到：

$$\rho = \sum_{i=0}^{n} \alpha_i \rho_i \tag{7-8}$$

$$\mu=\sum_{i=0}^{n}\alpha_i\mu_i \qquad (7\text{-}9)$$

图 7-2(a)给出了仿真流场分层示意图，图中上、中、下对应区域分别表示空气、浅层海水和深层海水三相。分层的位置通过相分数初始条件改变，示意图中目标位于深水区内，实际 CFD 仿真中目标纵向位置是任意的，既可设于分层界面上也可跨越分层。鉴于水下运动目标模型及其尾流主体的几何对称性，为节约资源起见，仅对相对于中轴面 XOZ 对称的半场景进行仿真，忽略随机尾流形成的不对称结构。场景尺寸为 1000m×350m×120m，后处理中可通过镜像法得到整个流场的信息。各物理量的边界条件设置如下：中轴面 XOZ 设为对称边界条件，入口设为固定速度和相分数边界条件，上端面为自由出入边界，其他各边界条件设为零梯度。同时，应尽量避免边界回流对尾迹的影响，在各出口端设置消波层。仿真所用网格离散示意图如图 7-2(b)所示，在入口和出口消波层处网格较为稀疏，中心为尾迹图案的有效区域，尾迹区域水平离散应尽量均匀。在目标与水界面处使用较密的网格以捕获尾迹几何信息。

(a) 流场分层示意图

(b) 网格离散示意图

图 7-2　仿真模型示意图

本章采用几种典型的潜艇模型作为水下运动目标。各模型除主体外，还包含尾翼和围壳等主要部件，仿真未考虑螺旋桨动力及尾部射流作用对尾迹的影响。各模型结构如图 7-3 所示，其中模型 A 和模型 B 为等比例放大的全部件 SUBOFF 模型，结构相对简单。除模型 D 外，其余模型主体均为卵形体，模型 D 主体上方包含一个长盖状龟背结构。模型 E 最为复杂，包含了附属外壳和潜望通信设备。

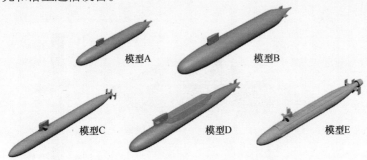

图 7-3　水下运动目标模型结构示意图

各模型对应参数见表 7-1。5 个模型的长度从小到大分别为：模型 A<模型 C<模型 D<模型 E；水下运动目标主体长径比从小到大分别为：模型 A=模型 B <模型 D <模型 E<模型 C。

表 7-1　目标模型参数

模　　型	长度/m	主体最大直径/m	高度/m
模型 A	87	10.16	14.6
模型 B	139.2	16.25	23.36
模型 C	110m	9.63	16.06
模型 D	135	13	20
模型 E	138	12.5	19.5

为验证 CFD 仿真对水下运动目标尾迹仿真的准确性，使用相同参数与模型，与均匀流中的 DTMB 水槽实验数据[7]进行比对，同时给出 Yim 等人[8,9]通过势流方法算得的波面结果（如图 7-4 所示）。注意，为方便与原文献比较，本算例使用英制单位——英尺（ft，1ft=0.3048m）。实验使用长 4.5ft，长径比为 7 的拖曳 Rankine 卵形体作为波浪源，卵形体潜深（几何中心距水面）1.5ft，运动速度为 7.3ft/s。可以看到，水下运动目标的尾迹波面最前端为伯努利水丘，同时也是尾迹的最高和最低峰值所在区域；伯努利水丘后的尾迹波形与水面运动舰船引发的 Kelvin 尾迹图案相似，由横断波与发散波组成，这类直接由目标产生的尾迹图案被称作内 Kelvin 尾迹。由图 7-4(b)和图 7-4(c)可见，CFD 仿真结果与实测数据吻合较好。尤其是在图 7-4(b)中近场伯努利水丘部分以及图 7-4(b)中 y =11.375 ft 处的尾迹波高，CFD 仿真结果略优于传

统势流方法仿真的结果，特别是在尾迹前端的伯努利水丘区域，CFD 仿真结果更接近于实测数据。

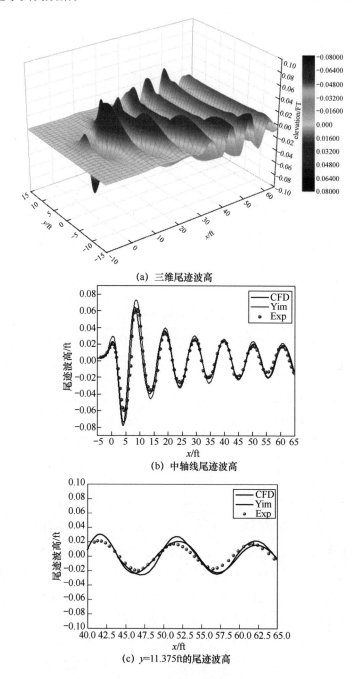

(a) 三维尾迹波高

(b) 中轴线尾迹波高

(c) y=11.375ft的尾迹波高

图 7-4　浸没 Rankine 卵形体水面波浪比对

与势流理论相比，CFD 仿真的另一个优势在于可以得到时变流场信息，图 7-5 给出了中等网格条件下水下运动目标尾迹的形成过程。网格水平离散为 5m×5m，水下运动目标采用模型 B，模型潜深 30m，运动速度为 15m/s。随着目标运动，尾迹图案逐渐生成，当 t = 100s 时，尾迹图案相对稳定。

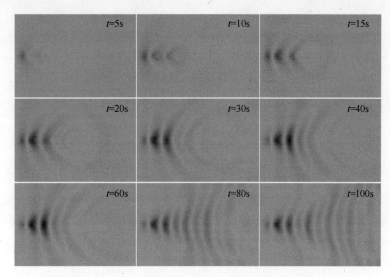

图 7-5　中等网格条件下水下运动目标尾迹的形成过程

以 t = 100 s 时的波高作为基准，图 7-6 为对应的网格无关性检验。图中 3 条曲线代表网格水平离散由密到疏，分别对应中央尾迹区域水平离散为 4m×4m，5m×5m 和 6m×6m。可以看到，在中等网格条件下，使用数值方法得到的结果已经足够精确，并与网格无关。

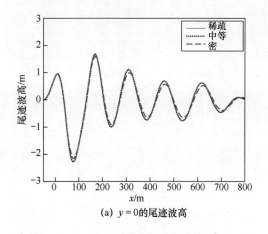

(a) y = 0 的尾迹波高

图 7-6　网格无关性检验

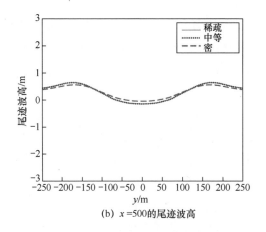

(b) $x=500$ 的尾迹波高

图 7-6　网格无关性检验（续）

　　CFD 方法可以对不同模型引起的流场进行分析。图 7-7 给出了图 7-3 中各模型对应的内 Kelvin 尾迹图案，各模型潜深 30m，运动速度为 12m/s。可以看到，尾迹波高并不完全依赖于水下运动目标的尺寸大小，模型 A 的伯努利丘波高反而大于模型 C。各模型的内 Kelvin 尾迹图像虽然整体相似，但在细节上，尤其是发散波的形态仍存在一定的区别，长度相对较短的模型 A 尾迹主要由横断波组成，发散波几乎未被捕捉到，而尺寸更大的模型 B，其尾迹图像在横断波外围出现了发散波，与模型 B 长度相近的模型 D 和模型 E 的发散波更明显，模型 C 虽然尺寸更短，但是其尾迹波高分布

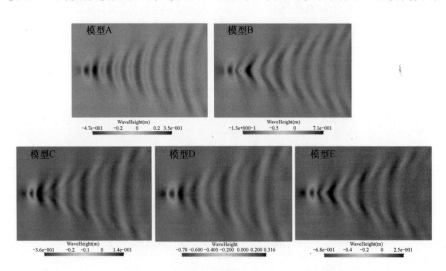

图 7-7　不同尺寸水下运动目标内 Kelvin 尾迹波高分布

图像中同时出现了较清晰的两列发散波（分别对应船头和船尾）。在相同速度下，尺寸相近的模型尾迹的形状与长径比有关，长径比越大，其发散波越明显。

7.1.2　内波尾迹与海水密度分层

前面介绍了水下运动目标尾迹 CFD 仿真的基础理论与设定。虽然仿真域设置了密度分层，但仿真结果中的内 Kelvin 尾迹实质上与分层并没有直接联系。海水的密度分层主要与水下运动目标尾迹的另一种波浪模式——内波有关。对于尖锐分层设定下的三相流模型，除海水与空气间的自由海面上的表面波外，密度分层上还可以观测到另一组称为界面波的波浪，界面波的存在对内波的理解有很大的帮助，因为在实际的连续分层条件下，无法在水体内部直接观测到内波的形态。本节将以尖锐分层模型为基础，对水下运动目标尾迹各类波浪模式进行更深入的分析。

在两层分层模型中，海面上的表面波包含两种模式的贡献：表面波模式和内波模式。实际上，两种模式都可能影响海面尾迹的图案，但通常情况下两种模式在海表面的耦合可以忽略不计，因为一般只有一种波浪模式在表面波浪中占主导（主波模式），另一种模式被主波模式所掩盖。由图 7-8 可见，界面波和表面波受到内波模式的发散波的影响，形成上下平行的两组图案。

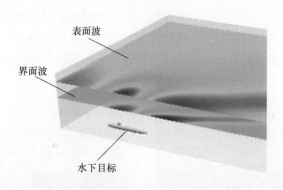

图 7-8　尖锐分层条件下的表面波与界面波

在有限深度的流体中，每个模式都包含发散波和横向波，可由式（7-10）确定[27]：

$$Fr_i = \left[\frac{1}{2} + (-1)^{i+1} \sqrt{ \frac{1}{4} - \frac{(1-\gamma)H_1 H_2}{(H_1 + H_2)^2} } \right]^{1/2} \tag{7-10}$$

式中，Fr_i 为两层流体的临界 Froude 数，与波浪形状有关。角标 i 取 1 或 2，分别代表表面波模式和界面波模式，H_1 和 H_2 分别代表上层和下层流体的深度。定义基于深度的 Froude 数为

$$Fr_d = \frac{U}{\sqrt{gH}}$$ （7-11）

式中，H 表示目标潜深。取上层海水密度 $\rho_1 = 1000 \ \mathrm{kg/m^3}$，下层海水密度 $\rho_2 = 1030 \ \mathrm{kg/m^3}$，上下层海水密度比 $\gamma = \rho_1/\rho_2 \approx 97.1\%$。则 $Fr_1 = 0.9981$，$Fr_2 = 0.0611$，分别表示其对应模式中波浪的最快速度。

当 $Fr_d > Fr_i$ 时，则该模式同时存在发散波和横向波，且各波浪以波浪源相同速度传播。当 $Fr_d > Fr_i$ 时，称该模式下的波处于超临界状态，此时，对应模式中的横向波消失，发散波将以该模式对应的临界速度传播并分布于自由海面。鉴于真实的海洋热盐结构变化缓慢，海水密度分层较弱且分层通常较浅，海面呈现的水下运动目标尾迹主要由表面波模式中的内 Kelvin 尾迹或超临界状态的内波尾迹组成。为区分这两种模式的波浪，中文文献将前者称为兴波尾迹，将后者称为内波尾迹[11,12]。

图 7-9 给出了不同速度下水下运动目标尾迹的波高分布。以模型 C 为例，潜深 30m，潜行速度 U_s 分别为 15m/s、9m/s、6m/s 和 3m/s。可以看到，海表面和密度跃层界面同时出现了两组波纹图案，各界面由其上下层流体扰动下的浮力与动力系统主导。由于两层海水间的密度差远小于空气和海水间的密度差，密度跃层界面发生的扰动恢复力更弱，界面波波高远大于表面波。伯努利水丘出现在所有的表面波尾迹中。当水下运动目标速度为 15m/s 时，表面波以兴波尾迹为主，界面波同时受到内 Kelvin 尾迹与内波尾迹影响；而当水下运动目标速度为 9m/s 时，表面波仍以兴波尾迹为主，但横断波波长

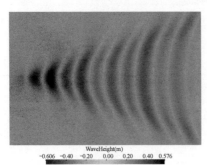 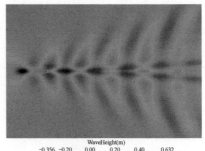

(a) 表面波，U_s=15m/s   (b) 界面波，U_s=15m/s

图 7-9 不同速度下水下运动目标尾迹的波高分布

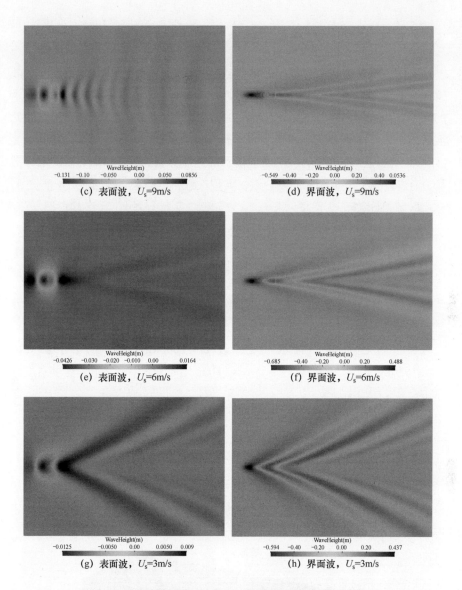

(c) 表面波，U_s=9m/s

(d) 界面波，U_s=9m/s

(e) 表面波，U_s=6m/s

(f) 界面波，U_s=6m/s

(g) 表面波，U_s=3m/s

(h) 界面波，U_s=3m/s

图 7-9　不同速度下水下运动目标尾迹的波高分布（续）

明显减小，而界面波以内波模式为主，图案表现出层层嵌套的 V 形内波尾迹；当目标速度进一步减小到 6m/s 和 3m/s 时，兴波尾迹消失，表面波和界面波均表现为内波模式，上下层内波纹理波峰和波谷相反排列，且速度越慢，内波尾迹的张角越大。此外，在内波模式下，表面波与界面波图案并不完全对应，表面波纹理更宽且在目标上方出现伯努利水丘。

7.1.3 任意分层条件下的水下运动目标尾迹

虽然尖锐分层设定可以很好地对内波形成进行建模与分析。但作为理想模型，现实并不存在完全的尖锐分层，所以本节进一步对更真实分层情况下的尾迹进行讨论，给出一种任意分层的实现方法，并结合优化的调制谱面元散射模型，完成复杂海洋环境下的水下运动目标尾迹 SAR 成像仿真工作。

本节通过密度混合的方法实现海水的连续分层。设定非均匀初始相分数场，通过调整上下层海水的相分数来实现任意密度分层。例如，对于高度 h，分层区域相分数可表示为

$$\begin{cases} \alpha_1 = \left(\dfrac{h-h_2}{h_1-h_2} \right)^n, & h_1 > h > h_2 \\ \alpha_2 = 1 - \alpha_1 \end{cases} \tag{7-12}$$

式中，h_1、h_2 分别表示密度跃层的最高和最低界面，$n = 1$ 时分层为线性分层，本节取 $n = 2$。

设水面为 $h=0\,\mathrm{m}$，海水上层密度 $\rho_1 = 1000\,\mathrm{kg \cdot m^{-3}}$，海水下层密度 $\rho_2 = 1030\,\mathrm{kg \cdot m^{-3}}$，连续分层处于 $h_1 = -10\,\mathrm{m}$ 至 $h_2 = -50\,\mathrm{m}$ 之间，高度密度分布可由式（7-13）计算：

$$\rho = \begin{cases} \rho_1, & 0 > h > h_1 \\ \alpha_1 \rho_1 + \alpha_2 \rho_2, & h_1 > h > h_2 \\ \rho_2, & h < h_2 \end{cases} \tag{7-13}$$

为保持海水混合层的稳定，本节对 multiphasInterFOAM 求解器进行了简单修改，使其忽略水相之间的界面求解并加入密度变化记录。图 7-10 给出了连续分层初始密度分布示意图。

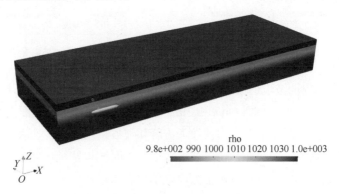

图 7-10 连续分层初始密度分布示意图

在上述连续分层条件下，设定目标潜深为 30m，潜行速度分别为 12m/s 和 5m/s，分别对应内 Kelvin 尾迹和内波尾迹波高场分布。同时，对于 SAR 成像仿真，尾迹的速度场信息也十分重要。图 7-11 和图 7-12 分别给出了对应的波高场和速度场分布图。当目标速度为 12m/s 时，由图 7-11 可见，波高场和 z 轴方向速度场图案主要表现为内 Kelvin 尾迹，但在水平速度场，尤其是在 y 轴方向速度场中，尾迹中央出现了较为明显的内波尾迹特征。

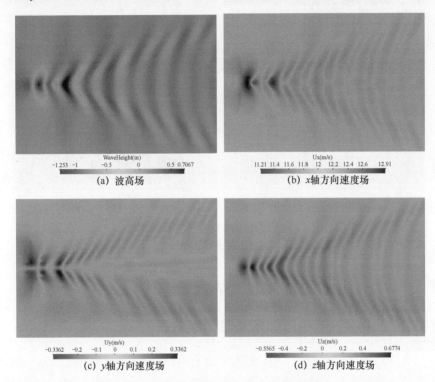

(a) 波高场　　　　　　　　　　　　(b) x 轴方向速度场

(c) y 轴方向速度场　　　　　　　　(d) z 轴方向速度场

图 7-11　连续分层条件下水下运动目标尾迹的波高场和速度场（船速为 12m/s）

当船速为 5m/s 时，由图 7-12 可见，尾迹主要由伯努利水丘和内波尾迹组成。连续分层时的内波尾迹与尖锐分层相似，但尾迹张角比间断分层更小。伯努利水丘的速度分量分布在各个方向上，而内波尾迹的主要分量主要分布在 y 轴方向。此外，相比于内 Kelvin 尾迹，内波尾迹主要由水平流形成，对应区域 z 轴方向的速度场非常弱。在两层分层条件下，尾迹只有两种模态，而连续分层条件下的内波尾迹存在无限多个模态，因此，在 y 轴方向的速度场中，可以看到多个内波模态组成的速度场。

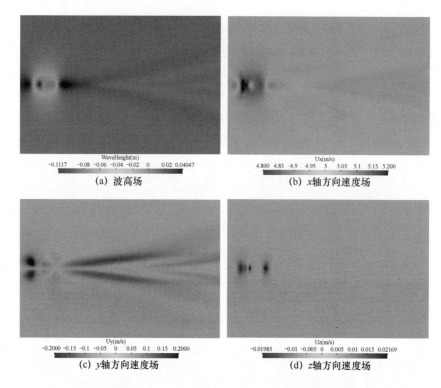

图 7-12 连续分层条件下水下运动目标尾迹的波高场和速度场（船速为 5m/s）

7.2 水下运动目标尾迹 SAR 成像仿真

7.2.1 水下运动目标尾迹散射场分布

水下运动目标尾迹的 SAR 成像机制与第 4 章中舰船远场尾迹基本一致，可归因于倾斜调制、流体力学调制和速度聚束 3 种调制作用，前两种调制作用可由调制谱面元散射模型描述，如图 7-13 所示，倾斜调制描述海面长波对粗糙面的抬升或降低作用，流体力学调制描述海面流对海面粗糙度的影响，速度聚束模型考虑海面运动对 SAR 系统的影响。

在水平的二维平面中，尾迹流场作用谱平衡方程可写成如下笛卡儿坐标形式：

$$\frac{\partial N}{\partial t} + \frac{\partial}{\partial \boldsymbol{x}} \dot{\boldsymbol{x}} N + \frac{\partial}{\partial \boldsymbol{k}} \dot{\boldsymbol{k}} N = Q \qquad (7\text{-}14)$$

式中，Q 为定义至作用谱 N 的源项，作用谱 N 随时间 t 的演化可通过两组射线方程确定：

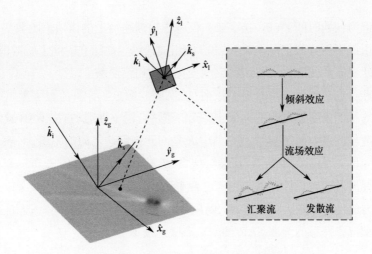

图 7-13　水下运动目标尾迹调制谱面元散射模型示意图

$$\dot{\boldsymbol{x}} = \frac{\partial \boldsymbol{x}}{\partial t} = \boldsymbol{U}_h + \boldsymbol{U}_g \tag{7-15}$$

$$\dot{\boldsymbol{k}} = -\frac{\partial \omega}{\partial \boldsymbol{x}} = -\left(\boldsymbol{k}\frac{\partial}{\partial \boldsymbol{x}}\right)\boldsymbol{U} \tag{7-16}$$

式中，$\boldsymbol{U}_g$ 为海浪群速度，$\boldsymbol{U}_h$ 为尾迹流场水平速度，使用前需要在 x 轴方向减去 CFD 仿真时定义的来流速度：

$$\boldsymbol{U}_h = (U_x - U_s)\hat{\boldsymbol{x}} + U_y\hat{\boldsymbol{y}} \tag{7-17}$$

Q 表示以作用谱为基准定义的源项，为节约计算资源，本节使用 Alpers 提出的一阶限制性源项[13]：

$$Q = -\mu(N - N_0) \tag{7-18}$$

式中，μ 为海面弛豫因子，N_0 为平衡状态下的作用谱。该源项并没有考虑海浪的各种实际演化物理机制，而是通过弛豫因子对海浪经过流场扰动后的海浪谱的恢复情况进行了近似，实现简单且节约资源。

为求解式（7-14），Romeiser 等人提出了著名的 M4S 模型[14-15]，该模型被广泛应用于各类雷达成像仿真工作中[16]。本章采用了该模型中的调制谱求解思路对调制谱求解进行优化。假定海浪谱整体处于平衡状态，仅考虑射线方程式（7-15）和式（7-16）路径处的海浪能量变化，忽略波浪谱的整体变化情况。对于每个面元，以雷达感兴趣的 Bragg 波矢为起点，逆向追溯每个时间节点 t 中的空间和波数空间位置，作为逆积分路径。记录每个逆向追溯，更新每一步的 $\boldsymbol{k}$，$\boldsymbol{x}$ 和 t 的值，直到流场到达边界或趋于稳定时，逆向追溯停

止并记为初始时间 $t = 0$。接下来，仅考虑追溯路径上的作用谱函数变化，并将作用谱平衡方程记录的 k、x 和 t 值组成的给定数组在时间上做数值积分，直到回到原始位置，最终获得空间变化的作用谱函数。

获得调制谱后，场景电磁散射及 SAR 成像分布计算流程可参照第 3 章和第 6 章的内容，在此不再赘述。设雷达平台沿 y 轴运动时，SAR 成像模型的参考坐标系如图 7-14 所示。其中 R 是面元与雷达之间的距离；V 表示雷达平台速度；φ_{ship} 代表目标的前进方向；φ_w 代表风向。此外，为讨论水下运动目标尾迹的可见性，本章在速度聚束积分前，对调制散射系数乘以一个指数分布的伪随机数，用来考虑 SAR 系统的固有相干斑噪声，该方法可用于各类海况条件下的海面 SAR 图像斑点噪声模拟[17]。

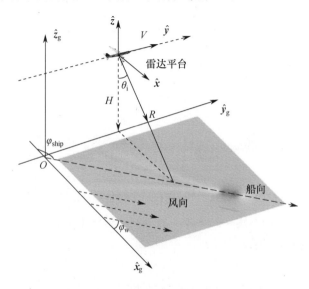

图 7-14　水下运动目标尾迹 SAR 成像示意图

7.2.2　水下运动目标尾迹 SAR 成像

本节给出包含背景风浪的各类水下运动目标尾迹 SAR 成像的仿真结果与分析。为方便起见，在所有算例中，电磁波的频率和极化方式统一设置为 10GHz，HH 极化。海面风向角为 45°，海水的相对介电常数取为 55.8+i37.7。海面场景尺寸为 1km×1km，海面采样分辨率设置为 2m×2m。雷达平台沿 y 轴方向移动，雷达视线（LOS）为 90°，如图 7-14 所示。

设定雷达斜视角为 30°，海面风速 4m/s，目标运动速度 12m/s。图 7-3 中的模型 C-E 对应的内 Kelvin 尾迹散射分布及 SAR 图像如图 7-15 所示。可以看到，散射系数分布与尾迹图案相对应，尾迹可识别程度依次从尾迹波高到电磁散射分布，再到 SAR 图像逐渐减弱，尾迹流场特征越明显，其 SAR 图像纹理特征越强烈。不同模型的散射系数分布整体相似，主要区别体现在发散波的形态上，波形 E 对应尾迹的发散波波形最为明显，模型 C 次之，模型 D 最弱。而由于相干斑的存在，各模型对应的尾迹 SAR 图像虽然模糊，但是尾迹纹理的细节是明显不同的。想要通过水下运动目标尾迹 SAR 图像对具体的水下物体进行区分尽管十分困难，但是也是有可能的。

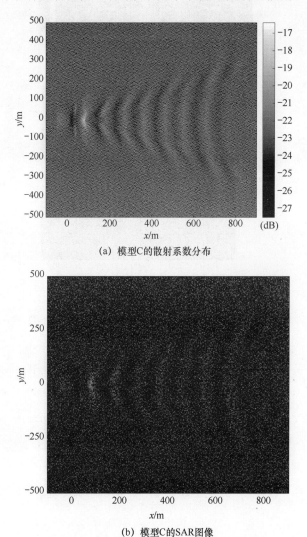

(a) 模型C的散射系数分布

(b) 模型C的SAR图像

图 7-15　不同模型对应的内 Kelvin 尾迹散射系数分布与 SAR 图像

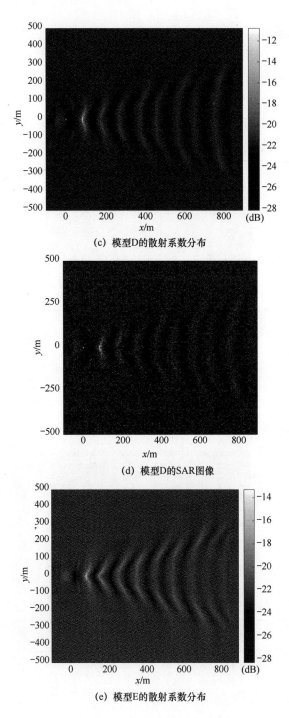

(c) 模型D的散射系数分布

(d) 模型D的SAR图像

(e) 模型E的散射系数分布

图 7-15 不同模型对应的内 Kelvin 尾迹散射系数分布与 SAR 图像（续）

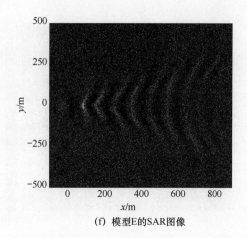

(f) 模型E的SAR图像

图 7-15　不同模型对应的内 Kelvin 尾迹散射系数分布与 SAR 图像（续）

由海面散射分布特性可知，平行于雷达视线（LOS）移动的海面波浪分量对雷达散射回波的贡献更大，因此尾迹电磁图像中会出现一些特殊现象。例如，在某些观察角度（观测方位角）下，雷达图像中通常只出现一个 Kelvin 尾迹的亮臂。因此，有必要对不同观测方位角下水下运动目标波尾的可见性进行讨论。设海面处于低风速条件下，风速为 3m/s，以模型 B 产生的尾迹为例，目标行进方向分别设定为 0°、45° 和 90°，用来表示不同观测方位的情况，其余各参数保持不变，船速 12m/s 和 5m/s 的水下运动目标尾迹散射强度分布如图 7-16(a) ~ 图 7-16(e)所示。

尾迹流场的主要运动方向通常垂直于波峰，因此，波峰垂直于 LOS 的尾迹在雷达图像中显得更清晰。对于船速 12m/s 对应的内 Kelvin 尾迹，尾迹图案可以在各个观测方位角下观测到，在航向 0° 时（见图 7-16(a)），尾迹图像主要以 Kelvin 尾迹中的横断波组成，而航向 45° 和 90° 时（见图 7-16(c)和图 7-16(e)），尾迹图像包含了 Kelvin 尾迹中的发散波和中央较弱的内波尾迹。对于船速 12m/s 对应的内波尾迹，在航向 0° 时，图 7-16(b) 中只能清楚地看到圆形的伯努利峰，内波尾迹近乎不可见。而在航向 45° 和 90° 时，可以在图 7-16(d)和图 7-16(f)中较清楚地看到明亮相间的 V 形条纹，其中亮纹对应流场辐聚区，而暗纹对应辐散区。因为内波尾迹张角相对较小，所以内波尾迹的主要流场方向大致垂直于船的运动方向，可以认为 LOS 垂直于目标航向时为内波尾迹的最佳观测方位角。此外，航向 90° 时，以流体力学调制为主的内波尾迹左右对称，而 Kelvin 尾迹因为倾斜调制作用，左右图案并不完全对称。

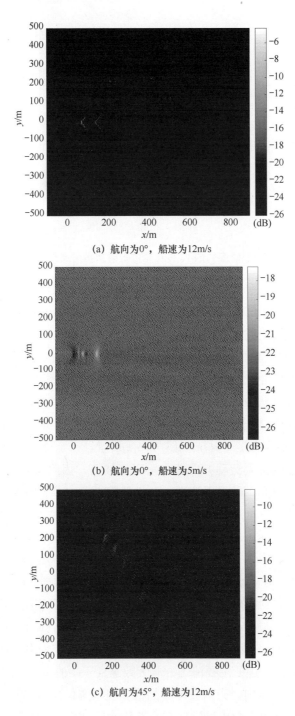

(a) 航向为0°，船速为12m/s

(b) 航向为0°，船速为5m/s

(c) 航向为45°，船速为12m/s

图 7-16　不同航向的水下运动目标尾迹散射强度分布

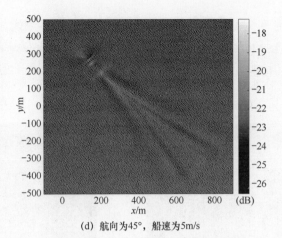

(d) 航向为45°，船速为5m/s

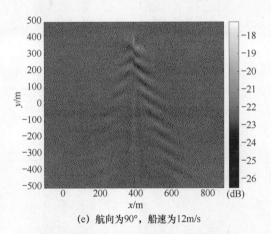

(e) 航向为90°，船速为12m/s

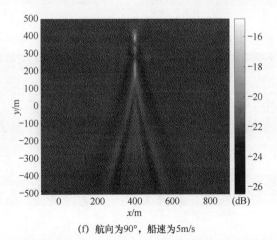

(f) 航向为90°，船速为5m/s

图 7-16　不同航向的水下运动目标尾迹散射强度分布（续）

图 7-17 进一步给出了图 7-16 对应的目标尾迹 SAR 图像，由于相干斑作用，低风速下 SAR 图像中海浪纹理已不可分辨，而大尺度的尾迹受影响较小。图 7-17 中尾迹各分量的可见性与其对应散射分布图像类似，但尾迹的可辨识性减弱。

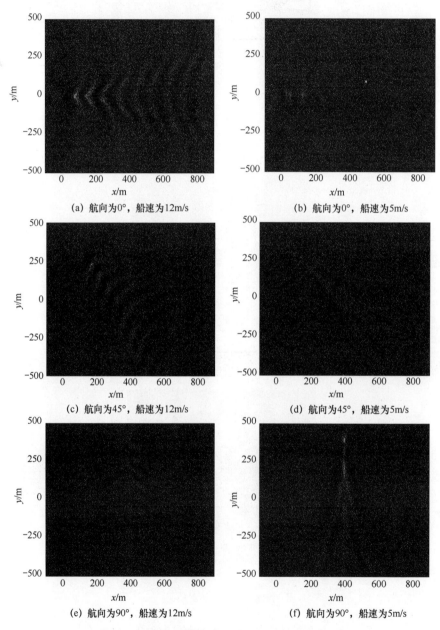

(a) 航向为0°，船速为12m/s

(b) 航向为0°，船速为5m/s

(c) 航向为45°，船速为12m/s

(d) 航向为45°，船速为5m/s

(e) 航向为90°，船速为12m/s

(f) 航向为90°，船速为5m/s

图 7-17　不同航向的水下运动目标尾迹 SAR 图像

为清楚显示各尾迹主要分量，在后续算例中，当船速为 12m/s 时，设置
目标航向为 45°，而当船速为 5m/s 时设置目标航向为 90°，设定雷达入射角
分别为 20° 和 40°，其余各参数与上文相同。图 7-18 给出了不同入射角条件
下的水下运动目标尾迹 SAR 图像。雷达入射角越小，整体散射强度越大，
而 SAR 图像中的尾迹特征越难辨识。尤其是对于内波尾迹，其主要成像机
理来自 Bragg 波谐振作用，当雷达入射角减小至 20° 时，镜向散射成分在雷
达回波中占比增大，尾迹的可见性减弱。与图 7-17 中结果相比，当雷达入射
角为 40° 时，由于海浪背景相对亮度减弱，尾迹相对于背景波浪特征变强，
可辨识性增强，如图 7-18(c) ~ 图 7-18(d)所示。

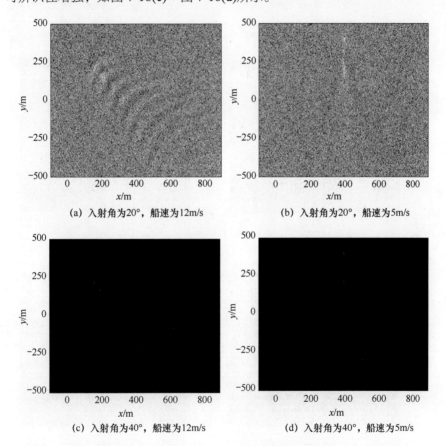

(a) 入射角为20°，船速为12m/s　　　　　(b) 入射角为20°，船速为5m/s

(c) 入射角为40°，船速为12m/s　　　　　(d) 入射角为40°，船速为5m/s

图 7-18　不同入射角条件下的水下运动目标尾迹 SAR 图像

最后，图 7-19 显示了在不同海况下的水下运动目标尾迹 SAR 图像。
雷达入射角设定为 40°，海面风速分别为 4m/s、6m/s 和 8m/s。当海面风速
为 4m/s 时，可以看到完整的尾迹图案，随着海面风速的增加，环境波增强，

海面的纹理特征变得更清晰，尾迹图像逐渐被海浪所覆盖。

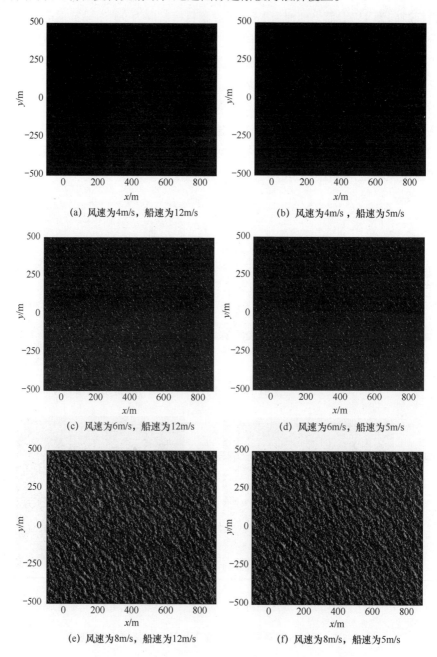

(a) 风速为4m/s，船速为12m/s　　　　(b) 风速为4m/s，船速为5m/s

(c) 风速为6m/s，船速为12m/s　　　　(d) 风速为6m/s，船速为5m/s

(e) 风速为8m/s，船速为12m/s　　　　(f) 风速为8m/s，船速为5m/s

图 7-19　不同海况下的水下运动目标尾迹 SAR 图像

7.3　本章小结

本章基于多相流 CFD 仿真和优化的调制谱面元散射模型，对水下运动目标引起的尾迹 SAR 图像进行了仿真研究。重要结论归纳如下：

除内 Kelvin 尾迹外，水下运动目标尾迹的仿真必须考虑海水密度分层产生的内波尾迹，尤其是在目标运动速度较慢、潜深较深的情况下，内波尾迹会成为水下运动目标尾迹在水面的主要特征。相比于内 Kelvin 尾迹，内波尾迹波幅更小，但流场特性明显且分布更加广泛。

内波尾迹流场的 CFD 仿真可使用尖锐分层模型和连续分层模型，尖锐分层模型实现简单，可以较好地对内波尾迹主要机理进行描述。连续分层模型可通过密度组合的方式实现，比尖锐分层更接近真实情况。

与倾斜调制相比，流体力学调制和速度聚束在海面内波尾迹散射中起着非常重要的作用。尤其是流体力学调制作用，极大加强了尾迹被 SAR 识别的可能性，尾迹的流场效应会改变海面的小尺度特征（更平滑或更粗糙）。尾迹流场导致的海面粗糙度差异是尾迹能被 SAR 探测的主要因素。相比于内 Kelvin 尾迹，内波尾迹的观测更为困难，内波尾迹的理想观测条件包括 LOS 与航向垂直、中等入射角和低海况。

需要注意的是，本章所有模拟均基于准静态海洋模型。真实海洋的运动情况和作用机理会更为复杂。模型虽然在一定程度上对水下运动目标尾迹成像机理与观测条件进行了仿真与讨论，但对于真实海洋条件下水下运动目标尾迹的探测应用而言，模型尚需进一步验证和改进。

参考文献

[1] 牛明昌, 丁勇, 马卫状, 等. 基于温度异重流模型的连续分层流数值模拟方法研究[J]. 船舶力学, 2017, 21(8): 941-949.

[2] 牛明昌. 密度分层流中运动潜体尾流场特征研究 [D]. 哈尔滨: 哈尔滨工程大学硕士学位论文, 2018.

[3] 常煜, 张军, 洪方文, 等. 分层流体中水下航行体水面尾迹的数值初探[J]. 第二十届全国水动力学研讨会文集, 2007.

[4] MENTER F R. Review of the shear-stress transport turbulence model experience from an industrial perspective[J]. International journal of computational fluid dynamics,

2009, 23(4): 305-316.

[5] GROVES N C, HUANG T T, CHANG M S. Geometric characteristics of DARPA suboff models: (DTRC Model Nos. 5470 and 5471)[R]. Bethesda (MD): David Taylor Research Center. Rep. AD-A210 642. 1989.

[6] LIU H, HUANG T T. Summary of DARPA SUBOFF experimental program data [R]. West Bethesda (MD): Naval Surface Warfare Center Carderock Division. Rep. CRDKNSWC/HD-1298-11, 1998.

[7] SHAFFER D A. Surface waves generated by a submerged Rankine ovoid [R]. DTMB Test Report, 1965.

[8] YIM B. Waves due to a submerged body[R]. Laurel (MD): Hydronautics Inc., 1963.

[9] HSU C C, YIM B. A comparison between theoretical and measured waves above a submerged Rankine body [R]. Laurel (MD): Hydronautics Inc., 1966.

[10] YEUNG R W, NGUYEN T C. Waves generated by a moving source in a two-layer ocean of finite depth[J]. Journal of engineering mathematics, 1999, 35(1-2): 85-107.

[11] 何广华, 刘双, 张志刚, 等. 附体对潜艇兴波尾迹的影响分析 [J]. 华中科技大学学报 (自然科学版), 2019 (10): 11.

[12] 张效慈. 潜艇内波尾迹物理场在海面映波量值的确定 [J]. 船舶力学, 2005, 9 (4): 25-30.

[13] ALPERS W. Theory of radar imaging of internal waves [J]. Nature, 1985, 314(6008): 245-247.

[14] ROMEISER R, ALPERS W, WISMANN V. An improved composite surface model for the radar backscattering cross section of the ocean surface: 1. Theory of the model and optimization/validation by scatterometer data [J]. Journal of Geophysical Research: Oceans, 1997, 102(C11): 25237-25250.

[15] ROMEISER R, ALPERS W. An improved composite surface model for the radar backscattering cross section of the ocean surface: 2. Model response to surface roughness variations and the radar imaging of underwater bottom topography [J]. Journal of Geophysical Research: Oceans, 1997, 102(C11): 25251-25267.

[16] MACEDO C R, LORENZZETTI J A. Numerical simulations of SAR microwave imaging of the Brazil current surface front [J]. Brazilian Journal of Oceanography, 2015, 63(4): 481-496.

[17] LEHNER S, SCHULZ-STELLENFLETH J, SCHATTLER B, et al. Wind and wave measurements using complex ERS-2 SAR wave mode data [J]. IEEE Transactions on Geoscience and Remote Sensing, 2000, 38(5): 2246-2257.

[18] LYZENGA D R, BENNETT J R. Full-spectrum modeling of synthetic aperture radar internal wave signatures [J]. Journal of Geophysical Research: Oceans, 1988, 93(C10): 12345-12354.

第8章

舰船尾迹检测与特征提取

作为海面运动舰船场景中不可缺失的一部分，舰船尾迹除了对复杂背景下舰船辅助检测有着重要的意义外，还可应用于舰船特征尺寸、运动参数、航迹航向等重要信息的分析与获取。经典的舰船尾迹处理算法主要基于尾迹的空间频谱或线性特征，实现尾迹成分的分离、检测和增强等[1-5]。随着海面雷达成像技术的进步和 SAR 图像分辨率的不断提高，SAR 图像中舰船尾迹呈现出的图案特征越来越清晰，图像中可供获取的目标信息越来越丰富，尾迹检测与应用技术相关研究也开始飞速发展。目前，结合电磁散射物理模型、SAR 成像模型、雷达图像检测技术以及深度学习网络技术，通过 SAR 图像中尾迹的图像特征或者尾迹与舰船之间的方位角偏移来自动估算船速的反演技术已经被提出[6-9]。利用尾迹开展舰船目标尺寸、速度与航向的自动检测和目标识别正在成为现实。

本章围绕舰船尾迹的各类工程应用展开讨论，重点介绍基于神经网络的尾迹 SAR 图像检测、基于尾迹的舰船参数反演以及根据尾迹特征完成的目标隐蔽优化任务的实现方法。

8.1 舰船尾迹检测基础

8.1.1 Radon 变换

由于 SAR 图像中的尾迹主要表现为直线形状的明暗条纹，经典的尾迹检测方法主要为各类线性特征检测算法，如 Radon 变换[10]或 Hough 变换[11]，将输入域中的亮（暗）线转换为转换域中的峰（槽）。Hough 变换一般应用于二值图像，Radon 变换应用于灰度图像。考虑到实测 SAR 图像不易进行二值化，因此一般使用 Radon 变换完成舰船尾迹检测[12]。SAR 图像中的尾迹主要为线性，但是并不完全是直线，且具有一定宽度。此外，SAR 图像具有散斑噪声和其他非尾迹线性结构，对噪声图像使用 Radon 变换意味着对图像进行初步滤波，可以在一定程度上消除噪声和散斑。

在二维欧几里得空间中 Radon 变换由式（8-1）定义：

$$f(\rho,\theta) = \iint_D g(x,y)\delta(\rho - x\cos\theta - y\sin\theta)\mathrm{d}x\mathrm{d}y \qquad (8\text{-}1)$$

式中，D 表示图像平面，ρ 代表变换路径到原点的距离，θ 为变换直线路径的法线与 x 轴之间的夹角，$g(x,y)$ 是图像在位置 (x,y) 的灰度，δ 表示 Dirac 函数。在图 8-1 中，Dirac 函数使得 $g(x,y)$ 沿直线 $\rho = x\cos\theta + y\sin\theta$ 积分。

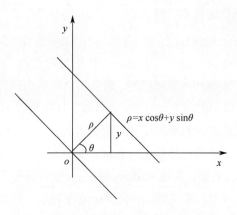

图 8-1　Radon 变换示意图

Radon 变换的优势在于能够在变换域中抑制非线性特征的噪声分量，同时不会整合其他的线性特征。但是检测效能会受到尾迹在图像中的相对尺寸的影响。如果尾迹长度与图像的尺寸相比太短，或者尾迹部分区域呈曲线（在特定行驶状况下），则尾迹仍有可能被噪声掩盖并产生漏检。局部 Radon 变换[13]通过设置窗口大小能解决上述问题，局部 Radon 变换的实现有两种方法：一种是先用重叠的小尺度窗口覆盖整个图像，然后在每个小窗口中进行 Radon 变换；另一种是在全局中进行 Radon 变换，并通过改变积分上下限来实现变换区域的改变[14]。

Radon 变换将图像域中的一条直线映射到 Radon 域中的一个点。根据 Radon 变换的这一特性，可以将图像空间中的线性特征检测简化为变换域中的峰值或低谷检测。使用 Radon 变换进行线性特征检测虽然在变换域中可以显示对应的峰值和低谷，但是很难选取一个统一的阈值用于 Radon 域的尾迹筛选[15]。特别是当变换应用于噪声水平较高的图像时，沿对角线的积分值经常会明显大于沿其他方向的积分值，发生虚警；对于表现为暗色条纹的尾迹特征，当积分路径涉及 SAR 图像中斑点噪声或尖峰海杂波时，尾迹对应的波谷可能会被掩盖，产生漏检，上述问题被称作对角线效应。

归一化 Radon 变换在路径积分的基础上尽可能消除路径积分长度不同的影响。根据 Radon 变换的定义，变化距离的范围实际上是由图像对角线的长度决定的，范围为从 1 到对角线的长度，角度变量离散范围为 1°～180°。根据积分路径对 Radon 域的值进行归一化。归一化 Radon 变换的定义如下：

$$f(\rho,\theta) = \iint_D g(x, y)\delta(\rho - x\cos\theta - y\sin\theta)\mathrm{d}x\mathrm{d}y / l_{(\rho,\theta)} \qquad (8\text{-}2)$$

式中，$l_{(\rho,\theta)}$ 表示积分路径的长度。

为了验证归一化 Radon 变换的优点，使用简单的线性特征来模拟亮、暗尾迹并进行 Radon 变换与归一化 Radon 变换的对比实验。图 8-2 为 Radon 变换与归一化 Radon 变换的效果对比图，所使用的测试图例为噪声背景下的线性特征。变换的角度范围为 0°～180°，角度采样距离为 1°，变换的距离范围最大值设置为测试图片的最大尺寸。

对模拟测试图例的线性特征进行 Radon 变换与归一化 Radon 变换的对比实验。由图 8-2 可以看出，经过 Radon 变换后，线性成分在 Radon 域并不明显，被淹没在了噪声中。而使用归一化 Radon 变换后，线性成分在 Radon 域中特征强烈，使用归一化 Radon 变换可以消除积分路径长度对于线性特征的影响。

(a) 测试图例

图 8-2　Radon 变换与归一化 Radon 变换的效果对比图

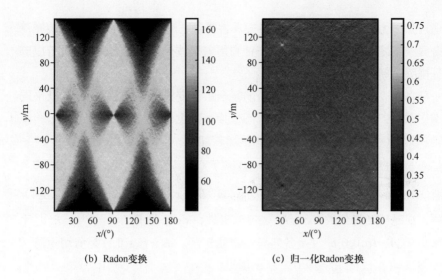

(b) Radon变换　　　　　　　　(c) 归一化Radon变换

图 8-2　Radon 变换与归一化 Radon 变换的效果对比图（续）

8.1.2　尾迹线性特征增强

在尾迹 SAR 图像处理过程中，尾迹图案往往混在复杂的海杂波背景中，背景海浪有时也会呈现类似于尾迹的线性特征，加上 SAR 成像过程中固有的相干斑影响，导致尾迹探测性急剧恶化。因此，直接对 SAR 图像进行尾迹检测的效果往往并不理想，而通过预处理来提高图像信噪比是一个提高尾迹检测率的方法。本节首先介绍一种基于图像形态学特征的 SAR 图像尾迹特征增强方法。

近年来，SAR 图像的去噪问题日益受到人们的关注。现在的滤波技术从空间滤波扩展到了频域滤波[16]，小波变换技术利用变换域特征对图像进行处理和分析，但是传统的小波只适合处理奇点，不太适合用于处理方向方面的信息，在分析尾迹 SAR 图像这种边缘分布不连续的图像时存在一定缺陷。为了解决传统小波的这些缺点，近年来各种各样的策略被提出，如曲线、带状、剪切、轮廓等。剪切波变换是多尺度几何分析[17]的一种，基于一个简单而精确的数学方案，不仅为多维信息的几何表示提供了一个更灵活的理论工具，而且使用起来也更自然。剪切波变换具有各向异性、方向性和多维性等特点，二维离散剪切波变换在多向变换领域比离散小波变换具有更高的性能和计算效率。剪切波变换结合了多尺度方法，具有检测多维信息几何形状的独特能力，剪切波变换还提供了图像的稀疏近似，可以高效便捷地获取边缘的特征，且具有灵活的变换结构与快捷的计算效率。剪切波变换能够更好地处理自然图像中存在的方向性和各向异性特征，同时可以用于分析分段光滑的奇异结构图像[18]。本节介绍了一种利用剪切波变换对 SAR 图像进行尾迹特征增强的新方法。

离散剪切变换是一种特殊类型的复合小波变换。该方法采用硬阈值来选择剪切系数[19]，可利用逆剪切和同态变换得到重建的去噪图像。

函数 $f(x)$ 的连续剪切波变换表示形式如下：

$$SH_f(a,s,t) = \langle f, \psi_{a,s,t} \rangle \tag{8-3}$$

$$\psi_{a,s,t}(x) = a^{-3/4} \psi \left[A^{-1}B^{-1}(x-t) \right] \tag{8-4}$$

式中，ψ 是剪切母函数，$a \in R^+$ 是尺度参数，$s \in R$ 是剪切参数，$t \in R^2$ 是平移参数。$A = (a,0;0,a^{1/2})$ 是各向异性膨胀矩阵，$B = (1,s;0,1)$ 是剪切矩阵，对任何 $\xi = (\xi_1,\xi_2) \in R^2, \xi \neq 0$，令 ψ 满足

$$\psi(\xi) = \psi_1(\xi_1)\psi_2 \left(\frac{\xi_2}{\xi_1} \right) \tag{8-5}$$

式中，ψ 是 $\psi_{a,s,t}$ 的傅里叶变换，ψ_1 为连续小波函数，$\psi_1 \in C^\infty(R)$，$\sup p\psi_1 \in [-5/4,-1/4] \cup [1/4,5/4]$，$\psi_2$ 为 bump 函数，$\psi_2 \in C^\infty(R)$，$\sup p\psi_2 \in [-1,1]$，在区间 $[-1,1]$ 上 $\psi_2 > 0$ 且 $\|\psi_2\| = 1$，由以上定义可得 $\psi_{a,s,t}(x)$ 的傅里叶变换为

$$\hat{\psi}_{a,s,t} = a^{3/4} e^{-2\pi i \xi t} \hat{\psi}_1(a\xi_1) \hat{\psi}_2 \left[a^{-1/2} \left(s + \frac{\xi_2}{\xi_1} \right) \right] \tag{8-6}$$

显然，剪切波的几何性质在频域上更为直观。由 ψ_1 和 ψ_2 的支撑条件很容易看到 $\hat{\psi}_{a,s,t}$ 有如下的频域支撑[20]：

$$\sup p\psi_{a,s,t} \subset \left\{ (\xi_1,\xi_2) : \xi_1 \in \left[-\frac{2}{a}, -\frac{1}{2a} \right] \cup \left[\frac{1}{2a}, \frac{2}{a} \right], |s + \xi_2/\xi_1| \leq \sqrt{a} \right\} \tag{8-7}$$

在不同尺度下，$\hat{\psi}_{a,s,t}$ 支撑在相对于原点对称、以 s 为斜率的梯形对上，改变剪切参数 s，支撑区域可获得保持面积不变的旋转。旋转区域由尺度参数 a 控制，随着 a 趋近于 0，支撑区间逐渐变窄。连续剪切波变换解决了波前集问题，其平移参数可检测到所有奇异点的位置，而剪切参数则可显示出奇异曲线的方向。

为了实现剪切波的离散化，令尺度参数 $a_j = 2^j (j \in Z)$，剪切参数 $s_{j,k} = ka^{1/a} = k2^{j/2} (k \in Z)$，平移参数 $t_{j,k,m} = D_{a_j,s_j,m} (m \in Z^2)$，假定

$$\sum_{j\geq 0}\left|\hat{\psi}_1(2^{-2j}w)\right|^2=1,\quad |w|\geq\frac{1}{8} \tag{8-8}$$

$$\sum_{k=-2^j}^{2^j}\left|\hat{\psi}_1(2^j w_1-k)\right|^2=1 \tag{8-9}$$

由以上两个公式可知，对任何 $(\xi_1,\xi_2)\in C_0$，有：

$$\sum_{j\geq 0}\sum_{k=0}^{2^{j-1}}\left|\psi^{(0)}(\xi A_0^{-j}B_0^{-k})\right|^2+\sum_{j\geq 0}\sum_{k=0}^{2^{j-1}}\left|\psi_1(2^{-2j}\xi)\right|^2\left|\psi_2\left(2^j\frac{\xi_2}{\xi_1}-k\right)\right|^2=1 \tag{8-10}$$

其中，$C_0=\{(\xi_1,\xi_2)\in\mathbf{R}^2:|\xi_1|\geq 1/8,|\xi_2/\xi_1|\leq 1\}$，即函数 $\psi(\xi A_0^{-j}B_0^{-k})$ 形成 C_0 的一个剖分。由以上的讨论，可知集合：

$$\{\psi_{j,k,m}^{(0)}(\cdot)=2^{j/j}\psi^{(0)}(B_0^k A_0^j x-m):j\geq 0,-[2^{j/2}]\leq k\leq[2^{j/2}],m\in Z^2\} \tag{8-11}$$

其中，式（8-11）是 $L^2(C_0)^V=\{f\in L^2(R^2):\sup pf\subset C_0\}$ 的一个紧框架。

$$A_0=\begin{pmatrix}2 & 0\\0 & \sqrt{2}\end{pmatrix},\quad B_0=\begin{pmatrix}1 & 1\\0 & 1\end{pmatrix} \tag{8-12}$$

由图 8-3 可以看出，剪切波的每个元素 $\psi_{j,k,m}$ 支撑在梯形对上，每一个梯形包含在一个大小为 $2^j\times 2^{2j}$ 的盒子里，方向沿着斜率为 $l2^{-j}$ 的直线，具有优秀的局部化特性，且在频域内具有紧支撑结构。同样可以构造一个 $L^2(C_1)^V$ 的紧框架。

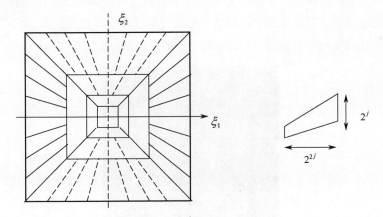

图 8-3　剪切波变换频域支撑

其中，C_1 是垂直锥，定义为 $C_1=\{(\xi_1,\xi_2)\in 1,|\xi_2|\geq 1/8,|\xi_1/\xi_2|\leq 1\}$，$\psi$ 由式（8-13）给定。

$$\psi^{(1)}(\xi) = \psi_1(\xi_2)\psi_2\left(\frac{\xi_1}{\xi_2}\right) \tag{8-13}$$

令 $\phi \in L^2(R^2)$，对任何 $\xi \in R^2$，有

$$|\phi(\xi)|^2 + \sum_{j \geqslant 0}\sum_{k=2^j}^{2^j-1}\left|\psi^{(0)}(\xi A_0^{-j} B_0^{-k})\right|^2 + \sum_{j \geqslant 0}\sum_{k=2^j}^{2^j-1}\left|\psi^{(1)}(\xi A_1^{-j} B_1^{-k})\right|^2 = 1 \tag{8-14}$$

式（8-14）暗含 $\sup p\hat{\phi} \in [-1/8, 1/8]^2$，且 $\left|\hat{\phi}(\xi)\right|^2 = 1$，因此剪切波集合为

$$\Psi = \left\{\phi(x-m): m \in Z^2\right\} \cup$$
$$\left\{\psi_{j,k,m}^{(d)}(x): j \geqslant 0, -\lceil 2^{j/2}\rceil \leqslant k \leqslant \lceil 2^{j/2}\rceil, m \in Z^2, d = 0,1\right\} \tag{8-15}$$

$$\psi_{j,l,k}^{(d)}(\xi) = 2^{j/2}V(2^{-2j}\xi)W_{j,l}^{(d)}(\xi)e^{-2\pi i \xi A_d^{-j} B_d^{-l k}} \tag{8-16}$$

$$V(\xi_1, \xi_2) = \psi_1(\xi_1)\chi_{D_0}(\xi_1, \xi_2) + \psi_1(\xi_2)\chi_{D_1}(\xi_1, \xi_2) \tag{8-17}$$

故 $f \in L^2(R^2)$ 的剪切波变换如下：

$$\left\langle f, \psi_{j,l,k}^{(d)}(\xi)\right\rangle = 2^{3j/2}\int_{R^2} f(\xi)\overline{V(2^{-2j}\xi)W_{j,l}^{(d)}(\xi)}\, e^{-2\pi i \xi A_d^{-j} B_d^{-l k}}\, d\xi \tag{8-18}$$

为了验证剪切波变换对于 SAR 图像尾迹的增强效果，对实测尾迹图像进行处理，并与传统的 Robert 变换结果进行对比。

从图 8-4 和图 8-5 中可以看出，使用剪切波变换方法对 SAR 图像尾迹进行特征增强的效果要优于使用 Robert 变换方法。主要体现在两个方面：尾迹信息比较完整、背景信息少；尾迹信息与背景信息的对比度更高。因此本书选取剪切波变换方法进行 SAR 图像尾迹特征增强预处理。

(a) 舰船尾迹SAR图像1

图 8-4　剪切波变换与 Robert 变换对尾迹的增强效果对比（一）

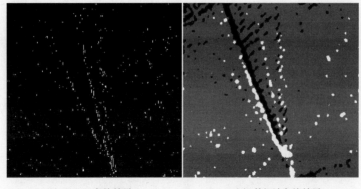

(b) Robert 变换结果1　　　　　　　　(c) 剪切波变换结果1

图 8-4　剪切波变换与 Robert 变换对尾迹的增强效果对比（一）（续）

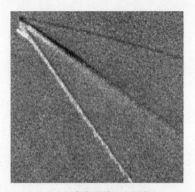

(a) 舰船尾迹SAR图像2

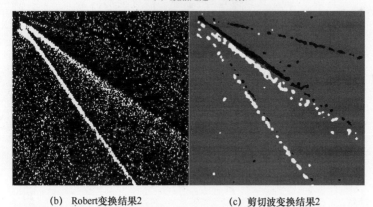

(b)　Robert变换结果2　　　　　　　　(c) 剪切波变换结果2

图 8-5　剪切波变换与 Robert 变换对尾迹的增强效果对比（二）

8.1.3　尾迹线性特征检测

高分辨率 SAR 图像中湍流尾迹表现为舰船航迹中央的一条或明或暗的

条纹。V 形尾迹则表现为两条明亮的线性条纹，其相对于中央湍流尾迹的半角范围为 1°～4°。最外部的尾迹是 Kelvin 臂，由 Kelvin 尾迹的横波与发散波相互干涉形成，相对于湍流尾迹以半角约 19.5°的角度蔓延。此外，在分层海域，还有可能在船尾观察到明暗交替的内波尾迹。

本节的尾迹检测算法主要结合预处理工作和不同尾迹成分的特征展开。尾迹检测算法的主要流程如图 8-6 所示。

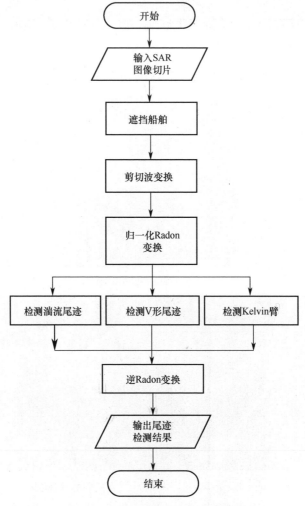

图 8-6　尾迹检测算法的主要流程

对于输入的整幅 SAR 图像，首先按照尾迹的特征尺寸对图像进行切片和分组。其次，由于舰船具有较大的雷达散射截面（Radar Cross-Section，RCS），在 SAR 图像中表现为高亮像素块，需要先对舰船区域进行遮挡以去除舰船对尾迹检测的影响，对 SAR 图像切片经过剪切波变换，增强尾迹特征，然后进行归一化 Radon 变换。最后，利用尾迹特征在 Radon 域寻找不同尾迹的检测结果，通过逆 Radon 变换输出尾迹检测结果。

图 8-7 给出了一组实测 SAR 图像的尾迹检测结果，对应检测结果见表 8-1。从表 8-1 可以看出，两条由尖波列组成的窄尾迹的夹角约为 23°，呈现为亮特征。湍流尾迹特征最为强烈，由两条接近于平行的亮条纹和暗条纹组成，且湍流尾迹是 SAR 图像中出现频率最高的尾迹，这是在检测尾迹时首选湍流尾迹的原因。Kelvin 尾迹图像中仅有单个 Kelvin 臂比较明显，以上特征与舰船尾迹的电磁成像机理相吻合。

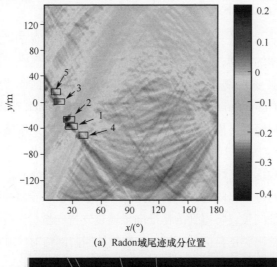

(a) Radon 域尾迹成分位置

(b) 尾迹检测结果示意

图 8-7　实测 SAR 图像尾迹检测结果

表 8-1　尾迹结构关系检测结果

编号	尾迹类别	Radon 域角度/(°)	Randon 域幅值	亮暗特征
1	湍流尾迹亮边缘	25	0.251	亮
2	湍流尾迹暗边缘	24	−0.410	暗
3	窄尾迹	15	0.162	亮
4	窄尾迹	38	0.104	亮
5	Kelvin 臂	4	0.100	亮

8.2　基于神经网络的尾迹 SAR 图像检测

8.2.1　Faster R-CNN

目标识别与目标检测不同，前者只需要判断图中物体的类别，而后者不仅需要判定物体的类别，还需要得到精确的物体区域位置[22]。换言之，目标检测网络的主要任务有两项：目标识别和目标区域界定。R-CNN（Region-based Convolutional Neural Network）是由 Girshick 在 2014 年提出的一种目标检测神经网络模型[21]。图 8-8 给出了 R-CNN 的网络结构示意图，R-CNN 使用传统的计算机视觉技术,利用滑动窗口来搜索图像中可能包含目标的区域作为候选，该环节被称作区域提议（Region Proposal）；完成区域提议后，将找到的每一幅候选图像调整为统一大小并输入卷积神经网络中，以获取图像的特征向量，将得到的特征向量通过支持向量机进行分类；最后，对于包含需要检测类别目标的区域，使用线性回归网络对区域的边界框进行矫正，获得精确的目标区域范围。

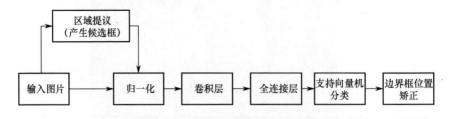

图 8-8　R-CNN 网络结构示意图

R-CNN 比传统的目标检测算法性能优越，但它也存在很多缺陷：首先是卷积层网络需要的输入是同样大小的图像，但区域提议得到的候选区域往往尺寸大小不一致，因此输入前需要对候选区域做统一尺寸处理，该步骤会造成信息丢失；其次是算法利用滑动窗口判断目标可能存在的区域，所产生的候选区域大量重叠，产生大量冗余，而支持向量机分类器则需要对海量的特征进行学习，效率低下。

为此，Girshick 于 2015 年提出了 R-CNN 的改进版：Fast R-CNN[23]，其网络结构如图 8-9 所示。Fast R-CNN 使用了和 R-CNN 相同的区域提议方法，但后续不再向卷积层输入单独的感兴趣区域（Region of Interest，ROI）图像，而是输入整幅待检测图像，并将 ROI 投影到卷积网络生成的特征图上。图中每个 ROI 都通过一个 ROI 池化层，通过最大池化操作将不同尺度的特征向量映射至统一的尺度，生成 ROI 特征向量，再将特征向量输入到两个完全连接的网络中，一个用于预测 ROI 的类别，另一个用于矫正目标区域的边界框位置。

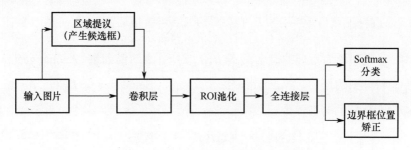

图 8-9　Fast R-CNN 网络结构示意图

Fast R-CNN 大大减少了原始 R-CNN 中的重复计算，其运行速度大概是经典 R-CNN 的 25 倍左右，但仍通过传统的计算机视觉方案来产生候选 ROI。同年，何凯明等人提出了下一代检测算法 Faster R-CNN[24]，其网络结构如图 8-10 所示，Faster R-CNN 移除了外部区域提议机制，并将其替换为可训练的神经网络结构，称为区域提议网络（Region Proposal Network，RPN）。PRN 的输出与 ROI 特征图相结合，传入两个与 Fast R-CNN 相似的全连接网络中。至此，目标检测的所有任务都可通过深度神经网络完成。

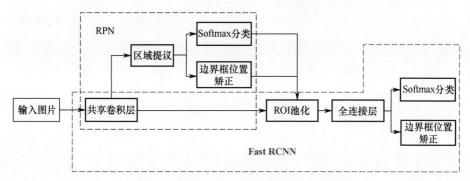

图 8-10　Faster R-CNN 网络结构示意图

Faster R-CNN 最大的亮点在于提出了一种有效定位目标区域的方法，并按区域在特征图上进行特征索引，大大降低了卷积计算的时间消耗，在速度上实现了非常大的提升，其效率大约是 Fast R-CNN 的 10 倍，经典 R-CNN 的 250 倍。

在机器学习理论中，损失函数（Loss Function）是指用来度量模型的预测值 $f(x)$ 与观测值 Y 的差异程度的一组函数，损失函数的大小可以衡量网络的鲁棒性，而网络训练的目标就是改变网络的参数以减小网络的损失函数值。Faster R-CNN 的损失主要分为 RPN 的损失和 Fast R-CNN 的损失两部分，并且两部分损失都包括分类损失 N_{cls} 和回归损失 N_{reg}，计算公式如下：

$$L(\{p_i\}, \{t_i\}) = \frac{1}{N_{cls}} \sum_i L_{cls}(p_i, p_i^*) + \lambda \frac{1}{N_{reg}} \sum_i p_i^* L_{reg}(t_i, t_i^*) \tag{8-19}$$

式中，p_i 是预测为目标的概率，$t_i = \{t_x, t_y, t_w, t_h\}$ 表示锚向量（Anchor vector），N_{reg} 为特征图的尺寸，N_{cls} 通常取决于批尺寸（Batch size）。$L_{cls}(p_i, p_i^*)$ 表示目标与非目标的对数损失：

$$L_{cls}(p_i, p_i^*) = -\log[p_i^* p_i + (1 - p_i^*)(1 + p_i)] \tag{8-20}$$

8.2.2 样本数据处理

深度学习模型的建立往往需要大量的实测样本进行训练，样本数量越多，训练出来的模型鲁棒性越高，模型的泛化能力越强。但是 SAR 图像识别问题天然是一个小样本问题，训练样本的缺乏严重制约了各类机器学习算法在雷达图像识别领域中的应用。对样本做数据增强可以在一定程度上改善资源受限、样本数量不足的问题。数据增强是指利用已有样本，通过平移、缩放、组合、变色等操作扩充数据，增强模型的有效性。本节所采用的样本数据增强方法为旋转、加噪和平移。

图 8-11 与图 8-12 分别是通过旋转和加噪扩充数据的示例，未增强前的舰船尾迹数量为 160 个，进行旋转的角度为 6 种，加噪扩展为 1 种，数据进行尾迹增强后的尾迹数量是原先的 8 倍。在训练的过程中，设置训练与测试样本的比例为 7：3。

使用 Faster R-CNN 对数据进行训练前，需要提供图片中舰船目标与尾迹的位置信息，本节所使用的数据格式为 VOC2007，标注完成后，针对每张图片会生成一个 xml 文件介绍对应图片的基本信息，如来自哪个文件夹、文件名、图像尺寸和图像中包含哪些目标以及目标的信息等。

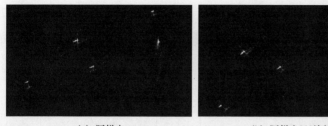

(a) 源样本　　　　　　　　　　　　(b) 源样本30°旋转

图 8-11　样本数据旋转扩充

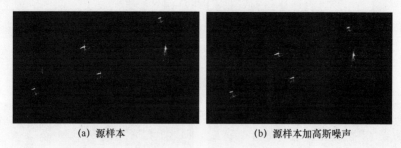

(a) 源样本　　　　　　　　　　　　(b) 源样本加高斯噪声

图 8-12　样本数据加噪扩充

8.2.3　检测结果与分析

本节仿真训练数据来自于公开训练数据集 SSD，舰船尾迹数据为 TerraSAR-X 图像，图像包含明显的尾迹图案特征。所使用的产品格式为 StripMap，标准的场景分辨率为 3m×3m，该模式下场景的覆盖范围为 30km×50km。由上文可知，Faster R-CNN 主要由 RPN 网络和 Fast R-CNN 网络组成，仿真训练迭代次数分别设置为 8 万次和 4 万次。

图 8-13 给出舰船尾迹训练阶段的损失函数变化。Faster R-CNN 在训练数据模型时交替使用了 RPN 网络与 Fast R-CNN 网络。从图 8-13(a)可以看出，在迭代的初期，随着训练次数的增加，损失值快速降低，但是随着迭代次数增加到一定程度，损失值趋于稳定，基本不再变化，两个阶段训练都完成了收敛。从图 8-13(b)可以看出，Fast R-CNN 网络的训练次数达到 30 000 左右，也取得了收敛。

图 8-14 为 Fast R-CNN 分别检测舰船与尾迹区域的结果，其中浅色矩形框代表检测出的舰船区域，深色矩形框代表检测出的尾迹区域。可以看出在输入图片中出现多舰船与尾迹的情况下，利用训练的模型均可以取得较好的检测结果。基于检测出的结果可以进行之后的舰船、尾迹配准以及参数反演工作。

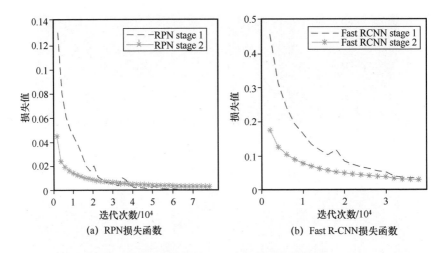

(a) RPN损失函数　　　　　　　(b) Fast R-CNN损失函数

图 8-13　舰船尾迹训练阶段的损失函数变化

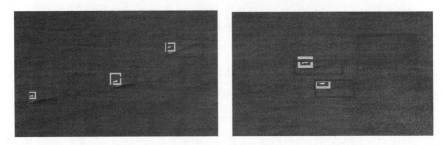

图 8-14　Faster R-CNN 分别检测舰船与尾迹区域的结果

　　在检测出尾迹区域之后，利用尾迹检测算法检测出尾迹的具体位置。从图 8-14 的尾迹区域检测结果可以看出，尾迹所在的矩形区域长宽差别较大，这会影响归一化 Radon 变换的检测结果，本节通过均值填充方式，先将尾迹区域设置为一个正方形区域，再进行尾迹成分检测。

　　图 8-15 给出了舰船与尾迹成分的检测结果。其中，图 8-15(a)是通过 Faster R-CNN 检测尾迹与舰船所在矩形区域的检测结果，对检测到的舰船区域进行遮挡后，使用剪切波增强和归一化 Radon 变换，得到图 8-15(d)所示的舰船和尾迹的具体位置信息。

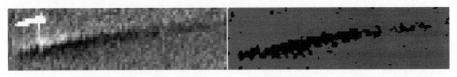

(a) 尾迹区域检测结果　　　　　(b) 尾迹特征经剪切波变换增强结果

图 8-15　舰船与尾迹成分的检测结果

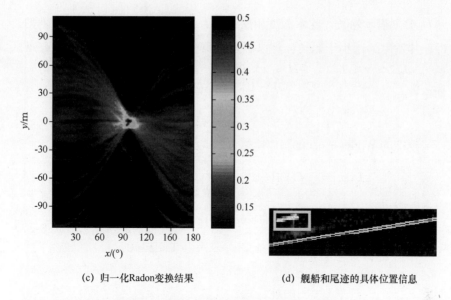

(c) 归一化Radon变换结果　　　　　(d) 舰船和尾迹的具体位置信息

图 8-15　舰船与尾迹成分的检测结果（续）

8.3　基于尾迹的舰船参数反演

8.3.1　基于波幅函数的舰船尺寸反演

通过 SAR 图像中的尾迹特征推导舰船特性是一项重要的工作，这通常是海洋流体力学的逆问题，即从已知的波浪信息导出舰船的几何形状、航速和航向。

由 Kelvin 尾迹的仿真结果可知，船体的尺寸会影响 Kelvin 尾迹的波幅函数。因此，理论上可以利用尾迹波幅函数对舰船尺寸进行反演。运动物体产生的尾迹流场可以视为由连续分布的点源产生，对应波幅函数为

$$A(K_x)=A(\theta)=\int_{-1}^{1}F(x)\,\mathrm{e}^{jvx'}\mathrm{d}x' \tag{8-21}$$

式中，

$$F(x')=\frac{2}{g^2}LDU_s^3K_x^3\int_{-1}^{0}\delta(x',z')\mathrm{e}^{\mu z}\mathrm{d}z' \tag{8-22}$$

$$v(\theta)=\frac{gL}{2U_s^2\cos\theta} \tag{8-23}$$

$$\mu(\theta)=\frac{gD}{U_s^2\cos^2\theta} \tag{8-24}$$

其中，$\delta(x',z')$ 表示点源密度函数，$\boldsymbol{K}_x$ 表示舰船运动方向的波矢量，L、D

和 U_s 分别表示船长、吃水深度和船速。为了简化源区，假设船体为薄船，即船体宽度远远小于船长。可以假定点源在船的中心平面上，点源分布区域为 $-L/2 \leqslant x \leqslant L/2$，$-H \leqslant z \leqslant 0$。$x'$、$z'$ 为归一化的尺度参数，可表示如下：

$$x' = 2x/L, z' = z/D \tag{8-25}$$

标准的 Wigley-Cosine 船体模型可由式（8-26）表示：

$$\varsigma(x,z) = \frac{B}{2} f(x)(1-z^2) \qquad x \in [-1,1], z \in [-1,0] \tag{8-26}$$

$$f(x) = \begin{cases} \frac{1}{2}[1+\cos(\pi x)], & 0 \leqslant x \leqslant 1 \\ 1 - x^2, & -1 \leqslant x < 0 \end{cases} \tag{8-27}$$

点源密度可以描述为

$$\delta(x,y) = \frac{U}{\pi L} \frac{\partial \varsigma(x,z)}{\partial x} \tag{8-28}$$

则波幅函数的实部与虚部可表示如下[8]：

$$A_R(K_x) = Q_R(K_x)\cos[v-\phi_R(v)] + Q_{R_b}(K_x,x_b)\cos[x_b v-\phi_{R_b}(v,x_b)] \tag{8-29}$$

$$A_I(K_x) = Q_I(K_x)\cos[v-\phi_I(v)] + Q_{I_b}(K_x,x_b)\cos[x_b v-\phi_{I_b}(v,x_b)] \tag{8-30}$$

其中，$A_R(K_x)$、$A_I(K_x)$ 分别代表波幅函数的实部与虚部。

$$v = LK_x/2 \tag{8-31}$$

图 8-16 给出了两个不同尺寸的舰船以 6m/s 船速行驶时的波幅函数。结合式（8-29）和式（8-30）可发现，波幅函数 $A(K)$ 具有周期性，这种周期性与舰船长度 L 有关。其中，$\cos[v-\phi_R(x)]$ 和 $\cos[v-\phi_I(x)]$ 表示在船首和船尾产生的较高频率分量。频率在 $L/4\pi$ 周围变化，$\cos[x_b v-\phi_{R_b}(x,v_b)]$ 和 $\cos[x_b v-\phi_{I_b}(x,v_b)]$ 是由 $x=x_b$ 处的不连续点产生的，每一个船体的不连续点都会引发波幅函数频率的变化，而船首和船尾对这种频率变化起决定作用。因此，可通过检测波幅函数谱的峰值频率 $f_{K_{x0}} = L/(2\pi)$ 来测算船体的长度 L。

在图 8-16 中，当船长分别为 150m、108m 的舰船以 6m/s 船速行驶时，通过对波幅函数的数据进行傅里叶变换，得到最大振幅信号对应的频率值，从而估算得到船长数据。表 8-2 为利用波幅函数获取的船长结果，从表中可以看出，对于仿真图像利用波幅函数估算舰船船长的误差较小，可以为利用实测尾迹数据获取舰船尺寸提供理论基础。

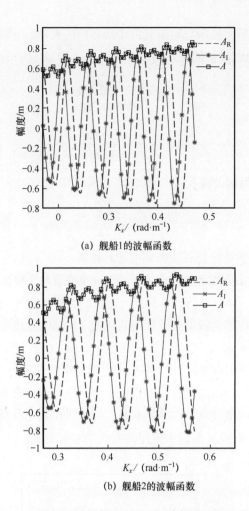

(a) 舰船1的波幅函数

(b) 舰船2的波幅函数

图 8-16　不同尺寸的舰船以 6m/s 船速行驶时的波幅函数

表 8-2　利用波幅函数获取的船长结果

舰船编号	实际船长/m	估算船长/m	长度相对误差/%
舰船 1	150	150.80	0.53
舰船 2	108	100.53	6.91

8.3.2　基于尾迹图像的舰船航速估计

以速度 U_s 运行的舰船会产生由横波和发散波组成的表面波，在波传播方向与舰船航向反向的夹角 β 为 $16° \sim 19°28'$ 之间的区域，尾迹各分量波长与船速的关系如下：

$$\lambda = 2\pi U_s^2 \cos^2 \psi / g \qquad (8\text{-}32)$$

式中，ψ 是舰船航向反向与尾迹波浪传播方向的夹角，g 是重力加速度。因此，船速 U_s 与尾迹波长的关系如下：

$$U_s = \sqrt{\frac{\lambda g}{2\pi \cos^2 \psi}} \qquad (8\text{-}33)$$

$$\psi = \tan^{-1}\left(\frac{1 + (1 - 8\tan^2 \beta)^{1/2}}{4\tan \beta}\right) \qquad (8\text{-}34)$$

当 $\psi = 0°$ 时，可得横波波长 λ_t 与船速 U_s 的关系如下：

$$U_s = \sqrt{\frac{\lambda_t g}{2\pi}} \qquad (8\text{-}35)$$

下面是利用横波波长获取船速的仿真结果：

图 8-17(a)中表示的是舰船以 6m/s 和 8m/s 沿着与 x 轴正向夹角 0° 行驶时的横波空域信息，对其进行一维傅里叶变换的结果如图 8-17(b)所示。利用其峰值波数算得对应的横波波长，即可通过式（8-35）完成对船速的估算。具体的实验结果见表 8-3，可得当实际船速为 8m/s、6m/s 时，通过横波波长获取的船速分别为 7.7806m/s 和 5.8496m/s，相对误差分别为 2.74%和 2.51%。虽然使用横波波长反演舰船速度的误差相对较小，但是在实测的 SAR 图像中，Kelvin 尾迹的横波波长往往不明显，并且舰船航向也会影响对于横波信息的获取，在实测 SAR 图像中应用该方法的限制较多。

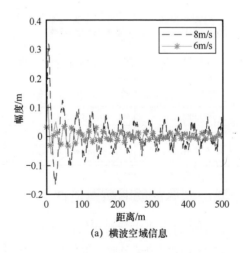

(a) 横波空域信息

图 8-17　利用横波波长获取船速的仿真结果

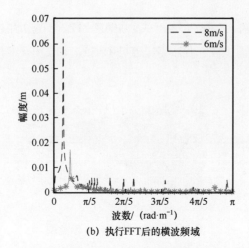

（b）执行FFT后的横波频域

图 8-17　利用横波波长获取船速的仿真结果（续）

表 8-3　利用横波波长获取船速的实验结果

舰船航向/(°)	仿真船速/(m·s^{-1})	估算船速/(m·s^{-1})	速度相对误差/%
0	8	7.78	2.73
0	6	5.85	2.50

8.3.3　舰船尾迹空间频谱分量分析

根据点源扰动理论，Kelvin 尾迹可以看作是由一系列不同振幅、不同传播角度的波叠加而成，其中横波的传播角度为 $0° \leqslant \theta \leqslant 35°16'$，发散波的传播角度为 $35°16' \leqslant \theta \leqslant 90°$。因此在频域坐标系中，横波与发散波分界处满足 $k_y/k_x = \tan 35°16'$。

Kelvin 尾迹二维波数 $K(\theta) = g/U_s^2 \cos^2 \theta$ 表明，舰船速度可仅由波数确定，或由给定的波浪传播角度下的波长确定。理论上一旦波数 $K(\theta)$ 已知，则很容易算得舰船速度，而波数和波浪角的确定则需要关于舰船方向的先验信息。如果这些信息不可用，就需要同时确定舰船的方向和速度。为了方便确定舰船的方向，定义两个参考系，首先是以舰船为中心的参考系 xoy；其次是以成像中心为原点的固定参考系 $x_m o_m y_m$，如图 8-18 所示。

$$x = (x_m - x_{m_0})\cos \alpha + (y_m - y_{m_0})\sin \alpha \qquad （8-36）$$

$$y = -(x_m - x_{m_0})\sin \alpha + (y_m - y_{m_0})\cos \alpha \qquad （8-37）$$

其中，(x_{m_0}, y_{m_0}) 是舰船坐标系的原点，α 是舰船航向与 x 轴的夹角，尾迹的幅度 $\eta(x, y)$ 在 $x_m o_m y_m$ 坐标系中可表示如下：

$$\eta_{\mathrm{m}}(x_{\mathrm{m}}, y_{\mathrm{m}}) = \eta[(x_{\mathrm{m}} - x_{\mathrm{m}_0})\cos\alpha + (y_{\mathrm{m}} - y_{\mathrm{m}_0})\sin\alpha, - \qquad (8\text{-}38)$$
$$(x_{\mathrm{m}} - x_{\mathrm{m}_0})\sin\alpha + (y_{\mathrm{m}} - y_{\mathrm{m}_0})\cos\alpha]$$

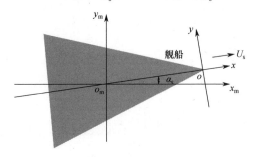

图 8-18 xoy 和 $x_{\mathrm{m}}o_{\mathrm{m}}y_{\mathrm{m}}$ 示意图

色散关系控制着波的传播。对于深水情况，波浪的色散关系可简化为 $\omega = \pm\sqrt{kg}$，±表示波沿着正反两个方向传播，在以舰船为中心的坐标系 xoy 中，色散关系的多普勒频移表示如下：

$$\omega' = \pm\sqrt{kg} - \Delta\omega = \pm\sqrt{kg} + U_{\mathrm{s}}k_x \qquad (8\text{-}39)$$

当舰船尾迹在坐标系中静止时，$\omega'=0$，结合 $k=\sqrt{k_x^2 + k_y^2}$，可得：

$$k_y = \pm\frac{U_{\mathrm{s}}^2}{g}k_x\sqrt{k_x^2 - \frac{g^2}{U_{\mathrm{s}}^4}} \qquad (8\text{-}40)$$

$$k_x = \frac{g}{U_{\mathrm{s}}^2} \qquad (8\text{-}41)$$

Kelvin 尾迹的频域结构如图 8-19 所示。

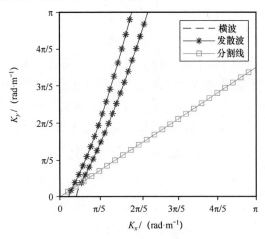

图 8-19 Kelvin 尾迹的频域结构

图 8-19 中两条曲线分别代表船速为 6m/s、8m/s 时 Kelvin 尾迹在频域的位置点，直线代表的是 $k_y / k_x = \tan 35°16'$ 的直线，用来区分频域中的横波与发散波。

$$H_{\mathrm{m}}(u_{\mathrm{m}}, v_{\mathrm{m}}) = \left\{ \eta_{\mathrm{m}}(x_{\mathrm{m}}, y_{\mathrm{m}}) \right\}$$
$$= H(u_{\mathrm{m}} \cos \alpha + v_{\mathrm{m}} \sin \alpha, -u_{\mathrm{m}} \sin \alpha + v_{\mathrm{m}} \alpha) \mathrm{e}^{-\mathrm{i}2\pi(u_{\mathrm{m}} x_{\mathrm{m}0} + v_{\mathrm{m}} y_{\mathrm{m}0})} \tag{8-42}$$

式（8-42）是 $\eta_{\mathrm{m}}(x_{\mathrm{m}}, y_{\mathrm{m}})$ 的傅里叶变换 $H_{\mathrm{m}}(u_{\mathrm{m}}, v_{\mathrm{m}})$，两个坐标系之间的不同仅仅影响 $H_{\mathrm{m}}(u_{\mathrm{m}}, v_{\mathrm{m}})$ 的相位，波数和波角是由频域空间点的强度决定的。当舰船航向存在夹角时，尾迹的频域结构也会存在一个相同角度的旋转，如图 8-20 所示。

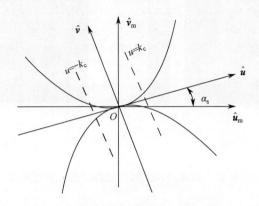

图 8-20　Kelvin 尾迹频域结构的旋转

图 8-21 是仿真的 Kelvin 尾迹和对应的频域结果。舰船航向存在夹角时与没有夹角时尾迹频域结构中同一个点在两个频域坐标系的关系如下：

$$u = u_{\mathrm{m}} \cos \alpha + v_{\mathrm{m}} \sin \alpha \tag{8-43}$$

$$v = -v_{\mathrm{m}} \sin \alpha + v_{\mathrm{m}} \cos \alpha \tag{8-44}$$

Kelvin 尾迹中沿着夹角 θ 传播波的波数与船速 U_{s} 的关系如下：

$$K = \frac{g}{U_{\mathrm{s}}^2 \cos \theta} \tag{8-45}$$

对同一坐标系中尾迹结构中的两个不同点有：

$$\sqrt{K_1} \cos \theta_1 = \sqrt{K_2} \cos \theta_2 \tag{8-46}$$

两个频域坐标系的关系如下：

$$K = 2\pi \sqrt{u_{\mathrm{m}}^2 + v_{\mathrm{m}}^2} = 2\pi \sqrt{u^2 + v^2} \tag{8-47}$$

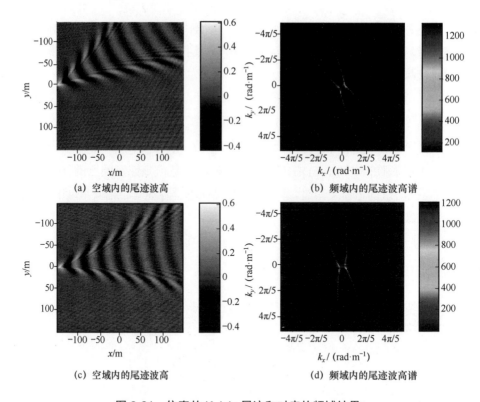

(a) 空域内的尾迹波高   (b) 频域内的尾迹波高谱

(c) 空域内的尾迹波高   (d) 频域内的尾迹波高谱

图 8-21　仿真的 Kelvin 尾迹和对应的频域结果

结合 $\cos\theta = u\big/\sqrt{u^2+v^2}$ ，可以得到：

$$\sqrt{K_2}\,(u_{m_1}\cos\alpha + v_{m_1}\sin\alpha) = \sqrt{K_1}\,(u_{m_2}\cos\alpha + v_{m_2}\sin\alpha) \qquad (8\text{-}48)$$

利用上述结论，推导出确定舰船方向和速度的一般公式。角度 α 的计算如下：

$$\alpha = -\tan^{-1}\frac{\sqrt{K_1}\,u_{m_2} - \sqrt{K_2}\,u_{m_1}}{\sqrt{K_1}\,v_{m_2} - \sqrt{K_2}\,v_{m_1}} \qquad (8\text{-}49)$$

$$U_s = \sqrt{\frac{g}{K_j\cos^2\theta_j}} = \frac{\sqrt{gK_j}}{2\pi\left|u_{m_j}\cos\alpha + v_{m_j}\sin\alpha\right|} \qquad (8\text{-}50)$$

舰船尾迹往往会受到噪声和杂波的影响。同时，对于离散谱，谱图上的轨迹点并不总能精确地定位在采样网格上。这会导致一些轨迹点位置出现误差，为了减弱这种采样误差对舰船速度和方向估计的影响，可以使用多对轨迹点，对这些点计算的结果取均值，从而对舰船航向和速度进行估计。

此外，对于难以确定频谱图像中有效轨迹点的情况，也可以通过空间滤波检验的思路，寻找频谱空间最有效的一组轨迹点来估计图像中的船速[9]，较好地减弱图像质量对估计结果的影响。设尾迹图像二维空间频谱 $S(k_x,k_y)$ 对应的掩码函数为 $M(k_x,k_y)$，对于任一估计船速和角度值 U_{s_0}、α_0，当 k_x,k_y 值满足色散关系式（8-48）时，$M(k_x,k_y)=1$，否则，$M(k_x,k_y)=0$。对于不同的 U_{s_0} 和 α_0，最大值 $\max\{M(k_x,k_y)\times S(k_x,k_y)\}$ 对应的 U_{s_0} 和 α_0 值即为该图像所对应的船速和航向估计，该方法可以有效增加反演的可靠性和精度。

为了验证舰船参数二维估算方法的可靠性与精确性，对模拟的舰船 Kelvin 尾迹波高进行傅里叶变换，得到频域内的舰船尾迹波高谱，进而得到图像对应的船速和航向估计。

表 8-4 是舰船在相同航向、不同船速时利用 Kelvin 尾迹频域方法估计船速与航向的结果。表 8-5 是舰船在不同航向、相同船速时利用 Kelvin 尾迹频域方法估计船速与航向的结果。实验结果表明，在相同航向、不同船速时，估算航向误差保持在 1° 范围以内，较为准确；在不同航向、相同船速时，估计船速的相对误差保持在 5%以内，可以用来估计船速。

表 8-4 基于尾迹波高谱的相同航向、不同船速的舰船参数估算结果

真实航向/(°)	估算航向/(°)	舰船速度/(m·s⁻¹)	估算速度/(m·s⁻¹)	速度相对误差/%
30	29.783	6	6.189	3.150
30	30.275	8	7.812	2.350
50	30.184	10	10.368	3.680

表 8-5 基于尾迹波高谱的不同航向、相同船速的舰船参数估算结果

真实航向/(°)	估算航向/(°)	舰船速度/(m·s⁻¹)	估算速度/(m·s⁻¹)	速度相对误差/%
0	0.574	8	8.348	4.350
30	30.278	8	7.658	4.275
50	51.291	8	8.302	3.775

8.4 基于尾迹的浮标目标隐蔽优化方法

8.4.1 流场仿真与参数设定

本节介绍一种基于尾迹的浮标目标的隐蔽优化方法。利用 CFD 和电磁散射模型可以研究不同特征尺寸和运动状态下的浮标尾迹电磁散射特征，并探讨通过尾迹对通信浮标的可探测性以及实际浮标目标的隐蔽优化设计思

路。仿真湍流模型采用 SST K-Omega 模型。仿真模型和浮标目标几何示意图分别如图 8-22 和图 8-23 所示，对应仿真工况由表 8-6 给出。

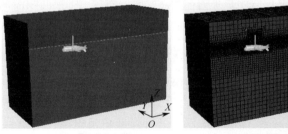

    (a) 流场分层示意   (b) 网格离散示意图

图 8-22   仿真模型

图 8-23   浮标目标几何示意

表 8-6   对应仿真工况

工况编号	航速/kn	浮心位置	海况条件
1	3	以浮心（0,0,0）为模型坐标原点	静水
2	4		
3	6		

图 8-22(a)中分为空气和水两相。示意图中目标中心距离自由液面高度为 0.4m。鉴于模型及其尾流主体的几何对称性，节约资源起见，仅对相对于 XOZ 对称的半场景进行仿真，忽略随机尾流形成的不对称结构。半场景尺寸为 14m×6m×8.4m，后处理中可通过镜像法得到整个流场的信息。仿真所用的网格离散如图 8-22(b)所示，为了更好地捕获到壁面边界引起的湍流，将模型分为船头、船尾和中间体 3 个部分进行较大幅度加密。而对于自由液面处的网格，采用自适应网格技术进行处理，该方法能够在自由液面的发展和移动中动态地重新生成网格，并进行自动插值，以获得更加精细的网格去追踪交界面，减少交界面锐化。

对 3 种不同速度的尾迹进行仿真，具体参数见表 8-6。为了保证计算效率，基于仿真流场的大小，3 种不同速度浮标工况的计算结束时间分别为 20s、15s 和 15s。由于 3 种工况在不同速度、不同姿态下，近场尾迹的详细结构具有较大差异。这里给出了工况 1/2/3 在流场稳定后的近景视角图，如图 8-24 所示。

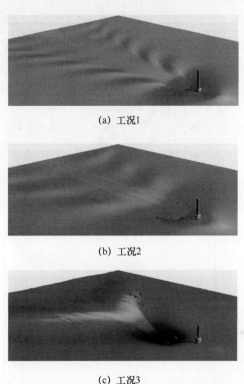

(a) 工况1

(b) 工况2

(c) 工况3

图 8-24　3 种工况在流场稳定后的近景视角图

从图 8-24 可以看出，工况 1 和工况 2 的尾迹场整体结构具有相似性，都能明显地观察到伯努利丘、湍流尾迹和 Kelvin 尾迹的扩散波结构。除此之外，由于工况 1 和工况 2 的攻角较大，且模型处于较浅区域，出现了由于流体受到逆向压力差而产生的边界层流体分离所引起的倒流现象。而工况 3 的伯努利丘与前两种模型相比没有那么明显，此时的近尾迹流场由左右两边的小尺度破碎波浪组成。

8.4.2　浮标目标的电磁散射特性与 SAR 图像

设定入射波工作频率为 10 GHz，图 8-25 给出了目标在工况 1 条件下的波高及电磁散射系数的仿真结果。可以看到，海面的散射系数与有目标和尾迹时的散射系数的俯仰角分布产生了差异，有目标的尾迹海面与无目标只有尾迹时的海面的散射系数也不相同，说明在静水状态下，目标和尾迹的存在对静水海面的总场散射系数都有一定的影响。

(a) 波高几何示意

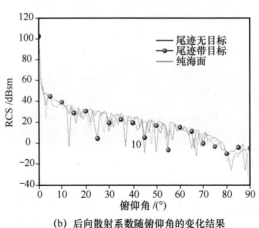

(b) 后向散射系数随俯仰角的变化结果

图 8-25　目标在工况 1 条件下的波高及电磁散射系数的仿真结果

　　海面目标和尾迹的散射总场是目标场、尾迹场和动态海面场的相干叠加。在雷达照射海面面积较小的时候，海面目标和尾迹的场对总场的影响较为明显，随着照射面积的增大和海况的增加，动态海面的电磁散射是总场的主要贡献因素，从总场大小上是很难分辨尾迹的存在的。但是，在高分辨率的 SAR 图像中，特别是在低海况条件下，由于尾迹对动态海面的流场调制的辐聚—辐散作用，在动态海面上会在较长时间内呈现尾迹的不同形态特征，为水下目标的探测提供了可能性。相应地，也为水下目标的隐身造成困难。为此，需要进一步分析动态海面上的浮标目标的尾迹的散射场分布。

图 8-26 给出了工况 2 条件下目标尾迹的散射场分布情况。从图中可以看到，存在尾迹的海面与没有尾迹的海面明显散射场特征不同，而且不同极化和不同工况下的尾迹散射特征也明显不同，与存在尾迹的海面波高特征对应。利用散射场分布和对应的高分辨率成像技术，我们可以更好地分辨水下目标尾迹的散射特征。

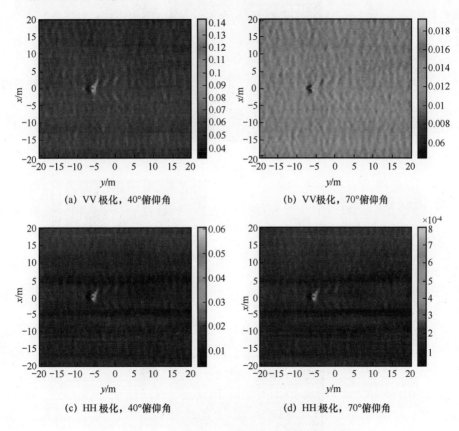

(a) VV 极化，40°俯仰角　　　　(b) VV 极化，70°俯仰角

(c) HH 极化，40°俯仰角　　　　(d) HH 极化，70°俯仰角

图 8-26　工况 2 条件下目标尾迹的散射场分布情况

考虑到尾迹图像对航向改变的敏感性，图 8-27 给出了目标在工况 2 条件下不同航向的尾迹波高、散射场分布和 SAR 图像的对比。由图可见，散射系数分布与尾迹流场波高图案相对应，尾迹可识别程度从尾迹波高电磁散射分布再到 SAR 图像逐渐减弱，尾迹流场波高特征越明显，其 SAR 图像纹理

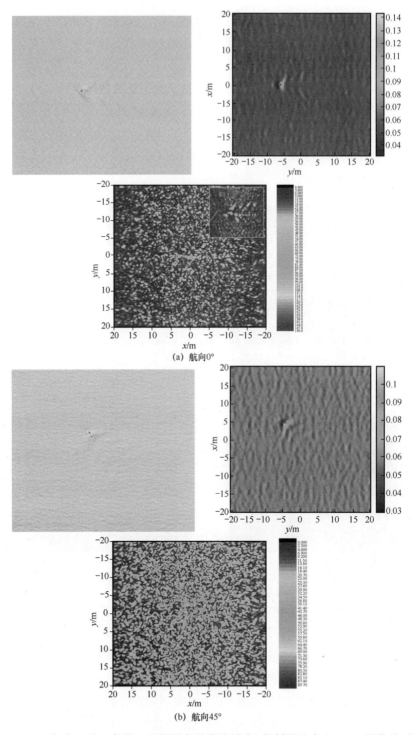

图 8-27　目标在工况 2 条件下不同航向的尾迹波高、散射场分布和 SAR 图像的对比

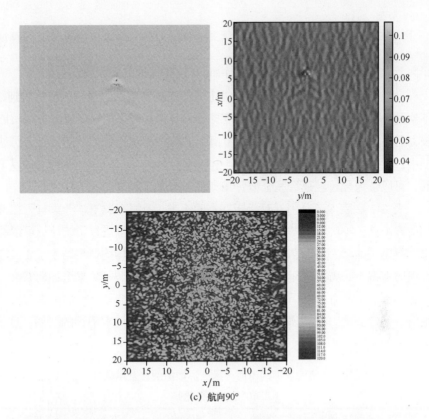

(c) 航向90°

图 8-27　目标在工况 2 条件下不同航向的尾迹波高、散射场分布和 SAR 图像的对比(续)

特征越强烈。不同航向的散射系数分布由于雷达视角的不同而不同，主要区别体现在发散波的形态上，图 8-27(a)对应尾迹的发散波波形最为明显，图 8-27(c)次之，图 8-27(b)最弱。而且由于雷达视角的不同，尾迹的纹理特征也分别呈现对称双 Kelvin 臂、单 Kelvin 臂和交错的 Kelvin 臂分布特征。另外，由于动态海面的存在和成像角度、分辨率等因素的不同，各姿态对应的尾迹 SAR 图像模糊度不同，尾迹纹理细节会出现难区分和辨认的情况。实际目标尾迹的可探测性仍需进一步讨论。

8.4.3　目标尾迹的可探测性评判标准

通过对目标的尾迹波高流场特性、总散射场、散射场分布和 SAR 成像的特征分析可以得出以下结论：雷达对尾迹的探测和识辨能力，取决于目标的工况引起的流场波高和航迹方位特性，雷达的工作频率、视角和分辨率以及背景海况等因素。这给尾迹隐蔽性或可探测性评判带来了困难，需要定义一个定量标准对尾迹的可探测性进行评判。

这里定义方差增幅 $\Delta\sigma = \dfrac{\sigma_T - \sigma_S}{\sigma_S} \times 100\%$ ，其中 σ_T 表示尾迹与海面叠加后面元散射截面的方差， σ_S 表示纯海面背景面元散射截面的方差。

通过对不同角度下不同海况的给定海面尾迹散射的大量统计分析看到，不论是小角度、中等角度还是大角度探测，当海况较低时，尾迹波散射贡献较为明显，因此方差增幅较大；随着海况的增加，尾迹波的散射贡献会迅速减小，我们结合不同条件下的 SAR 图像可以得出，当方差增幅低于 3%以下时，可以认为尾迹波已经完全被背景海浪所掩盖。

表 8-7 和表 8-8 分别针对目标在不同工况、1 级海况下，考虑有无尾迹的动态海面的不同极化的散射场均值、方差和方差增幅进行了统计。可以看出，有尾迹的动态海面和没有尾迹的动态海面的散射场均值相差小于 3 dB。在相同海况下，方差随尾迹的波高增加以及对海面的调制效果增加而增大，差距不大。但是方差增幅随着尾迹的调制作用的增强会显著增加，本项目讨论的 3 种工况在 1 级海况下，方差增幅均大于 3%。随着海况的增加，这 3 种工况的尾迹的辨识度会显著下降。

表 8-7　不同工况、1 级海况下的海面（尾迹）散射的方差增幅（10.0GHz，入射角 40°，VV 极化）

工况	目标速度/kn	尾迹	均值/dB	方差	方差增幅/%
1	3.0	有	−25.1354	5.5335	6.27
		无	−25.1410	5.2068	
2	4.0	有	−25.1292	5.5556	6.69
		无	−25.1410	5.2068	
3	6.0	有	−24.9898	7.8249	50.28
		无	−25.1410	5.2068	

表 8-8　不同工况、1 级海况下的海面（尾迹）散射的方差增幅（10.0 GHz，入射角 40°，HH 极化）

工况	目标速度/kn	尾迹	均值/dB	方差	方差增幅/%
1	3.0	有	−31.3983	8.6779	4.64
		无	−31.4095	8.2748	
2	4.0	有	−31.3852	8.7434	5.36
		无	−31.4095	8.2748	
3	6.0	有	−30.9247	11.8076	42.69
		无	−31.4095	8.2748	

8.4.4 浮标目标的隐蔽优化方法探讨

在保持原本攻角和速度的前提下，想要降低通信浮标目标的尾迹波高，减小尾迹产生的后向散射强度，两种直接的思路是增加潜深或者削减目标体积，其中，前者需要增加天线长度，而后者可能会影响目标的装载性能。

此外，由于目标运动时所受到的水下阻力与目标产生的尾迹波高正相关。因此，基于模型受到的压力来优化其外形，亦可达到减弱目标尾迹特征的目的。图 8-28 给出了工况 3 条件下不同截面的浮标动压分布情况。

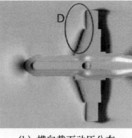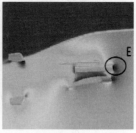

(a) 纵向截面动压分布　　　(b) 横向截面动压分布　　　(c) 45°截面动压分布

图 8-28　工况 3 条件下不同截面的浮标动压分布情况

从图中可以看出，当目标在水下运动时，主要存在 A、B、C、D、E 5 个较强的源。针对目标不同位置处的压力源，这里给出了一些减小动态压力的措施。

部件 A 为目标主体，也是目标的主要阻力区域，一个有效的减阻方法是减小目标主体部分的长径比。而对于部件 B、C，则可以通过修剪操作，使其外壳更贴近流线型，减小该部位所受到的水体阻力，优化前后的对比如图 8-29(a)~图 8-29(d)所示，而对部件 D 进行优化，一方面可直接削减长度，另一方面也可以修改其翼型，优化前后的对比如图 8-29(e)和图 8-29(f)所示。图 8-30 给出了不同方案下的目标尾迹分布及波高对比，目标运动条件对应工况 3。可以看到，目标优化后产生的尾迹明显比原始方案下的尾迹特征要弱，尾迹中的伯努利水丘和 Kelvin 尾迹波高均有所降低，其中伯努利水丘中轴线处的波高整体降低了约 20%。对模型运动时的阻力强点进行优化，不仅能减小目标运动时的阻力，还可以有效减弱目标在水面产生的尾迹特征，加强目标的隐蔽性。

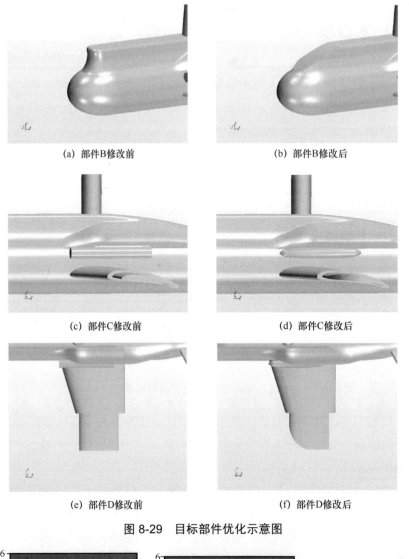

(a) 部件B修改前   (b) 部件B修改后

(c) 部件C修改前   (d) 部件C修改后

(e) 部件D修改前   (f) 部件D修改后

图 8-29 目标部件优化示意图

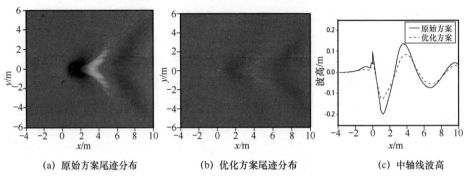

(a) 原始方案尾迹分布   (b) 优化方案尾迹分布   (c) 中轴线波高

图 8-30 不同方案下的尾迹分布及波高对比

8.5　本章小结

本章的讨论主要围绕舰船尾迹检测与应用方法展开。首先对舰船尾迹 SAR 图像检测算法进行了研究，包括基于改进的 Radon 变换的尾迹检测算法和基于剪切波变换的尾迹提取技术。其次，引入了深度学习网络 Faster R-CNN 实现了实测 SAR 图像中尾迹的智能检测。之后，基于舰船尾迹的流场特性，完成了包括船长、航向和船速的反演任务。最后，结合尾迹流场和电磁仿真技术，给出了一项关于尾迹的隐蔽优化设计实例。

舰船尾迹的 SAR 成像与检测技术在海洋遥感、目标识别、制导和预警等领域仍有着广阔的应用前景。一方面，相比于舰船目标，尾迹受到海况和观测条件的影响更大，尺度跨度更广，检测难度也更大。另一方面，分布广泛的尾迹包含了大量有用信息，在水下目标检测和参数反演等领域也发挥着独特而难以替代的作用。尾迹的 SAR 图像检测研究比舰船检测起步更晚，拥有更多的发掘潜力。特别是在人工智能技术蓬勃发展的今天，深度学习为尾迹的检测和应用带来了更多的可能和新的方向。如何通过仿真手段扩充尾迹 SAR 图像的训练样本；如何使用尾迹电磁成像机理指导尾迹 SAR 图像的智能检测；如何通过特征提取技术改善尾迹 SAR 图像质量；如何更好地将神经网络技术同时应用于舰船及其尾迹的 SAR 图像检测和参数反演……这些都是十分有价值的课题。

参考文献

[1] BIONDI F. Low-rank plus sparse decomposition and localized radon transform for ship-wake detection in synthetic aperture radar images[J]. IEEE Geoscience and Remote Sensing Letters, 2017, 15(1): 117-121.

[2] ZHAO Y H, HAN X, LIU P. A RPCA and RANSAC Based Algorithm for Ship Wake Detection in SAR Images[C]//2018 12th International Symposium on Antennas, Propagation and EM Theory (ISAPE). IEEE, 2018: 1-4.

[3] BIONDI F. Low rank plus sparse decomposition of synthetic aperture radar data for maritime surveillance[C]. 2016 4th International Workshop on Compressed Sensing Theory and its Applications to Radar, Sonar and Remote Sensing, Aachen, IEEE, 2016:75-79.

[4] GRAZIANO M D, D'ERRICO M, RUFINO G. Wake Component Detection in X-Band SAR Images for Ship Heading and Velocity Estimation[J]. Remote Sensing, 2016, 8(6):498.

[5] 杨国铮, 禹晶, 孙卫东. 基于相对全变分的复杂背景 SAR 图像舰船尾迹检测[J]. 中国科学院研究生院学报, 2017, 34(6):734-742.

[6] KANG K, KIM D. Ship Velocity Estimation From Ship Wakes Detected Using Convolutional Neural Networks[J]. IEEE Journal of Selected Topics in Applied Earth Observations and Remote Sensing, 2019, 12(11): 4379-4388.

[7] ZHANG B, WANG C, WU F. Ship detection and velocity estimation in quad polarimetric SAR images from pursuit monostatic mode of TerraSAR-X and TanDEM-X[C]. 2017 IEEE International Geoscience and Remote Sensing Symposium, Fort Worth, IEEE, 2017:1860-1863.

[8] MEADOWS G A, WU Z. A remote sensing technique for the estimation of a moving ship's velocity and length from its wave spectra [J]. IEEE Oceans' 91, 1991, 2(1): 810-817.

[9] LI J, WANG L, ZHANG M, et al. Ship velocity automatic estimation method via two-dimensional spectrum pattern of kelvin wakes in SAR images[J]. IEEE Journal of Selected Topics in Applied Earth Observations and Remote Sensing, 2021, 14: 4779-4786.

[10] REY M T, TUNALEY J K, FOLINSBEE J T, et al. Application of Radon transform techniques to wake detection in Seasat-A SAR images[J]. IEEE Transactions on Geoscience and Remote Sensing,1990, 28(4):553-560.

[11] MUKHOPADHYAY P, CHAUDHRUI B B. A survey of the Hough transform[J]. Pattern Recognition, 2015, 48(3), 993–1010.

[12] 叶文隽. SAR 图像舰船尾迹检测研究[D]. 长沙: 国防科学技术大学硕士学位论文, 2009.

[13] COPELAND A C, RAVICHANDRAN G, Trivedi M M. Localized Radon transform-based detection of ship wakes in SAR images[J]. IEEE Transactions on Geoscience & Remote Sensing, 1995, 33(1):1-45.

[14] 江源, 李健伟. 基于局部脊波变换的SAR图像舰船尾迹检测方法[J]. 舰船科学技术, 2015, 37(11):146-150.

[15] ALPATOV B A, BABAYAN P V. Weighted Radon transform for line detection in noisy images[J]. Journal of Electronic Imaging, 2015, 24(2):23-28.

[16] GROHS P. Optimally Sparse Data Representations[M]. Switzerland: Springer International Publishing, 2015.

[17] GUO K, LABATE D, LIM W Q. Edge analysis and identification using the continuous shearlet transform[J]. Applied & Computational Harmonic Analysis, 2009, 27(1): 24-46.

[18] LABATE G K. Shearlets: Multiscale Analysis for Multivariate Data[M]. Boston: Birkhäuser Basel, 2012.

[19] AMSAVALLI A, AMEENABIBI N. Despeckling of SAR Images usingShearlet Transform BasedThresholding[J]. International Journal of Engineering Research & Technolog, 2015, 3(15):1-5.

[20] LIM W Q. The Discrete Shearlet Transform: A New Directional Transform and Compactly Supported Shearlet Frames[J]. Image Processing IEEE Transactions on, 2010, 19(5):1166-1180.

[21] GIRSHICK R, DONAHUE J, DARRELL T, et al. Rich feature hierarchies for accurate object detection and semantic segmentation[C]. Proceedings of the IEEE conference on computer vision and pattern recognition, 2014: 580-587.

[22] AVOLIO C, ZAVAGLI MCOSTANTINI M. Automatic Wake Detection on SAR Images by Deep Convolutional Neural Networks[M]. Berlin:Earth planet, 2019.

[23] GIRSHICK R. Fast R-CNN[C]. 2015 IEEE International Conference on Computer Vision, Santiago, IEEE, 2015:1440-1448.

[24] REN S, HE K, Girshick R, et al. Faster R-CNN: Towards Real-Time Object Detection with Region Proposal Networks[J]. IEEE Transactions on Pattern Analysis and Machine Intelligence, 2015, 39(6):91-99.

反侵权盗版声明

电子工业出版社依法对本作品享有专有出版权。任何未经权利人书面许可，复制、销售或通过信息网络传播本作品的行为；歪曲、篡改、剽窃本作品的行为，均违反《中华人民共和国著作权法》，其行为人应承担相应的民事责任和行政责任，构成犯罪的，将被依法追究刑事责任。

为了维护市场秩序，保护权利人的合法权益，我社将依法查处和打击侵权盗版的单位和个人。欢迎社会各界人士积极举报侵权盗版行为，本社将奖励举报有功人员，并保证举报人的信息不被泄露。

举报电话：（010）88254396；（010）88258888

传　　真：（010）88254397

E-mail：　　dbqq@phei.com.cn

通信地址：北京市万寿路 173 信箱

　　　　　　电子工业出版社总编办公室

邮　　编：100036